风力发电专利分析

谢 明　章文飞　李 斌　赵银凤　张云芳◎著

知识产权出版社
全国百佳图书出版单位
—北 京—

图书在版编目（CIP）数据

风力发电专利分析/谢明等著. —北京：知识产权出版社，2024.10. —ISBN 978 - 7 - 5130 - 9169 - 5

Ⅰ. TM614 - 18

中国国家版本馆 CIP 数据核字第 2024EU3083 号

内容提要

本书基于风力发电机的基本构成、关键技术以及风力发电下游发展应用，将风力发电机叶片、塔架、变桨距技术、涡流发生器、海上风力发电安装以及风力发电制氢作为研究对象，从专利申请趋势、重点申请人专利申请状况以及技术发展路线等方面进行梳理分析，进而得出各研究对象技术专利申请现状及趋势，以期为我国风力发电行业从业者提供参考。

责任编辑：王祝兰　　　　　　　　　　　责任校对：王　岩

封面设计：杨杨工作室·张　冀　　　　　责任印制：孙婷婷

风力发电专利分析

谢　明　章文飞　李　斌　赵银凤　张云芳◎著

出版发行：知识产权出版社 有限责任公司　　　网　　址：http://www.ipph.cn

社　　址：北京市海淀区气象路 50 号院　　　邮　　编：100081

责编电话：010 - 82000860 转 8555　　　　　责编邮箱：wzl_ipph@163.com

发行电话：010 - 82000860 转 8101/8102　　发行传真：010 - 82000893/82005070/82000270

印　　刷：北京建宏印刷有限公司　　　　　经　　销：新华书店、各大网上书店及相关专业书店

开　　本：787mm×1092mm　1/16　　　　　印　　张：16.5

版　　次：2024 年 10 月第 1 版　　　　　　印　　次：2024 年 10 月第 1 次印刷

字　　数：330 千字　　　　　　　　　　　定　　价：99.00 元

ISBN 978 - 7 - 5130 - 9169 - 5

本书撰写分工

—————————⊙—————————

谢　明　第 1 章第 1.1 节至第 1.4 节，第 2 章第 2.5.3 节，第 5 章第 5.1 节至第 5.5 节

章文飞　第 3 章第 3.2 节至第 3.4 节，第 8 章第 8.1 节至第 8.5 节

李　斌　第 6 章第 6.1 节至第 6.5 节，第 7 章第 7.1 节至第 7.5 节

赵银凤　第 2 章第 2.1 节至第 2.5.2 节、第 2.6 节

张云芳　第 3 章第 3.1 节、第 3.5 节，第 4 章第 4.1 节至第 4.5 节

目　录

第 1 章　风力发电机概述 / 001

1.1　风力发电机简介 / 001

1.1.1　风力发电机发展历程 / 001

1.1.2　风力发电机分类 / 005

1.1.3　风力发电机结构 / 007

1.1.4　风力发电机的基础理论 / 009

1.2　风力发电产业发展现状和趋势 / 011

1.2.1　风力发电产业发展整体情况 / 011

1.2.2　风力发电产业主要地区发展情况 / 013

1.3　风力发电产业政策状况 / 015

1.3.1　美国风力发电产业政策 / 015

1.3.2　欧洲风力发电产业政策 / 018

1.3.3　中国风力发电产业政策 / 021

1.4　小　结 / 024

第 2 章　风力发电专利申请整体状况分析 / 025

2.1　风力发电研究对象 / 025

2.1.1　风力发电技术研究对象确定 / 025

2.1.2　风力发电技术研究对象介绍 / 027

2.2　研究方法及相关事项说明 / 031

2.2.1　研究方法 / 031

2.2.2　相关事项说明 / 032

2.3　风力发电技术专利申请整体趋势分析 / 038

2.3.1　风力发电技术专利申请分类号分布状况分析 / 038

2.3.2　全球风力发电技术专利申请分析 / 040

2.3.3 中国风力发电技术专利申请分析 / 045

2.4 风力发电技术全球重要申请人分析 / 048

  2.4.1 全球风力发电技术重要申请人整体分析 / 048

  2.4.2 中国风力发电技术专利重要申请人分析 / 053

2.5 风力发电重要专利 / 056

  2.5.1 风力发电早期重要专利 / 056

  2.5.2 风力发电快速发展期重要专利 / 057

  2.5.3 风力发电知识产权纠纷重要专利 / 059

2.6 小 结 / 060

第3章 风电叶片技术专利分析 / 062

3.1 风电叶片技术概述 / 062

  3.1.1 风电叶片技术简介 / 062

  3.1.2 风电叶片技术分解 / 064

3.2 风电叶片技术专利申请分析 / 066

  3.2.1 风电叶片技术专利申请分类号分布状况 / 066

  3.2.2 全球风电叶片技术专利申请分析 / 068

  3.2.3 中国风电叶片技术专利申请分析 / 076

3.3 风电叶片技术专利重要申请人分析 / 078

  3.3.1 全球风电叶片技术专利重要申请人申请分析 / 078

  3.3.2 中国风电叶片技术专利重要申请人分析 / 085

3.4 风电叶片技术专利申请趋势以及发展路线 / 086

  3.4.1 风电叶片技术专利申请趋势 / 087

  3.4.2 重要申请人风电叶片专利技术发展路线 / 090

3.5 小 结 / 99

第4章 风电塔架技术专利分析 / 101

4.1 风电塔架技术概述 / 101

  4.1.1 风电塔架技术简介 / 101

  4.1.2 风电塔架技术分类 / 102

4.2 风电塔架技术专利申请分析 / 103

  4.2.1 风电塔架技术专利申请分类号分布状况 / 103

  4.2.2 全球风电塔架技术专利申请分析 / 105

  4.2.3 中国风电塔架技术专利申请分析 / 113

4.3 风电塔架技术专利重要申请人分析 / 115

　　　　4.3.1　全球风电塔架技术专利重要申请人分析 / 116

　　　　4.3.2　中国风电塔架技术专利重要申请人分析 / 124

　　4.4　风电塔架专利技术申请趋势以及发展路线 / 125

　　4.5　小　结 / 128

第 5 章　　风力发电变桨距技术专利分析 / 130

　　5.1　风力发电变桨距技术概述 / 130

　　　　5.1.1　风力发电变桨距技术简介 / 130

　　　　5.1.2　风力发电变桨距技术分解 / 132

　　5.2　风力发电变桨距技术专利申请分析 / 133

　　　　5.2.1　风力发电变桨距技术专利申请分类号分布状况 / 133

　　　　5.2.2　全球风力发电变桨距技术专利申请分析 / 135

　　　　5.2.3　中国风力发电变桨距技术专利申请分析 / 142

　　5.3　风力发电变桨距技术专利重要申请人分析 / 143

　　　　5.3.1　全球风力发电变桨距技术专利重要申请人分析 / 144

　　　　5.3.2　中国风力发电变桨距技术专利重要申请人分析 / 150

　　5.4　风力发电变桨距专利技术发展路线 / 155

　　5.5　小　结 / 161

第 6 章　　风力发电机涡流发生器专利分析 / 163

　　6.1　风力发电机涡流发生器技术概述 / 163

　　　　6.1.1　涡流发生器技术简介 / 163

　　　　6.1.2　涡流发生器技术分解 / 165

　　6.2　风力发电机涡流发生器专利申请分析 / 165

　　　　6.2.1　风力发电机涡流发生器专利申请分类号分布状况 / 165

　　　　6.2.2　全球风力发电机涡流发生器技术专利申请分析 / 166

　　　　6.2.3　中国风力发电机涡流发生器技术专利申请分析 / 172

　　6.3　风力发电机涡流发生器技术专利重要申请人分析 / 173

　　　　6.3.1　全球风力发电机涡流发生器技术专利重要申请人分析 / 173

　　　　6.3.2　中国风力发电机涡流发生器技术专利重要申请人分析 / 180

　　6.4　风力发电机涡流发生器技术申请趋势以及发展路线 / 184

　　　　6.4.1　风力发电机涡流发生器各技术分支申请趋势 / 184

　　　　6.4.2　风力发电机涡流发生器各技术分支发展路线 / 187

　　6.5　小　结 / 195

第7章　海上风电安装专利分析 / 196

　　7.1　海上风电安装技术概述 / 196

　　　　7.1.1　海上风电安装市场简介 / 196

　　　　7.1.2　海上风电安装技术分解 / 197

　　　　7.1.3　国内外主要企业 / 199

　　7.2　海上风电安装技术专利申请分析 / 200

　　　　7.2.1　海上风电安装技术专利申请分类号分布状况 / 200

　　　　7.2.2　全球海上风电安装技术专利申请分析 / 201

　　　　7.2.3　中国海上风电安装技术专利申请分析 / 206

　　7.3　全球海上风电安装技术重要申请人专利申请趋势及
　　　　典型专利分析 / 207

　　　　7.3.1　全球海上风电安装技术专利主要申请人排名分析 / 207

　　　　7.3.2　全球重要申请人海上风电安装技术专利申请趋势及
　　　　　　　典型专利分析 / 207

　　7.4　海上风电安装专利技术申请趋势以及发展路线 / 213

　　　　7.4.1　基础安装 / 213

　　　　7.4.2　机组安装 / 215

　　　　7.4.3　电缆敷设 / 217

　　　　7.4.4　运输安装设备 / 218

　　7.5　小　结 / 220

第8章　风力发电制氢专利技术分析 / 222

　　8.1　风力发电制氢技术概述 / 222

　　　　8.1.1　风力发电制氢技术简介 / 222

　　　　8.1.2　风力发电制氢技术分解 / 223

　　8.2　风力发电制氢技术专利申请分析 / 223

　　　　8.2.1　风力发电制氢技术专利申请分类号分布状况 / 223

　　　　8.2.2　全球风力发电制氢技术专利申请分析 / 225

　　　　8.2.3　中国风力发电制氢技术专利申请分析 / 231

　　8.3　风力发电制氢技术专利重要申请人分析 / 232

　　　　8.3.1　全球风力发电制氢技术专利重要申请人分析 / 232

　　　　8.3.2　中国风力发电制氢技术专利重要申请人分析 / 235

　　　　8.3.3　全球重要申请人专利申请横向对比 / 238

　　8.4　风力发电制氢专利技术申请趋势以及发展路线 / 239

8.4.1 离并网风力发电制氢 / 239

8.4.2 电解制氢 / 241

8.4.3 储氢方式 / 244

8.4.4 海上或陆地风力发电制氢 / 246

8.4.5 与其他可再生能源结合制氢 / 248

8.4.6 制氢平台 / 248

8.4.7 氢运用 / 250

8.5 小 结 / 251

参考文献 / 253

第1章 风力发电机概述

随着能源与环境问题的日渐突出，能源结构转型和应对气候变化的紧迫性增加。风能作为环境友好并且相对廉价的替代能源，在全球范围内得到了广泛的关注和发展。由于利用风力发电非常环保，且风能资源总量巨大，因此日益受到世界各国的重视，利用风力发电已逐渐成为风能利用的主要形式。

本章包括以下几方面内容：①从风力发电机的发展历程、分类、结构以及基础理论等方面对风力发电机进行介绍，以展示风力发电机的基本构成、工作原理、大致分类以及发展沿革；②从全球风力发电历年总装机容量情况、历年新增装机容量情况、近年来新增装机容量情况角度对风力发电产业发展整体情况进行介绍，并结合全球主要地区新增风力发电装机容量情况以及全球新增风力发电安装机市场各国情况对全球风力发电主要地区发展情况进行介绍，以展示全球风力发电产业发展现状及趋势情况；③以美国、欧洲和中国作为风力发电产业的代表对其政策情况进行介绍，以阐释政策对于风力发电产业的影响。

通过以上内容介绍，对风力发电产业的发展历程、产业发展情况、技术发展情况以及政策情况进行概述。

1.1 风力发电机简介

本节主要从风力发电机的发展历程、分类、结构以及基础理论等方面对风力发电机进行介绍，以展示风力发电机的基本构成、工作原理、大致分类以及发展沿革。

1.1.1 风力发电机发展历程[1,2]

风能是自然界取之不尽、用之不竭的资源。广义地说，风力发电机是一种以太阳为热源，以大气为工作介质的热能利用发电装置。太阳光照射在地球表面上，使地表温度升高，地表的空气受热膨胀变轻而往上升。热空气上升后，低温的冷空气横向流入，这种空气的流动就产生了风。上升的空气因逐渐冷却变重而下降，由于地表温度较高又会加热空气使之上升，这种对流也会形成风。由此可见，风的能量是来自太阳的。太阳辐射出来的光和热是地球上风形成的源泉。最简单的风力发电机可由叶轮和发电机两部分构成。空气流动的动能作用在叶轮上，将动能转换成机械能，从而推动叶轮旋转，如果将叶轮的转轴与发电机的转轴相连，就会带动发电机发电。风力发电机是将风能转换为机械能的动力机械，又称风车。风力发电利用的是自然能源。如何利用风能为人类造福，人们早就开始进行了探索。早在公元前中国人就利用风能提水灌溉，公元前 2 世纪波斯人采用垂直风车碾米，这些都是人类早期利用风能的例子。但是人们将风能用来发电却始于 19 世纪末。

1887 年 7 月，苏格兰学者詹姆斯·布莱思（James Blyth）制成了第一台风力发电机，用于蓄电池充电并进行照明。1887—1888 年美国人查尔斯·F. 布拉什（Charles F. Brush）采用雪松木为叶片原料，建造出叶轮直径达 17 m 用于发电的风力机。相较于詹姆斯·布莱思的尝试，布拉什的风力机被认为是现代意义上的第一台自动运行的风力发电机。虽然其仅能够提供 12 kW 的电能，但却具有划时代的意义。随着布拉什风力发电机的成功，美国在短时间内刮起了一股风力发电热潮，但这期间大量的尝试低估了风力发电技术的难度，多数以失败告终。

查尔斯·F. 布拉什对风力发电成功尝试的消息迅速传到了欧洲大陆，同样带动了欧洲对于风力发电探索的热情。丹麦的气象学家保罗·拉·库尔（Poul la Cour）敏锐地觉察到风力发电蕴藏着的巨大潜力，着手对风力发电技术进行研究。他建了一座风洞开展相关实验。经过实验，他发现叶片数目少、转速高的风力机的发电效率要比多叶片提水风力机高得多。1897 年，保罗·拉·库尔在丹麦的一所高中校园安装了自己研发的两台实验风力发电机。他设计的风力发电机转动速度更快并且叶片数量更少，为少叶片高效率的现代风力发电机奠定了基础。保罗·拉·库尔对于风力发电产业的贡献不止于此，他还于 1905 年创立了风电工人协会，并创办了世界上第一个风力发电期刊 *Journal of Wind Electricity*，每年给风电工人做培训。他作为现代风力发电机的先驱，将丹麦的风力发电技术推向了世界领先水平。同时，丹麦的风力发电市场也得到较快的发展：1908 年，丹麦已经研制出了首批成熟的商业化风力发电机，包括 72 台 5 ～ 25 kW 风力发电机；到 1918 年，丹麦的风力发电装机容量达到 3 MW，占全国电力消耗量的 3%。

1925 年，法国工程师 G. J. M. 达里厄（G. J. M Darrieus）发明了一种全新的风力发电机。其叶片犹如具有流线型轮廓的跳绳，是最早的升力型垂直轴风力发电机，简称 D 叶轮，并在 1931 年获得专利。这款升力型垂直轴风力发电机的风能利用率约为 40%，与所有垂直轴风力发电机相比，它的风能利用系数最高。所有的升力型垂直轴风力发电机都可以归为达里厄型风力发电机，其具有不受风向限制且安装维护成本低的优点。然而在风力发电技术发展历史的岔路口，被寄予厚望的达里厄型风力发电机却由于各种原因逐渐没落，水平轴风力发电机最终占据了风力发电市场。直到 20 世纪 60 年代末，随着风力发电技术的发展，人们才对达里厄型风力发电机给予了重新关注，逐渐发展出多种布局方式，例如 H 形垂直轴风力发电机的变形布局，采用三叶片，将叶片在投影方向做成 S 形等形式。

之后，英国科学家赫尔曼·格劳特（Hermann Glauert）将叶素理论和动量理论结合，形成了统一的叶素动量理论（BEM）。[1] 叶素动量理论将风力发电机桨叶简化为有限个叶素，沿径向叠加而成，因而风轮的三维气动特性可以由叶素的气动特性沿径向积分得到。该理论不仅适用于风力发电机叶片的设计，也可以对风力发电机的表现进行评价，奠定了风力发电机设计的基础。此后的多年间，多种损失修正方法被相继提出，该理论不断得以改进和优化，提供更加精确的结果。目前叶素动量理论仍活跃在风力发电技术的学术前沿，发挥着不可替代的作用。

1950 年，丹麦工程师约翰尼斯·朱尔（Johannes Juul）首次把风力发电机中的直流发电机换成了异步交流发电机。此后，交流发电策略延续到了现代风力发电机中。1956—1957 年，应 SEAS 电力公司的要求，约翰尼斯·朱尔在丹麦南部的盖瑟（Gedser）海岸设计了一台容量 200 kW 的风力发电机。这台风力发电机具有三叶片、上风向、电动机械偏航和异步发电机的特征，具有较高的风能利用率和稳定可靠的结构性能。同时，这台风力发电机是现代失速调节型风力发电机的模板，其在风力发电机风轮旋转过快时，可以通过离心力的作用，紧急触发叶尖气动刹车。由于具有以上优点，这台风力发电机在无须维护的情况下运行了 11 年之久。这台风力发电机作为现代风力发电机的设计雏形，成为一件具有划时代意义的产品。

"二战"后随着人们对于能源需求的猛增以及石油危机的爆发，风力发电作为传统化石能源的替代选择，得到迅猛发展。在政府的资助扶持下，企业开展了对大型风力发电机的创新研发，并取得了丰硕成果。欧美国家相继建造了一批大型风力发电机。其中美国在 1941 年就发明了世界上首个 MW 级风力发电机组并成功接入当地电网，这台风力发电机重约 204 吨，叶片长达 75 英寸。到了 20 世纪 80 年代，Nortank 公司在 1980—1981 年开发的 55 kW 风力发电机是现代风力发电机工业和技术上的一个突破，其将风力发电每度电的成本降低了约 50%，这使得风力发电产业变得越来越专业。在这一时期，美国加利福尼亚州推出了支持风力发电产业发展的政策，推动了该地区风力发电产业的迅速发展。数千台风力发电机在该地区进行安装，形成了"加州风电潮"。但伴随着风力发电支持计划的终结，美国风力发电产业也进入了低谷，并且风力

---

❶　LEDOUX J, RIFFO S, SALOMON J. Analysis of the Blade Element Momenhum Theory [J]. SIAM Journal on Applied Mathematics, 2021, 81 (6)：2596 - 2597.

发电机只有很少量的装机投运。

随着人们对于风力发电技术的探索，通过增加叶片长度等手段使得单个风力发电机的容量越来越大，但在发展到一定程度后面临单机容量难以突破兆瓦的瓶颈。1941年，美国工程师设计了一台叶片长度约 27 m 的巨型风力发电机，这台风力发电机终于突破兆瓦级瓶颈，达到创纪录的 1.25 MW。但遗憾的是这台装置仅运行了 33 天，就以一只叶片坠落宣告失败。在这以后的漫长 40 年内，世界单个风力发电机再也没能突破兆瓦瓶颈。最终，随着叶片材料、风力发电机设计技术的不断积累和成熟，单个风力发电机的容量逐渐实现了突破，并逐步增加。

随着风力发电产业的发展，陆上风力发电机占用土地资源多、风力资源受限、噪声污染大等诸多缺点逐渐凸显，而海上风力发电因具有不占用土地、噪声影响小等优点，并且海上平均风速高，品质更优，风资源丰富，逐渐受到人们的青睐。各风力发电大国纷纷将目光转移到了广袤的海洋。1990 年，瑞典率先在离岸 350 m、水深 6 m 的海床上安装了世界上首台海上风力发电机，这台 220 kW 的实验性风力发电机为海上风能利用指引了光明的方向。1991 年，筹划已久的丹麦在波罗的海区域安装了 11 台 450 kW 的风力发电机，建成了世界上第一个海上风力发电场，在整个海上风力发电场的规划、设计、实施、维护等一系列环节积累了宝贵而丰富的经验。在经过 20 年的缓慢增长后，自 2010 年开始全球海上风力发电迎来爆发式的增长，目前全球海上风力发电总装机容量已经超过 2300 万 kW。其中代表性的海上风力发电场是丹麦的 Tuno Knob 海上风力发电场，其位于丹麦海岸的卡特加特（Kattegat）海域，由 Midtkraft 公用事业公司建造。该海上风力发电场拥有 10 台 Vestas 500 kW 风力发电机，风力发电机根据海洋环境进行了改进：每台风力发电机上都安装了一个电动吊用来更换主要部件如发电机，而无须使用浮吊；此外，齿轮箱也进行了修改，转速比陆地风力发电机提高了10%，这样可使电产量增加 5%。另外一个丹麦的海上风力发电场代表是 Vindeby 风力发电场，其位于波罗的海丹麦海岸，于 1991 年由 SEAS 公司建成。该风力发电场拥有 11 台 Bonus 450 kW 失速调节型风力机，这些风力发电机经过改进在塔架内有足够的空间放置高电压变压器，另外还在现场安装了两个风速仪塔来研究风况和湍流。

中国的风力发电产业与国外相比，开始时间较晚，但是经过 30 多年的不断创新，中国风力发电机的研究已经有了长足的发展，且初步形成了完整的风力发电产业链。20 世纪 70 年代末期，中国才开始研究并网风电，这时的中国并不具备建设一座风力发电场的技术能力，主要通过引入国外风力发电机建设示范电场。1986 年 5 月，通过引进丹麦风力发电机，建成了首个示范性风力发电场——马兰风力发电场并网发电。"九五"和"十五"期间，中国政府组织实施了"乘风计划"、国家科技攻关计划，以及国债项目和风力发电特许权项目，支持建立了首批 6 家风力发电整机制造企业，进行风力发电技术的引进和消化吸收，其中部分企业掌握了 600 kW 和 750 kW 单机容量定桨距风力发电机的总装技术和关键部件设计制造技术，初步掌握了定桨距风力发电机总体设计技术，实现了规模化生产，迈出了风力发电产业化发展的步伐。到 2005 年，通过实施《中华人民共和国可再生能源法》（以下简称《可再生能源法》），促使风力发电产业进入大规模开发应用的阶段。之后又于 2007 年 8 月颁布了《可再生能源中长期发展规划》。该规划提出到 2010 年全国风力发电总装机容量达到 500 万千瓦，并建成 1~2 个 10 万千瓦级海上风力发电试点项目；到 2020 年全国风力发电总装机容量达到 3000 万千瓦，并建成 100 万千瓦海上风力发电场。在政策扶持之下，中国的风力发电装机量大幅增加，每年新增装机容量都保持 30% 以上的增长。在 2010 年以后，中国风力发电新增装机量每年都位居世界第一，2020 年中国在全球风力发电产业链中的占比已经接近 50%，成为全球最大的风力发电产业基地，这标志着中国风力发电产业逐渐走向成熟。[3,4]

1.1.2　风力发电机分类[5]

按照输出功率大小划分，风力发电机可以分为微型（1 kW 以下）、小型（1~10 kW）、重型（10~100 kW）和大型（100 kW 以上），其中 1000~2000 kW 称为兆瓦（MW）级，2000 kW 以上称为多兆瓦（multi-MW）级。目前还有公司在进行 10 MW 的超大型风力发电机研究。

按照风力发电设备旋转轴方向划分，风力发电机可以分为两类：水平轴风力发电机和垂直轴风力发电机。水平轴风力发电机风轮的旋转轴与风向平行，垂直轴风力发电机风轮的旋转轴垂直于气流方向。目前主流的风力发电机是水平轴风力发电机。垂直轴风力发电机具有设计简单，并且叶片不必随着风向改变而转动调整方向的优点。

按照叶片数量划分，风力发电机还可以分为单叶片、双叶片、三叶片、四叶片以及多叶片。叶片越多，造价越高，三叶片风力发电机因其便于平衡而被广泛应用。

按照动力学划分，风力发电机可分为阻力型风力发电机和升力型风力发电机。阻力型风力发电机是在逆风方向装有一个阻力装置，当风吹向阻力装置时推动阻力装置旋转，旋转能转化为电能。阻力型风力发电机不能产生高于风速很多的转速，风轮转轴的输出扭矩很大。升力型风力发电机的动力学原理则是：风能吹过转子时对转子产生升力带动转子转动，由于升力作用，风轮圆周速度达到风速几十倍。现代风力发电机几乎全是此类型。

按照桨叶接收风能的功率调节方式划分，风力发电机可以分为定桨距（被动失速型）风力发电机、变桨距风力发电机和主动失速风力发电机。定桨距（被动失速型）

风力发电机在风速变化时，桨叶的迎风角不能随之变化，多用于小型风力发电机。变桨距风力发电机由于性能比定桨距高很多而多被用于大型风力发电机。主动失速风力发电机是前面两种调节方式的组合，吸收了定桨距、变桨距的优点，是未来的发展趋势。

按照传动方式划分，风力发电机可以分为双馈型风力发电机、直驱型机风力发电机和半直驱型风力发电机。从市场份额比例来看，双馈型风力发电机占比在80%左右，为主流机型。全球主要风力发电机厂商对主机技术路线的布局有所不同，比如金风科技和明阳智能目前尚以直驱机型或半直驱机型为主，远景能源则以双馈型机型为主，西门子、通用电气公司等则以直驱和双馈两种路线并进。双馈风力发电机属于感应电机，最大优势在于定子侧和转子侧均能与电网连接供电，实现双反馈。直驱型风力发电机取消了增速齿轮箱，风轮轴和发电机轴直接相连，多采用永磁式结构的转子的同步发电机。半直驱型是指风叶带动齿轮箱来驱动永磁电机发电，它介于直驱型和双馈型之间，齿轮箱的调速没有双馈的高，发电机也由双馈的绕线式变为永磁同步式。半直驱型风力发电机结合了双馈型和直驱型的优势。

按照安装位置来划分，风力发电机又可以分为陆上风力发电机和海上风力发电机。海上风力发电因其独特的优势是近年来重点发展的方向。

按照风力发电机的作用划分，风力发电机可以分为独立型风力发电机、并网型风力发电机和风力同其他发电方式互补运行。其中独立型风力发电机指的是单台机独立运行工作的中小型机，这种方式可供边远农村、牧区、海岛、边防哨所等电网达不到的地区使用，单机容量较小。并网型风力发电机指的是以机群布阵的、可以在一定程度上组成风力发电场的中大型风力发电机，这种方式是目前风力发电的主要方式。风力同其他发电方式互补运行则有很多，比如和柴油发电互补、与太阳能发电互补等。

按照风力发电机的运行特征划分，风力发电机可以分为恒速风力发电机、变速风力发电机和有限变速风力发电机。

按照风轮的迎风方式划分，风力发电机又可以分为上风型（顺风型）风力发电机和下风型（逆风型）风力发电机。风轮安装在塔架总是面对来风方向，即风轮在塔架"前面"的为上风型风力发电机。风轮安装在塔架的下风位置，即风轮在塔架"后面"的为下风型风力发电机。对于下风型风力发电机而言，由于一部分来风通过塔架后再吹向风轮，塔架干扰了流经叶片的气流形成塔影效应，其风力发电机性能有所下降。一般在常年风速较高的区域适合使用上风型风力发电机。

从以上分类可以看出，风力发电机的分类方式多种多样，但《国际专利分类表》（IPC）对专利申请的分类更倾向于按照风力发电设备旋转轴方向进行分类，其中F03D

1/00 为水平轴风力发电机，F03D 3/00 为垂直轴风力发电机。而在该分类方式中水平轴又是行业研究重点，故本书在后续介绍风力发电机的结构时选取水平轴风力发电机作为代表进行介绍。

1.1.3　风力发电机结构[6,7]

典型的水平轴风力发电机主要由风轮（包括叶片、轮毂）、（增速）齿轮箱、发电机、偏航系统（对风装置）、塔架、液压系统、制动系统、变桨系统和控制系统等构成（参见图 1-1-1）。

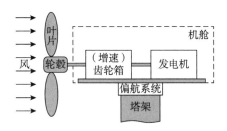

图 1-1-1　典型水平轴风力发电机结构

（1）机舱

机舱包容着风力发电机的关键设备，包括齿轮箱、发电机。维护人员可以通过风力发电机塔架进入机舱。机舱一端是风力发电机的风轮，即叶片及轮毂，与发电机连接的转轴直接或通过齿轮箱与轮毂连接，因此在转子叶片捕获风能时，可以将风力传送到转子轴心。转子轴心附着在风力发电机的低速轴上。风力发电机的低速轴将转子轴心与齿轮箱连接在一起。在现代 600 kW 风力发电机上，转子转速相当慢，一般为每分钟 19～30 转。轴中有用于液压系统的导管，来激发空气动力闸的运行。齿轮箱左边是低速轴，齿轮箱可以将高速轴的转速提高至低速轴的 50 倍。高速轴以每分钟 1500 转的转速运转，并驱动发电机。它装备有紧急机械闸，用于空气动力闸失效时或风力发电机被维修时。发电机通常被称为感应电机或异步发电机。在现代风力发电机上，最大电力输出通常为 500～1500 kW。

（2）偏航系统（对风装置）

偏航系统借助电动机转动机舱，以使风轮正对着风。偏航系统由电子控制器操作，电子控制器可以通过风向标来感觉风向。通常，在风改变其方向时，风力发电机一次只会偏转几度。其工作原理为：风向标将风向的变化传递到偏航电机的控制回路的处理器，经过比较后处理器给偏航电机发出顺时针或者逆时针的偏航命令，偏航电机带动风轮偏航对风，当对风完成后，风向标失去电信号，偏航电机停止工作，偏航过程结束。上述偏航系统多用于大型风力发电机。尾舵是一种控制对风的最简单的方法，设置在风力发电机风轮的后面。为了避免尾流区影响，尾舵也可以安装在风轮的斜上方。小型风力发电机一般较多采用尾舵对风的方法。

（3）塔架

塔架是支撑风轮、机舱的结构，一般是修建得比较高的混凝土结构，目的是获得较大的和均匀的风力，同时保持足够的强度。就目前而言，为了降低运输难度，塔架出现分段、分片结构。

（4）液压系统

液压系统属于风力发电机的一种动力系统，主要功能是为变桨控制装置、偏航驱动和制动装置、停机制动装置等提供液压驱动力。即它是一个公共服务系统，为风力发电机上一切使用液压作为驱动力的装置提供动力。液压系统主要包括动力元件、控制元件、执行元件、辅助元件。

（5）制动系统

风力发电制动系统一般分为气动制动与机械制动。气动制动就是让桨叶的液压缸动作，使叶尖的扰流在离心力的作用下甩出，转动90°，产生气动阻力，实现气动制动。机械制动就是在风力发电机齿轮箱高速轴端或低速轴端安装有盘式刹车，利用液压或弹簧的作用，使刹车片与刹车盘作用，产生制动力矩。一般正常情况下停机时，先气动制动，当转速下降到一定转速后再动作机械制动。在发生紧急情况时，则气动制动与机械制动一起动作。

（6）变桨系统

风力发电机的变桨系统是根据风速来确定桨叶角度的系统，通过改变桨叶的角度可以实现风轮转速以及功率的调节。目前风力发电机变桨系统一般设置三套，每个叶片均配置有一套独立的变桨系统，以实现每个桨叶角度的独立调节。

（7）控制系统

风力发电机的控制系统一般由传感器、执行机构和软/硬件处理器系统组成。其中传感器一般包括风速传感器、风向传感器、转速传感器、扭矩传感器等。执行机构一般包括变桨电机、偏航电机、刹车装置、各种信号开关、限位开关等。处理器系统通常由计算机或微型控制器和可靠性高的硬件安全链组成。设置控制系统的目标是保障系统的可靠运行、实现能量利用的最大化、延长风力发电机的使用寿命。为了达到上述控制目标，通常有以下常规的控制策略，即在运行的风速范围内，确保系统的稳定运行：低风速时，跟踪最佳叶尖比以获得最大能量；高风速时，限定风能的捕获，保证发电机的输出功率为额定值；出现波动风速时，采用相关技术手段减小风轮的机械应力和输出的功率波动，避免共振。

垂直轴风力发电机在风向改变时，无须对风。这相对于水平轴风力发电机是一大优点，使其结构简化，同时也减小了风轮对风的陀螺力。垂直轴风力发电机主要包括以下两种类型：一类是利用空气动力的阻力做功，典型的结构是"S"形风轮；另一类是利用翼型的升力做功，最典型的是达里厄型风力发电机。"S"形风轮具有部分升力，但主要还是阻力装置，这些装置具有较大的启动力矩（和升力装置相比），但尖速比较低。在风轮尺寸、质量和成本一定的情况下，提供的输出功率较低。达里厄型风力发电机是法国 G. J. M. 达里厄于 19 世纪 20 年代发明的。20 世纪 70 年代初，加拿大国家科学研究院对其进行了大量的研究，是水平轴风力发电机的主要竞争者。达里厄型风轮是一种升力装置，弯曲叶片的剖面是翼型，它的启动扭矩低，但尖速比可以很高，对于给定的风轮质量和成本，有较高的功率输出。

目前虽然垂直轴风力发电机的气动性能比水平轴风力发电机好，但是由于其额定转速较低，风轮和发电机较同等功率的水平轴风力机大，成本较高，并且气动风速和实际运行效率较低，因此近年来垂直轴风力发电机的应用一直受限。

1.1.4 风力发电机的基础理论

致动盘理论以及风轮叶片理论是风力发电机的重要基础理论，其中风轮叶片理论又包括贝兹理论、涡流理论、叶素理论、动量理论以及叶素动量理论等，而目前涡流理论和叶素动量理论是叶片设计和分析的基本理论。下文对风力发电机致动盘理论及重要风轮叶片理论分别进行介绍。

1.1.4.1 致动盘理论[8]

风力发电机是一个从风中捕获动能的装置。风通过致动盘后，其动能会减少，但是只有通过致动盘的空气才会受到影响。如果把那些受到影响的空气从没有经过致动盘而且没有减速的空气中分离出来，就可以绘出只含有受影响空气的边界。这个边界可以从上游到下游形成一个圆形流管截面，因为没有空气流过界面，所以空气质量流量处处相等。因为流管中的空气减速，而又未被压缩，所以流管的截面积必须扩大以适应减速的空气。这个流管模型参见图 1 - 1 - 2。

虽然动能是从气流中吸取，但速度突变是不可能的，也是人们不期望发生的；由于巨大的加速度产生强大的作用力，这种速度突变又是需要的。由于压力可以以突变方式输出能量，因此不论风力发电机如何设计，都以此方式运转。

风力发电机的存在使得其周围空气逐渐减速，直到到达风轮盘时，空气的速度已远低于自由流风速。流管扩张是因为空气减速，而减速的空气并没有做功，空气静压

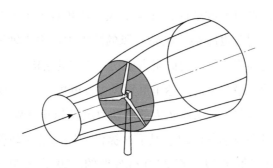

图 1-1-2　风力发电机吸取能量的流管模型

上升是为了吸收减少的动能。

当空气经过致动盘时，静压会降低，这些空气的压力低于大气压。这些空气形成一个速度下降、静压降低的区域，这个区域叫作尾流。最终，在远离下游时尾流静压必须返回到大气压水平。静压的上升是吸收了动能，所以风速进一步降低。因此，在远离上游和远离尾流之间，静压没有变化，但是动能减少。

在只考虑能量转换过程而不考虑风力发电机设计的情况下，对风力发电机进行空气动力学分析，我们可以将风轮简化成致动盘。它是将风轮假设成一个没有锥角、倾角、偏角的平面桨盘，叶片旋转时没有摩擦阻力。风轮的流动模型可简化成流管模型。

1.1.4.2　风轮叶片理论[10,11]

（1）涡流理论

对于有限的叶片，风轮叶片的下游存在着尾迹涡，它形成两个主要的涡区：一个在轮毂附近，另一个在叶尖。当风旋转时，通过每个叶片尖部的气流的迹线为一螺旋线，因此，每个叶片的尾迹涡形成螺旋形。在轮毂附近存在同样的情况，每个叶片都对轮毂涡流的形成产生一定的作用。此外，为了确定速度场，可将各叶片的作用以一边界涡代替。

对于空间某一给定点，其风速可被认为是由非扰动的风速和有涡流系统产生的风速之和。由涡流引起的风速可看成是由下列三个涡流系统叠加的结果：①中心涡，集中在转轴上；②每个叶片上的边界涡；③每个叶片尖部形成的螺旋涡。

（2）叶素动量理论

叶素动量理论是一种计算风力发电机诱导速度最古老和最常用的方法。这个理论是致动盘理论的扩展，主要归功于阿尔伯特·贝茨（Albert Betz）和赫尔曼·格劳特，实际上源于两个不同的理论——叶素理论和动量理论。叶素理论认为叶片可以分成很多个叶素，每个叶素上的空气阻力可以由二维翼型特性计算得出。叶素动量理论的另一半是动量理论，它是假设风轮压力或动量损失是由通过风轮在叶素上的气流造成的。

运用动量理论，可以计算轴向和切向的诱导速度，这些诱导速度影响风轮入流速度，从而也影响通过叶素理论计算的空气阻力。这两种理论耦合形成了叶素动量理论，而且也建立了一个反复确定风轮附近空气动力和诱导速度的过程。

实际上，叶素动量理论是通过把风力发电机叶片分成许多个沿跨度的元素（叶素）而实现的。这些叶素在风轮上旋转而形成了环形区域。这些环形区域造成了诱导速度，影响了风轮上的原有速度。叶素动量理论也能用于分析圆盘流管模型，这些流管比环形区域更小，并且有更高的计算精度。该理论目前只用于环形区域分析。

1.2　风力发电产业发展现状和趋势

本节主要从全球风力发电历年总装机容量情况、全球风力发电历年新增装机容量情况、全球风力发电近年来新增装机容量情况方面对风力发电的产业发展整体情况进行介绍。另外，结合全球主要地区新增风力发电装机情况以及全球新增风力发电安装市场各国情况对全球风力发电主要地区发展情况进行介绍。

1.2.1　风力发电产业发展整体情况

现代意义上的风力发电机起源于丹麦，1950 年丹麦工程师约翰尼斯·朱尔首次把风力发电机中的直流电转换成交流电，开启了现代风力发电产业发展的新篇章。伴随着两次石油危机的发生，在石油资源日益紧张的情况下，各国均将眼光投向新型能源的发展，风力发电产业也得到长足的发展，风力发电总装机容量及风力发电新增装机容量不断增长。2000 年以来尽管面临地缘局势紧张、供应链紊乱、原材料价格上涨等不利因素，风力发电产业依旧保持蓬勃发展的势头，但过程并非一帆风顺。下文将结合全球风力发电总装机容量情况、全球风力发电新增装机容量情况以及全球风力发电近年来新增装机容量情况进行详细介绍。

图 1 - 2 - 1 示出了全球风力发电总装机容量情况[12]。可以看出全球风力发电总装机容量从 2001 年的 24 GW 发展至 2022 年的 906 GW，其间全球风力发电总装机容量一直处于稳步上升的态势。截至 2022 年底，全球累计安装了 940 GW 的风力发电总装机容量，但由于并网延迟，仅交付了 906 GW。海上风力发电方面，2001—2010 年的装机容量占总装机容量的份额约为 1%，全球海上风力发电处于市场起步阶段。在此期间，荷兰、英国、德国等欧洲国家陆续开始拓展海上风电市场，但受制于海上风电技术尚未突破、度电成本高等因素，海上风力发电装机容量占比很小。2011—2015 年的海上风力发电装机容量占总装机容量的份额约为 2%。在此期间，欧洲国家持续发展海上风

力发电，同时中国也开始进入海上风力发电市场，海上风力发电装机容量有所增加。2016—2021 年的装机容量占总装机容量的份额为 3%～7%，而近几年的份额稳定在7% 左右。这期间随着持续的创新投入，海上风力发电技术有所突破，度电成本优势开始显现。中国海上风力发电发展迅速，海上风力发电总装机容量持续增加。总体来看，全球风力发电总装机容量持续处于稳定增长态势，其中海上风力发电在近年来呈现份额增长的态势，成为风力发电的重点发展方向。

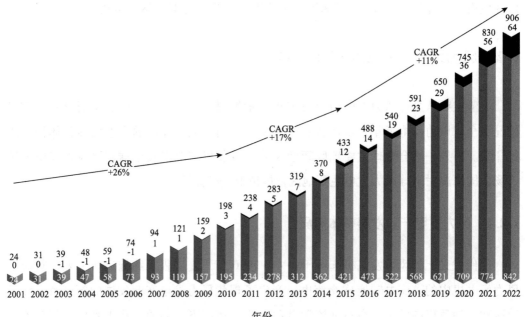

图1-2-1 全球风力发电总装机容量情况

资料来源：全球风能理事会《全球风能报告2023》。

注：由于海上风力发电装机总量存在小于 1 GW 的情况（在图中显示为"-1"），统计数据对海上风力发电装机总量与陆地风力发电装机总量之和进行了化零取整处理，因此可能出现图中"-1"所处年份的装机量总和与二者相加的和不相等的情况。例如，2003 年陆地风力发电装机总量为 39 GW，海上风力发电装机总量可能小于0.5 GW，陆地风力发电装机总量加上海上风力发电装机总量小于39.5 GW，因此全球风力发电装机总量取整为 39 GW；2004年陆地风力发电装机总量为 47 GW，海上风力发电装机总量可能大于0.5 GW，陆地风力发电装机总量加上海上风力发电装机总量大于47.5 GW，因此全球装机总量取整为 48 GW。

根据全球风能理事会发布的《全球风能报告2023》统计数据，从全球风力发电新增装机容量态势来看，具体来说，2001—2010 年的复合增长率达到22%，2011—2015年的复合增长率是10%，而2016—2022 年的复合增长率是3%。这种态势体现了风力发电产业的发展波动情况。在海上风力发电方面，2001—2009 年新增装机容量占风力发电新增装机容量的份额约为1%，2010—2014 年新增装机容量占风力发电新增装机容量的份额约为 3%，2015—2021 年海上风力发电新增装机容量占风力发电新增装机容量的份额为 5%~23%，而 2022 年的海上风力发电新增装机容量份额约为 11%。与全球风力发电总装机容量持续增长态势不同，全球风力发电新装机容量呈现出波动增长态势。这种态势体现了受到全球政治、经济及政策等诸多因素的影响，全球风力发电产业的发展并非一帆风顺。

近年来的全球风力发电新增装机容量更能说明风力发电产业的发展趋势。从 2018—2022 年全球风力发电新增装机容量情况来看，2018—2021 年全球总体风力发电新增装机容量呈逐年上升态势，2022 年在全球范围内新增 77.6 GW 的风力发电装机并网，使总装机容量达到 906 GW，与 2021 年相比增长了 9%。陆地风力发电方面，2020 年达到创纪录的 88.4 GW 的新增装机容量，尽管 2022 年陆地新增风力发电装机容量同比下降 5%，但仍处于历史高位水平。海上风力发电方面，2018—2021 年新增装机容量持续增加，并于 2021 年达到 21.1 GW 的顶峰，随后在 2022 年降至 8.8 GW。可以看出，2018—2022 年全球风力发电总体呈现快速发展的趋势，但受诸多因素影响，发展波动加剧，而海上风电作为风力发电产业发展的新方向，也呈现出波动增加的趋势。

1.2.2　风力发电产业主要地区发展情况

根据全球风能理事会发布的《全球风能报告 2023》统计数据，2022 年新增风力发电装机容量主要分布在亚太、欧洲、北美、拉美、非洲和中东地区。其中亚太地区新增风力发电装机容量占比约为 56%，欧洲地区新增风力发电装机容量占比约为 25%，北美地区新增风力发电装机容量占比约为 12%，拉美地区新增风力发电装机容量占比为 7%，非洲和中东地区新增风力发电装机容量占比约为 1%。可见，2022 年亚太地区的新增风力发电容量为全球风力发电产业增量作出了重要贡献。

从全球 2022 年新增风力发电装机市场各国情况来看，2022 年全球五大新增装机市场分别是中国、美国、巴西、德国和瑞典，上述五大市场总共占全球新增装机容量的 71%，比 2021 年低 3.7%。这主要是由于中国和美国这两个全球最大的市场与 2021 年相比，市场份额合计下降了 5%。截至 2022 年底，在累计装机量方面，全球前五大市场排名不变，依然是中国、美国、德国、印度和西班牙，并且前五大市场的累计装机量占全球总装机容量的份额是 72%，与 2021 年相比保持不变。

具体来说，亚太地区方面，与 2021 年相比，2022 年的市场份额下降了 3%，但该地区仍然是世界上最大的风力发电市场，中国贡献了 2022 年新增装机容量的 87%。2022 年在海上风力发电开始全面平价的情况下，中国海上风力发电机价格也大幅下降，整机企业开始推出超大型风力发电机。如 2022 年 10 月金风科技和长江二峡集团开发的

13.6 MW 海上风力发电机组在福建正式下线，是亚洲单机容量最大的风力发电机；2022 年 11 月双方共同研制的 16 MW 单机又在福建下线。明阳智能研发 16 MW 风力发电机，并于 2022 年 12 月推出海上抗台风型叶片，轮毂长度达到 260 m。中船海装风能有限公司（以下简称"中船海装"）于 2022 年 12 月推出单机容量 18 MW 的海上风力发电机（H260 - 18.0 MW）。该机型采用双轴承支撑，在提升承重能力的同时减少风力发电机附加载荷对齿轮箱的影响，其配置的 19 MW 半直驱永磁风力发电机，为国内中船电气瞄向 20 MW 超大型风力发电机的配套产品。可以看出，在 2022 年全球风力发电机继续保持大型化、定制化和智能化的发展态势下，中国在风力发电机大型化研发和生产方面提速，有望实现弯道超车。

欧洲地区方面，作为第二大市场，欧洲在 2022 年实现了创纪录的陆上风力发电新增装机容量，使得欧洲的市场份额从 2021 年的 19% 提高到 25%。2022 年欧洲风力发电新增装机容量达到创纪录的水平——19.2 GW。其中，陆上风力发电新增装机容量为 16.7 GW，海上新增风电装机容量为 2.5 GW。市场主要在西欧（英国、德国、法国、意大利等）、北欧（挪威、瑞典），而 2021 年风光项目招标规模较大的土耳其在 2022 年前三季度没有开展项目招标。具体地，法国在 2022 年启动了两个海上风力发电项目招标，英国计划精简行政审批流程，推进海上风力发电项目发展，预计到 2030 年海上风力发电装机容量达到 50 GW，其中漂浮式海上风力发电装机容量达到 5 GW。另外，2022 年 8 月，德国、丹麦、瑞典、波兰、芬兰、爱沙尼亚、拉脱维亚、立陶宛八国签署《马林堡宣言》，加强海上风力发电合作，计划在 2030 年将波罗的海地区海上风力发电装机容量从目前的 2.8 GW 提高至 19.6 GW。

北美地区方面，北美 2022 年市场保持在第三位，由于美国增长放缓，其市场份额下降了 2%。虽然美国风力发电增速放缓，但由于生产税返还政策延期，且度电税收返还额度下降，在一定程度上促进了产业的增长。2022 年前三季度美国新增风力发电 4.1 GW，且有 22.54 GW 风力发电项目在建，预计近期美国风力发电将保持较高的装机水平。美国陆上风力发电市场一直是税收抵免驱动的市场，随着《美国通胀削减法案》的实施，美国预期将生产税收减免政策和投资税收减免政策延长到 2024 年底，将影响 2025 年 1 月 1 日之前开始建设的风能项目。到 2025 年，美国风能的生产税收减免政策和投资税收减免政策将被技术中立性税收减免政策所取代，技术中立性税收减免政策预期实施期限为以下两者中在后达到的期限：①至 2032 年；②美国电力部门的温室气体排放量将降至 2022 年 25% 的水平。预计未来 5 年北美将增加 60 GW 的陆上风力发电装机容量，其中 92% 将在美国建造，其余将在加拿大建造。得益于技术中立性税收减免政策的刺激，预计美国将在 2028—2032 年增加更多的产能，因此预期北美地区在 2032 年之前将一直保持增长势头。

拉美地区方面，2022 年新增装机容量达到 5.2 GW，该地区在 2022 年的市场份额增加了 1%。该地区的增长主要由巴西推动，特别是 2022 年，是巴西创造纪录的一年，其新增装机容量占该地区新增产能的近 80%，巴西强劲的增长与通过公共拍卖和私人 PPA 自由市场开发的项目有关。预计 2023—2027 年该地区的新增装机容量可能达到 5 GW。

非洲和中东地区方面，在 2021 年新增装机容量创纪录之后，该地区在 2022 年新增了 453 MW 的风力发电装机容量，这是 2013 年以来的最低水平。随着北非和沙特阿拉伯预计将建设兆瓦级项目，以及可再生能源独立发电商采购计划（REIPPP）竞标窗口 5 拍卖的项目即将上线，非洲和中东地区的年增长量可能会在 2026—2027 年达到 5 GW。预计未来 5 年（2023—2027 年）将增加 17 GW 的新增装机容量，其中 5.3 GW 将来自南非，3.6 GW 将来自埃及，2.4 GW 将来自沙特阿拉伯，2.2 GW 将来自摩洛哥。

1.3　风力发电产业政策状况

政策环境对风力发电行业的发展具有深远的影响，政府通过制定一系列法律法规、规划计划和政策措施，引导和推动风力发电行业的发展，确保其健康、有序和可持续发展。首先，通过制定优惠的税收政策、财政补贴、价格机制等措施，政府鼓励企业加大对风力发电产业的投资，推动了风力发电装机容量的快速增长。其次，有利的政策环境也为风力发电行业创造了良好的市场环境，政府通过深化电力体制改革、推动绿色电力证书交易等方式，为风力发电行业提供了更加广阔的市场空间和发展机遇。最后，在产业规模不断扩大、市场前景广阔的情况下，政府鼓励企业加大对风力发电技术创新的投资，进而推动风力发电技术不断进步，提升风力发电产业在推动能源结构转型过程中的作用，确保风力发电行业实现可持续发展。

从风力发电产业现状和趋势情况可以看出，风力发电产业发展呈现出波动式增长的态势。这种波动发展是多种因素相互叠加的结果，其中重要的因素是风力发电政策。以下将对美国、欧洲以及中国风力发电政策进行介绍。

1.3.1　美国风力发电产业政策

美国风力发电产业政策属于美国能源政策的一部分，因此分析美国风力发电产业政策首先要梳理美国能源政策。1973 年的中东石油危机对于美国能源政策影响巨大，1973 年中东石油危机以来的半个世纪，美国不断通过能源结构转型和产业政策激励等措施重塑全球能源主导地位。"二战"后到中东石油危机之前阶段，全球尚无管理国家间能源政策的国际制度体系，这一阶段美国凭借强大的经济、军事和政治实力，构建了美国政府和国际石油公司共同主导的"石油美元"格局。相对而言，石油生产国在1960年建立了石油输出国组织（OPEC）以收回全球石油的所有权和定价权，并分别通过1971年《德黑兰协定》和《的黎波里协定》，开始逐步与国际石油公司形成共同定价的基本局面。这一阶段中东局势相对稳定，美国通过与国际石油公司的合作，保证石油供应充足且廉价，尚不存在能源安全问题。这一阶段，美国已经开始重视能源安全的重要性，尼克松政府于1971通过《1971年能源咨文》，开始逐步提升新能源的战略地位和推动相关产业发展，并设立了联邦第一个节能办公室。但这一阶段，新能源的重要性并没有被人们所重视。随着两次石油危机的爆发，全球石油供应呈现紧张甚至中断的情况，能源供应和安全问题在美国被提上日程。这一阶段的美国各届政府均致力于构建稳定可控的能源体系，新能源的开发和化石能源的替代开始得到美国政府的重视和鼓励。美国当局充分意识到把握全球能源市场的话语权对增强全球竞争力的重要性，积极研发清洁能源和节能技术，寻找替代能源、开拓新能源市场等一时成为主旋律，从而引起了全球能源市场结构不可逆的改变。

以下对美国影响风力发电产业的重要政策进行介绍。

（1）《美国能源政策和节约法》

该法案是美国清洁能源的开拓性法案。该法案授权美国国会逐步放开石油价格和配额管制，制定汽车能效标准，实施保护能源计划，积极引导美国参与能源研发计划。该法案主要条款包括：①授权联邦能源管理局指令公用事业公司从使用石油或天然气改为使用煤；②扩大总统对能源供应、分配和生产的权力；③授予总统以支持强制实行天然气分配和保护的权力；④建立10亿桶战略石油储备；⑤确定1977年后汽车强制节油标准，到1985年做到平均每加仑汽油能行驶26英里；⑥将石油价格控制延长到1979年，并把国内石油市价每桶压低1美元。该法案包含一些实施能源独立计划的内容，表明该阶段美国政府已经开始关注新能源的发展，但未能就新能源的发展问题给出对策。

（2）《美国国家能源法》

这是美国首部综合性能源政策法律，于1978年通过。《美国国家能源法》由五个法案组成：《国家节能政策法案》、《电厂及工业燃料使用法案》、《公用事业管理政策法案》、《天然气政策法案》以及《能源税收法案》。《美国国家能源法》的目的在于保护能源，加速转向煤炭的过渡及压缩石油进口的需要。具体地，《能源税收法案》规定购买新能源发电产品及设备的房屋拥有者，其支付价款的30%可从当年需交纳的所得税中扣除，并对高油耗汽车制定惩罚措施。《公共事业管理政策法案》强制规定公共实体购置微型电厂利用新能源所生产的电力。该法是美国国家能源部成立后，为了加快能源转型而推出的法律，但该法律并未对新型能源发展方向给出具体指向。

（3）1992 年《美国能源政策法案》

该法案目的是保障美国国内能源供应的安全，保持美国世界第一经济大国的领先地位，加强气候变化关注，保护生态环境。具体目标包括：到 2000 年，至少要有 10% 的政府和私人汽车使用替代燃料（天然气、电、甲醇、乙醇和煤液化燃料等）；到 2010 年，这一比例要达到 30%。主要内容包括：①税费优惠，强制实施最小代用税免除（alternative minimum tax exemption）；②鼓励国内石油生产，增加国内石油产量；③提高能源利用效率，减少取暖和制冷部门的石油消费，减少交通部门的石油消费；④对政府及与政府有关的建筑强制实行新的能源效率标准，对商业和工业建筑也提出相应的能源效率要求；⑤支持并鼓励增加石油供应和减少石油消费技术的研究与开发，减少对进口石油的依赖。该法案综合采用多种手段以应对可能发生的能源危机，同时为了摆脱对传统石油能源的依赖，对于新能源的技术创新研发也出台了相应鼓励政策。

（4）2005 年《美国能源政策法案》

该法案被认为是自 1992 年以来的首部最为全面的能源政策法规。该法案主要内容包括能源效率、可再生能源、油气资源、洁净煤技术、核能、车辆和燃料等多个方面。具体地，在可再生能源方面，启动可再生能源生产激励项目，利用可再生能源发电者可享有每度电 1.5 美分的奖励补助和每度电 1.5 美分的税率减免，这包括太阳能、风能、地热能、生物能等的生产和利用；引导联邦政府增加对可再生能源的利用，争取到 2013 年，可再生能源利用率达到或超过 7.7%；制定包括新的可再生能源安全法在内的政策法规，向为人们修补住房过冬以及为居民安装可再生能源系统的项目提供财政援助。对安装在家里或小商家的可再生能源系统，能源部设立了相关的折扣条款。

（5）《美国能源独立和安全法案》

该法案旨在强化联邦能源消耗实现提高能效、可持续性的发展目标。该法案的具体目标是到 2025 年投资 1900 亿美元用以开发清洁能源和提高能源效率技术，其中 900 亿美元投入清洁能源和能效领域，200 亿美元发展电动汽车和其他先进技术的机动车，600 亿美元用于碳捕捉和封存技术，200 亿美元用于基础性的科学研究。同时，该法案还规定 2020 年之前清洁能源要占到全美范围内私有电力企业生产电力的 15%。

（6）《美国清洁能源与安全法案》

该法案于 2009 年通过，目标是创造数百万新的就业机会来推动美国的经济复苏，减少对国外石油的依存度以实现美国的能源独立，通过减少温室气体排放来减缓全球变暖，最后过渡到清洁的能源经济。具体来说，规定了从 2012 年起，年发电量在 100 万兆瓦时以上的电力供应商应保证每年 6% 的电力供应来自可再生能源，这个比例逐年增加，到 2020 年达到 20%。2020 年，各州电力供应中的 15% 以上必须来自清洁能源，5% 以上来自节能。该法案通过设立清洁能源创新中心，促进清洁的、可再生能源的商业利用，减少温室气体的排放，提高美国的经济、环境和能源安全，确保美国在能源技术方面的领先地位。

（7）《美国通胀削减法案》

2022 年 8 月推出的《美国通胀削减法案》对美国风力发电产业产生了巨大影响。该法案不仅会推出美国历史上对可再生能源的最大单笔投资，也是世界上有史以来最大的气候行动投资。美国期望通过该法案重塑全球可再生能源供应链，并据此达到《巴黎协定》将全球变暖限制在 1.5℃ 的目标。美国政府预期 2030 年将碳排放量减少 50% ~52%，到 2035 年实现碳中和，这意味着可再生能源将成为其中的最大驱动力，而风能作为可再生能源的重要组成部分对实现上述目标至关重要。预计到未来 10 年，美国每年新增的风力发电量将从目前的每年约 10 GW 增加到 20 GW 以上。在该法案实施以来，美国宣布了以下计划：投资超过 650 亿美元的清洁能源项目，这些投资将产生超过 30 GW 的新增清洁能源装机容量，并计划开展 32 个清洁能源制造设施新增或者扩建项目。该法案对风力发电产业产生巨大影响至少包括以下两个方面。①税收抵免政策。该法案将风能和太阳能的生产税收减免政策和投资税收减免政策延长到 2024 年底，并于 2025 年过渡至技术中立性税收减免政策，技术中立性税收减免政策预期持续至 2032 年。②支持美国国内陆上和海上风力发电的供应链建设。这种政策促进了美国国内的经济增长并可创造更多的就业机会。具体地，2025 年之前安装的陆上风力发电项目设备必须 40% 采购自美国国内（海上风力发电为 20%），2026 年以后该比例上升至 55%（海上风力发电是 2027 年），并且要求 100% 的钢铁建筑材料必须由美国制造。得益于上述政策刺激及预期目标达成，预期较长一段时间内，美国风力发电产业将会继续保持较快增长的态势。

综上所述，美国在两次石油危机以后出台了一系列与能源相关的法案。从这些法案中可以看出，美国的能源政策越来越重视清洁能源的开发，并在相关能源法案中明确清洁能源的地位和发展目标的前提下，以法律形式规定对清洁能源开发和技术支持的资本投入比例，建立节能与能效资源标准，实施可再生能源配额制的政策。风力发电作为清洁能源的重要组成部分，得益于上述法案的刺激，在此过程中无论是产业规模还是技术创新均得到长足的发展。

1.3.2 欧洲风力发电产业政策

全球风力发电产业起源于丹麦，并在欧洲地区发展壮大，因此欧洲的风力发电产业有着较好的先发优势。1973 年的中东石油危机对于欧洲的能源政策同样有着巨大的冲击和影响，在石油危机的冲击和气候目标的推动下，欧洲各国都在努力寻求替代化石能源，并相继推出了支持新型能源发展的政策。例如，1991 年颁布的《德国输电法》规定电网公司要优先购买风力发电量；2000 年生效的《德国可再生能源法》要求能源企业优先推广可再生能源，政府提供相应补贴，并要求各地根据情况制定风力发电的保护收购价。2002 年发布的《英国可再生能源强制计划》提出到 2020 年可再生能源要满足总能源需求 20% 的目标。其他欧洲国家也都有类似的政策推出。受到这些政策的刺激，欧洲风力发电产业得到较快的发展，并且涌现出一批以维斯塔斯、西门子歌美飒为代表的风电产业领先企业。

除了各个国家出台的相关政策，特别是进入 21 世纪以来，欧洲的能源格局面临着新的挑战。随着能源对外依赖度提升、需求增加以及气候问题越发严重，欧洲出台了更多促进新能源发展的政策。这些与可再生能源相关的法律及政策主要为了达成以下目标：应对气候变化、确保能源供应安全以及提供可负担的能源。

（1）《里斯本条约》

该条约于 2007 年 12 月 13 日在葡萄牙首都里斯本由欧盟 27 国共同签订，是欧洲一体化的重要条约。在这个重要的条约里，欧盟各国对于能源问题给予了足够的重视，将确保供应安全作为能源政策的三大目标之一。其中第 194 条规定，在内部市场建立和运行的背景下，考虑到保护和改善环境的必要性，本着成员国团结一致的精神，欧盟能源政策的目标是：①保障能源市场的运行；②保障欧盟的能源供应安全；③促进能源效率、节能以及新能源和可再生能源的发展；④促进能源网络的互联互通。能源作为经济发展的重要因素被看成战略重点，《里斯本条约》推动了欧洲各国在能源发展问题上的合作。

（2）《2020 年气候和能源一揽子计划》

该计划于 2007 年 3 月通过，提出了"20 - 20 - 20"的目标，即 2020 年前欧盟单方面将温室气体排放量在 1990 年的基础上减少 20%，将可再生能源占总能源消耗的比例提高到 20%，在欧盟范围内提高 20% 的能效。为达到该计划的目标，欧盟具体推出了要加大对可再生能源支持力度的政策手段。该计划强调了能源与气候目标的战略关联性，并在随后采取了一系列促进可再生能源及能源技术革新的措施。在这些措施的促进下，欧洲风力发电产业得到快速发展。

（3）《巴黎协定》

该条约于 2015 年 12 月 12 日在第 21 届在联合国气候变化大会上通过，并于 2016 年 11 月 4 日起正式实施。该条约是继 1992 年《联合国气候变化框架公约》、1997 年《京都议定书》之后，人类历史上应对气候变化的第三个里程碑式国际法律文本，形成了 2020 年后的全球气候治理格局。该条约内容包括目标、减缓、适应、损失损害、资金、技术、能力建设、透明度、全球盘点等，其主要目标是将 21 世纪全球平均气温上升幅度控制在 2℃ 以内，并将全球气温上升控制在前工业化时期水平之上 1.52℃ 以内。该条约体现了人们对于气候问题的重视。在这种背景下，人们对于可再生能源的开发利用进一步加速，进而带动了风力发电产业的快速发展。

（4）《欧洲风电行动计划》

该计划由欧盟委员会于 2023 年发布，旨在保持欧洲风能的技术领先地位。该计划明确了到 2030 年可再生能源占比高于 42.5% 的目标，计划风电装机容量从 2022 年的 204 GW 增至 500 GW 以上。该计划主要包括六方面内容。①通过提高项目可预测性和许可速度加快项目部署。欧盟委员会与成员国共同发起 "Accele – RES" 倡议，通过该倡议确保迅速实施修订后的欧盟可再生能源法规，重点聚焦许可流程的数字化和成员国的技术援助方面。②改进拍卖程序。采用合理且客观的标准，奖励高附加值设备，确保项目按时全面落地。③获得资金。通过促进融资加快风能制造业的投资和融资。④公平竞争的国际环境。欧盟委员会密切关注可能有利于外国风能制造商的不公平贸易做法。⑤强化技能。推动净零工业技能学院的启动，其中包括专门针对风能的学院，以支持成员国提高工人技能。⑥行业参与和成员国承诺。制定《欧盟风电宪章》，以改善欧洲风能产业保持竞争力的有利条件。《欧洲风电行动计划》是欧盟针对风力发电产业发展遇到的瓶颈提出的具体行动方案，使欧洲风力发电企业的利益得到保护，同时提高了欧洲以外企业的竞争门槛。

（5）《欧洲风电宪章》

该宪章是 2023 年由欧洲风能协会（WindEurope）发起项目，由除匈牙利外的其他 26 个欧盟国家以及 300 多家公司集体签署。该宪章提出了欧洲未来风电加快部署的计划，并希望能 "保护" 欧洲风电行业免受来自欧洲外制造商的 "不公平贸易行为" 的影响。具体地，2 个签署国承诺 "确保有一个足够的、稳健和可预测的风能装机计划，至少覆盖 2024—2026 年"。除了承诺更多装机容量，签署国家还协议通过改变国家风电项目的拍卖规则，"推动生产更环保、创新、网络安全和劳工标准的高质量风电机组"。同时，该宪章还提出简化许可审批流程、利用数字化工具提高效率；设计合理的电力市场规则和激励机制，鼓励风电与其他可再生能源并网消纳，降低系统成本；推动成员国间风电法规协调统一，促进技术标准和认证体系的国际化，降低市场准入门槛等；积极推动新技术研发投入、实验室建设和人才培养等。

（6）《净零工业法案》

该法案由欧盟理事会于 2024 年 5 月 27 日批准，旨在增加绿色技术欧盟本土产能。该法案提出了两大指示性指标：一是到 2030 年欧盟本土净零技术（如太阳能板、风力涡轮机、电池和热泵）制造产能达到部署需求的 40%，二是到 2040 年欧盟在这些技术上的产量达到世界产量的 15%。该法案规定了增加绿色技术投资的多项举措，包括简化战略性项目的许可程序、利用公共采购和可再生能源拍卖提升战略性技术产品的市场准入、提高相关行业的劳动力技能和创建协调欧盟行动的平台等。❶

综上所述，欧洲作为风力发电产业的发源地，在早期发展过程中，其风力发电企业掌握了核心技术并占据了主要市场优势。近年来，在欧洲能源转型的带动下，欧洲风力发电产业仍然保持强劲的发展势头。但需要注意的是，在地缘政治紧张等诸多因素的影响下，欧洲的风力发电产业也面临着原材料价格飞涨等因素的挑战，因此，欧洲推出了一系列的鼓励风力发电产业发展的政策，以应对相应风险及挑战。

1.3.3　中国风力发电产业政策

中国为了保障能源安全，长期以来坚持以煤为主的能源战略，2007 年以后能源政策逐渐由以煤为主改变为国内为主、国际为辅的方针。同时，随着国际能源向着清洁化、低碳化和智能化的方向发展，为应对气候变化，2014 年习近平总书记从国家能源安全的高度，提出能源领域"四个革命，一个合作"的要求，把能源安全纳入全球视野来考虑，提出了不断调整能源结构、减少煤炭消费、增加清洁能源供应的理念。随着十九大提出了高质量发展的要求，我国又把构建清洁低碳、安全高效的能源体系作为国家能源建设的战略。可以看出，无论是国内实际发展情况，还是世界能源发展方向，都使可再生能源在中国的能源格局中占据越来越重要的地位。为了促进可再生能源发展，中国相继出台了法律以及多项专项规划和支持政策，如《可再生能源法》《风力发电发展"十三五"规划》等，明确了风力发电发展目标、重点任务和保障措施。这些政策不仅为风力发电的发展提供了有力的法律保障和政策支持，也为风力发电产业发展创造了良好的市场环境和发展机遇。下文将对影响中国风力发电产业发展的重要法律及政策进行介绍。

（1）《可再生能源法》

该法由第十届全国人民代表大会常务委员会第十四次会议于 2005 年 2 月 28 日通过，自 2006 年 1 月 1 日起施行，并于 2009 年 12 月 26 日由第十一届全国人民代表大会常务委员会第十二次会议进行修正。该法全文共 33 条，具体包括总则、资源调查与发展规划、产业指导与技术支持、推广与应用、价格管理与费用补偿、经济激励与监督措施、法律责任以及附则 8 章。其中第 2 条第 1 款指出："本法所称可再生能源，是指

❶ 中华人民共和国驻欧盟使团经济商务处. 欧盟正式通过《净零工业法案》［EB/OL］.（2024 - 05 - 28）［2024 - 07 - 08］. http：//eu. mofcom. gov. cn/article/jmxw/202405/20240503513229. shtml.

风能、太阳能、水能、生物质能、地热能、海洋能等非化石能源。"由此可见风力发电在我国可再生能源结构中的重要地位。第 12 条中规定："国家将可再生能源开发利用的科学技术研究和产业化发展列为科技发展与高技术产业发展的优先领域，纳入国家科技发展规划和高技术产业发展规划，并安排资金支持可再生能源开发利用的科学技术研究、应用示范和产业化发展。"该法实施以来，中国将风力发电定位于可再生能源中最可靠可行的能源之一。得益于该法律政策的支持，中国风力发电产业在近十几年来得到稳步、长足的发展，逐渐成为中国发电结构多元化建设的重要组成部分。

（2）《可再生能源发展"十三五"规划》

该规划由国家发展和改革委员会于 2016 年发布，其中指出，为实现 2020 年和 2030 年非化石能源分别占一次能源消费比重 15% 和 20% 的目标，加快建立清洁低碳的现代能源体系，促进可再生能源产业持续健康发展，按照《可再生能源法》的要求，根据《中华人民共和国国民经济和社会发展第十三个五年规划纲要》和《能源发展"十三五"规划》制定该规划。对于风力发电，该规划提出，要按照"统筹规划、集散并举、陆海齐进、有效利用"的原则全面协调推进风力发电的开发，并提出到 2020年底，全国风力发电并网装机确保达到 2.1 亿 kW 以上的目标。该规划同时提出了加快开发中东部和南方地区风电、有序建设"三北"大型风电基地、积极稳妥推进海上风电开发以及切实提高风电消纳能力的措施。在该规划确定的目标下，国家和地方政府推出了一系列促进风力发电发展的产业政策，海上风力发电和分散式风力发电成为明确的市场导向，这为风力发电机制造行业进行技术开发和产业升级提供了很多创新的思路和空间。

（3）《风电发展"十三五"规划》

该规划由国家能源局于 2016 年发布。该规划明确了"十三五"期间风力发电的发展目标和建设布局：到 2020 年底，风力发电累计并网装机容量确保达到 2.1 亿 kW 以上，其中海上风电并网装机容量达到 500 万 kW 以上，海上风电开工建设规模达到1000 万 kW，风力发电年发电量确保达到 4200 亿 kW·h，约占全国总发电量的 6%。在投资方面，"十三五"期间，风力发电新增装机容量 8000 万 kW 以上，其中海上风力发电新增容量 400 万 kW 以上。按照陆上风力发电投资 7800 元/kW、海上风力发电投资 16000 元/kW 测算，"十三五"期间风力发电建设总投资将达到 7000 亿元以上。该规划在《可再生能源发展"十三五"规划》的基础上对风力发电作出了具体的规划和部署，为风力发电产业布局指明了具体方向。要保障中国风电业在"十三五"继续实现可持续发展，保证合理的年均增长规模，必须优化产业布局，加大中东部地区开发力度。该规划为根治弃风限电顽疾确定了有效途径，并要求逐步缩减煤电发电计划，为风力发电预留充足的电量空间。该规划还为优化市场环境提出了具体措施，不断完善政策环境和管理手段，通过构建完善的监测和信息公开机制来提高市场的透明度，为所有参与者创造一个公平公正的竞争环境，进一步完善风电标准检测认证体系，加强产业链上下游的标准制修订工作。

（4）《"十四五"现代能源体系规划》

该规划由国家发展和改革委员会和国家能源局于 2022 年联合发布。该规划对于能源低碳转型提出了具体目标：到 2025 年，非化石能源消费比重提高到 20% 左右，非化石能源发电量比重达到 39% 左右，电气化水平持续提升，电能占终端用能比重达到 30% 左右。该规划同时对于新能源技术创新提出了目标："十四五"期间能源研发经费投入年均增长 7% 以上，新增关键技术突破领域达到 50 个左右。在大力发展非化石能源方面，该规划提出加快发展风电、太阳能发电，要全面推进风电和太阳能发电大规模开发和高质量发展，优先就地就近开发利用，加快负荷中心及周边地区分散式风电和分布式光伏建设，推广应用低风速风电技术；并提出鼓励建设海上风电基地，推进海上风电向深水远岸区域布局。

（5）《"十四五"可再生能源发展规划》

该规划由国家发展和改革委员会、国家能源局、财政部等 9 个部门于 2021 年联合发布。该规划明确：2025 年可再生能源消费总量达到 10 亿吨标准煤左右，"十四五"期间可再生能源在一次能源消费增量中占比超过 50%；2025 年可再生能源年发电量达到 3.3 万亿 kW·h 左右，"十四五"期间风电和太阳能发电量实现翻倍；2025 年全国可再生能源电力总量和非水电消纳责任权重分别达到 33% 左右和 18% 左右，利用率保持在合理水平。该规划强调，"十四五"时期可再生能源发展将坚持集中式与分布式并举、陆上与海上并举、就地消纳与外送消纳并举、单品种开发与多品种互补并举、单一场景与综合场景并举，以区域布局优化发展，"三北"地区优化推动基地化规模化开发，西南地区统筹推进水风光综合开发，中东南部地区重点推动就地就近开发，东部沿海地区积极推进海上风电集群化开发。该规划提出要大力推进风电和光伏发电基地化开发，统筹推进陆上风电和光伏发电基地建设，加快推进以沙漠、戈壁、荒漠地区为重点的风电光伏基地项目，有序推进海上风电基地建设。预期在该规划的推动下，中国的风力发电产业将继续维持高速发展。

综上所述，中国在 2007 年明确能源战略转型以后出台了一系列与能源相关的政策。从这些政策中可以看出，相对于传统化石能源，以风能为代表的可再生能源在中国的能源结构中越来越被重视。得益于上述政策的刺激，中国的风力发电产业无论产业规模还是技术创新均得到了长足的发展。在明确了可再生能源发展目标的情况下，中国风力产业未来发展可期。

1.4 小 结

通过以上介绍可知，人类利用风能具有悠久的历史，经过早期苏格兰学者詹姆斯·布莱思的尝试探索、丹麦气象学家保罗·拉·库尔对风力发电技术进行的不断改进、法国工程师 G. J. M. 达里厄发展设计出升力型垂直轴风力发电机、英国科学家赫尔曼·格劳特从理论上将叶素理论和动量理论结合，以及后续诸多科学家及工程师的不断努力，风力发电已经发展成为技术逐渐成熟的可再生能源产业。

从全球风力发电产业发展现状及趋势来看，随着两次石油危机的发生，新型能源的发展越来越受到人们的重视，风力发电产业也得到长足的发展。2000 年以来尽管面临诸多不利因素的影响，风力发电产业依旧保持蓬勃发展的势头，其中 2001—2010 年全球风力发电新增装机容量的复合增长率高达 22%，但近年来增速有所放缓，这种态势体现了风力发电产业的发展波动情况。海上风力发电作为风力发电产业新的发展趋势，2001—2021 年新增装机容量所占份额不断增加，并于 2021 年达到创纪录的 23%。这种不断增长的态势代表了风力发电产业的发展方向。亚太、欧洲、北美、拉美、非洲和中东地区是全球风力发电新增装机容量的主要地区，其中亚太地区 2022 年份额虽然有所下降，但仍是全球风力发电新增装机容量最多的地区。

从全球风力发电技术创新来看，风力发电机的发展主要呈现出大型化、变桨距、变速运行、无齿轮箱等特点。对于大型风力发电机的开发，欧洲海上风力发电发展起步最早，具有技术先发优势。通过先进传感技术和大数据分析技术的深度融合，实现风力发电设备的高效、高可靠性运行，风力发电智能监控、智能运维以及智能诊断和预警是未来风力发电设备智能化研究的趋势。

从影响风力发电产业发展的政策来看，美国、欧洲和中国均在风力发电产业发展过程中相继推出了扶持鼓励政策，其中美国在两次石油危机以后出台了一系列与能源相关的法案，并在相关能源法案中明确清洁能源的地位和发展目标，通过法律形式规定对清洁能源开发和技术支持的资本投入比例，促进了风电产业的发展。欧洲是风力发电产业的发源地，但随着竞争的加剧，其技术和市场优势也面临着诸多挑战。在此情况下，欧洲推出了一系列鼓励风力发电产业发展的政策，以应对相应风险及挑战。中国在 2007 年明确能源战略转型以后也推出了一系列与能源相关的政策，并且带动了中国风力发电产业的迅速发展，使得中国风力发电产业成为全球风力发电产业的重要组成部分。

第2章 风力发电专利申请整体状况分析

本章基于风力发电机的基本构成、关键技术以及风力发电下游发展应用确定研究对象，并对确定的研究对象进行初步介绍；另外还对研究方法及相应事项作出说明，为后续研究作出准备。

本章包括以下几方面内容：①通过对风力发电技术专利态势状况、全球风力发电技术专利申请情况以及中国风力发电技术专利情况进行梳理分析，从宏观层面全面展示全球以及中国风力发电技术专利申请整体概况；②通过对全球以及中国风力发电技术专利重要申请人状况进行梳理分析，展示风力发电技术领域的创新主体发展历程并通过典型创新主体的代表专利阐释其技术发展特点；③在风力发电技术发展过程中，出现了一批影响风力发电产业发展的技术，并且随着风力发电产业的竞争加剧，专利成为相互竞争的重要手段，因此，本章还对风力发电产业的重要典型专利进行了介绍，以说明风力发电技术创新与产业发展之间的关系。

通过对以上各方面进行梳理分析，全面地展示风力发电技术创新发展现状及趋势、重要创新主体情况及特点，以及技术创新与产业发展情况。

2.1 风力发电研究对象

本节主要基于风力发电机的基本构成、关键技术以及风力发电下游发展应用确定研究对象，为后续的分析研究作出准备。

2.1.1 风力发电技术研究对象确定

以水平轴式风力发电机为例，风力发电机一般包括风轮、传动系统、偏航系统、制动系统、发电机、控制系统、塔架。具体地，风轮是风力发电机组将风能转换成机械能的部件，一般由2~3个叶片和轮毂组成；传动系统的作用是将风轮的载荷传递至机舱，主要包括轴承、齿轮箱以及联轴器等部件；偏航系统是通过偏航轴承、偏航电动机、偏航制动器等部件，使得风向发生变化时，风力发电机组能够及时作出反应，以快速对准风向进而使风轮获得最大风能；制动系统通过空气制动器或机械制动器使得风力发电机组在需要的情况下进行制动；发电机是将风轮的机械能转换成电能的装置；控制系统是用于控制风力发电机启停以及监测风力发电机各项运行状态并进行调节的系统；塔架是风力发电机的主要承载部件，塔架的刚度及稳定性对于中大型风力发电机有着很大的影响。从结构方面来说，上述部件中，叶片是决定风力发电机的风能转换效率的关键部件，具有较高的技术含量；同时随着发电机的大型化发展，对于塔架也提出了很高的要求。从性能方面来说，风力发电机的风能利用效率及安全性是风力发电的重要关注方向。若要提高风力发电机的发电效率，就要改善翼型表面的流动状态，抑制翼型表面边界层的分离，进而提高翼型的气动性能。而涡流发生器作为一种控制叶片翼型表面边界层分离的有效附加措施，能够为风力发电机带来更高的能量输出。在提高风力发电机的安全性方面，变桨距调节型风力机能够实现变桨距调节，使得风轮的叶片桨距随着风速的变化而进行调节，气流攻角在风速变化时可以保持在一定的合理范围。基于这种设置，当风速过大时，通过变桨距机构的调节，调整叶片攻角，输出功率能够保持平稳。变桨距风力发电机的起动风速相对定桨距风力发电机的起动风速较低，停机时的冲击也相对缓和。因此，对于一般的风力发电机，本书将叶片、塔架、变桨距技术以及涡流发生器作为研究对象。

随着风力发电的发展，陆上风力发电已经不能满足社会发展的需求，并且陆上风力发电还具有占地面积大、噪声污染等缺点，而海上风力发电相对于陆上风力发电具有风力资源丰富、风力变化规律以及不占用土地等诸多优点，因此海上风力发电越来越得到产业界的青睐。海上风力发电机虽然结构上与陆地风力发电机基本一致，都包含风轮、传动系统、偏航系统、制动系统、发电机、控制系统、塔架等部件，但其一般结构更大，目前已有超过200米的海上风力发电机叶片下线安装，因此，海上风力发电机比陆上风力发电机的运输和安装更困难。同时，由于海上作业条件更为恶劣，进一步增加了安装难度，因此，本书也将海上风力发电机安装技术作为海上风力发电的研究对象。

可再生能源的综合利用是可再生能源消纳的重要方式。对于风力发电来说，风力发电制氢是目前适应风力发电大规模发展的重要研究方向。通过风力发电制氢综合利用，能够有效解决因电力生产和实际消纳地区存在较远距离使输送成本较高进而导致的"弃风弃电"现象，因此，对于风力发电综合利用，本书也将风力发电制氢作为研究对象。

综上，将风力发电机叶片、塔架、变桨距技术、涡流发生器、海上风力发电安装技术、风力发电制氢技术作为本书的研究对象。

2.1.2 风力发电技术研究对象介绍

2.1.2.1 叶片

叶片是风力发电机的重要组成部件,用于将风能转换成机械能。叶片的风能转化率越高,发电率也将越高,获得的电能也将越多。正是因为叶片有如此重要的作用,特别是风力发电中相当不稳定的工作环境,所以要求叶片不但要有最佳的机械性能和疲劳强度,还要具有较好的降噪效果以及防结冰、防雷击等特性。因此,设计良好、质量可靠和性能优越的叶片,是保证风力发电机获得高能效的前提和基础。目前,关于叶片的研究也主要集中在提高叶片机械性能和疲劳强度、降噪、防结冰、防雷击以及提高启动性能等方面。但是,近年来,随着叶片材质的发展以及对获取风能量越来越大的要求,叶片的尺寸也在不断地变化。叶片尺寸的增大可以增强叶片的捕风能力,改善发电的经济性,从而降低成本。叶片尺寸的增大随之带来的是叶片的生产、运输以及安装问题,因此,近年来,上述几个方面成为风力发电领域叶片研究的重点。基于上面的介绍,叶片的技术分解大概可以分为如下几个方面:从一级分支来看,主要从结构、功效、生产、运输以及安装方面进行分类,结构方面可划分为常规、分段、伸缩、异形四类叶片类型,从实现的功效方面可分为降噪、加热、雷电保护、气动性能提升等几个分支。

2.1.2.2 塔架

随着风力发电技术的日趋成熟,现代风力发电机正向轻型、高效、高可靠性、大型化方向发展,开始由定桨距向变桨距、定速向变速、齿轮箱式向直驱式、陆地向海上、低兆瓦级向高兆瓦级发展。21 世纪以来,伴随着兆瓦级风力发电机技术的蓬勃发展及不断扩大的市场需求,塔架的设计与选型多种多样,呈现出"百花齐放"的特点。

风力发电机的塔架可以从不同角度进行分类。例如从塔架材质角度进行分类,塔架可以分成以下三类。①钢管塔:主要由几个钢管段焊接或者一体制造而成,具有构造简单、轻便、易于运输和安装等优点,一般用在高度不超过 100 米的风力发电机中。②混凝土塔:由钢筋混凝土浇筑而成的塔形结构,具有结构强度高、耐久性好的优点,可以支撑高达 150 米的风力发电机。③钢-混凝土塔:是钢管塔和混凝土塔形的组合,有的是钢管塔在上方,有的是混凝土塔在上方,该种塔形结合了两种塔的优点,并且可以根据地形对各自高度进行调整,适用于地貌复杂且风力较大的地区。风力发电机的塔架还可以从固有频率角度分成以下两类。①柔性塔筒:是指塔筒的一阶自然频率与风轮旋转一阶频率（1P）相交或者小于 1P 时，这样的塔筒就被称作柔性塔筒，一般常用于低风速、大容量和大叶轮风力发电机中。②刚性塔筒：如果塔筒的一阶自然频率在风轮旋转一阶频率以上，则为刚性塔筒。此外，风力发电机组的塔架还可以从高度角度分成低塔（高度小于 80 米）、中塔（高度为 80 ~ 100 米）以及高塔（高度在100 米以上）。从塔架结构角度分类，风力发电机塔架主要有桁架式钢结构塔架、格构式钢结构塔架、圆筒式或锥筒式钢塔架和混凝土塔架、钢 – 预应力混凝土混合塔架等。

2.1.2.3　变桨距技术

变桨系统对于整个风力发电机组的安全性、稳定性和高效运行有着至关重要的作用。变桨系统能够控制风力发电机组叶片的启停，直接影响风力发电机的捕风能力和安全运行。

现代大型风力发电机变桨距技术按照变桨距方式不同，可以分为主动变桨距和被动变桨距两大类。被动变桨距技术，主要是根据风力发电机外界环境参数被动作出反应，其一般是当风速过大时，靠风力发电机自身的离心作用改变叶片的迎角进而改变迎风面积，减小捕获风能的量。目前被动变桨距技术主要有利用离心重锤实现变桨距，以及利用离心弹簧弹力实现变桨距等方式。主动变桨距技术是风力发电机自身主动发出动作，其相应地配置有控制系统，控制系统根据外界风速的变化或者输出功率的需要，控制相应的部件进行动作，改变叶片的迎角实现变桨距。目前主要的主动变桨距技术包括电动式变桨距和液压式变桨距。主动变桨距调节系统按照叶片控制方式不同可进行以下分类：①每个叶片独立控制的桨距驱动系统，通过独立的液压驱动缸驱动叶片进行调节；②用一个驱动器驱动所有叶片系统，通常是通过三角架与驱动器连接，三角架的三个连杆分别通过每个叶片深入轮毂内的悬臂曲柄来驱动叶片调节。其中，每个叶片独立控制的桨距驱动系统具有控制灵活的优点，缺点是需要非常精确地控制每个叶片的桨距角，以免出现不可接受的桨距角度差异。主动变桨距调节系统按照驱动源不同可以进行以下分类：①液压变桨距系统；②电动变桨距系统。液压变桨距系统通过液压泵站驱动油缸执行变桨距调节，电动变桨距系统通过电动机、减速器及齿轮进行变桨距调节。从功能上来看，二者大致相当；从结构上来看，液压变桨距系统结构相对简单。近年来，随着变频技术和永磁同步电机技术的发展，大型风力发电机一般采用电动变桨距控制技术，通过电动变桨距控制技术可以独立对桨叶进行变距控制。通过独立桨叶进行变距控制，不但具有普通叶轮整体变距控制的优点，而且可以解决垂直高度上的风速变化对风力发电机的影响，进而减轻输出转动的脉动，降低传动系统的故障率，提高机组运行寿命。

2. 1. 2. 4 涡流发生器

涡流发生器是一种能够有效抑制边界层分离的气动附件。其应用最早可以追溯到 20 世纪 40 年代，起初用于机翼，用于控制飞机机体出现的不利的气流分离现象。机体的气流分离，会让升力系数降低，阻力系数剧增，从而引起飞机的提前失速。目前该技术在航空领域已经成熟运用。近年来涡流发生器在风力发电机叶片边界层分离控制中也取得了很好的效果，将其安装于风力发电机叶片叶根到叶中区域的吸力面，可实现抑制流动分离、增加叶片输出功率的目的。涡流发生器的形状、安装位置及分布密度是影响风力发电机叶片性能的关键因素，同时涡流发生器的材质、与叶片的连接强度以及准确的安装条件是增加风力发电机叶片输出功率的有效保障。

从涡流发生器安装的不同风力发电机角度来看，涡流发生器可分为两个一级分支，分别是水平轴风力发电机上的涡流发生器和垂直轴风力发电机上的涡流发生器。基于涡流发生器在风力发电机上的不同安装部位，可将其分为位于导风装置、叶片、塔筒等，而其在叶片上的位置又具体分为位于叶尖、叶根、前缘、后缘、前后缘等。当然由于涡流发生器按照不同的分类方法可以进行多种方式进行分类。例如，可以根据需要达到的技术效果，将涡流发生器分为防止边界层分离或者降低噪声等；也可以根据涡流发生器的形状，例如三角形、梯形等形状进行分类。本章基于涡流发生器安装在风力发电机不同部位来研究涡流发生器具体起到的作用、技术演进等，其他分类方法暂时不在本章的研究范围之内。

2. 1. 2. 5 海上风力发电安装技术

对于海上风力发电，风力发电机安装是其关键技术。海上风力发电安装技术按照安装方式分为整体安装和分体安装。目前整体安装是在陆地安装，然后整机拖拽到海上进行安装。其实质上的安装工序与在陆地安装基本相同，区别只是需要拖船进行运输。而大型拖船的设计显然阻碍了这一组装方式的发展。分体安装的顺序一般是基础安装、塔筒安装、机舱轮毂安装和叶片安装。

（1）基础安装

海上风力发电机基础结构可以分为重力式基础结构、桩承基础结构、桶形基础结构以及浮式结构。每种基础结构类型不同，其相应地有一定的施工工艺。

（2）机组安装

海上风力发电机安装实质上与陆地相应部件安装工艺基本相同，包括吊装顺序、吊装手段等，较大区别在于安装设备也就是风电安装船的使用。

（3）电缆敷设

目前海底电缆的敷设方式有抛放和深埋两种方式：抛放一般是在浅海区域，施工工艺简单，但由于深度较浅，也容易发生损毁；而深埋是将海缆埋置在海床土体内，避免海缆受到外部环境的影响。

（4）运输安装设备

海上风力发电机运输安装主要依赖安装船。与海洋工程不同，由于海上风力发电机重心高、部件多、机位多，因此海上风力发电机运输安装有自身的特点。目前普通海洋工程船没有根据风力发电机的实际情况进行设计，其运输安装效果显然不理想。而随着风机安装的日趋专业化，衍生出多种不同形式的风力发电机安装船。

2.1.2.6　风力发电制氢技术

随着风力发电装机容量不断增加，风力发电受到风速影响波动性较大的问题日益凸显，为电网消纳风力发电增加了不小难度，并因此导致风力发电产业"弃风"率较高，严重制约了风力发电产业的发展。因此，解决风力发电消纳问题是促使风力发电产业健康发展的重要一环。风力发电制氢是清洁、高效的新能源利用模式。其将因各种条件限制而存在并网困难的风力发电量，通过微网或非并网风力发电模式在电解水制氢过程中进行应用，并对所产生的氢气进行储存、定期运输，完成从风能到氢能的转化。通过风力发电制氢能够较好地解决风力发电消纳的问题。一方面，风力发电制氢解决了风力发电的"弃风"问题，使得多余的电能得到了消纳；另一方面，其将电力通过水电解设备制造燃料气体，除作为无排放燃料直接燃烧外，还可与燃料电池进行电化学反应，并可与二氧化碳进行反应生成甲烷，进一步提高系统"脱碳"效果，为早日实现"双碳"目标提供有力的助力。因此风力发电制氢技术在获得更高的风力发电利用效率，避免因风能发电能力波动而产生"弃风"问题的同时，其丰富的清洁能源大规模生产、储存及应用能力将对产业链全链条提供强大助力。

风力发电制氢技术根据其离并网发电模式不同可以分为离网型风力发电制氢、并网型风力发电制氢，根据其电解槽不同可以分为碱式、质子交换膜、固态氧化物，根据储氢方式不同可以分为气态储氢、液态储氢、固态储氢，根据风力发电装置位置可以分为陆地风力发电制氢和海上风力发电制氢，根据制氢平台可以分为风力发电平台制氢、石油平台制氢、制氢船制氢、专用制氢平台制氢，根据与其他可再生能源结合发电情况可以分为与太阳能结合发电、与太阳能＋波浪能结合发电、与太阳能＋潮汐能结合发电、与波浪能结合发电、与潮汐能结合发电、与波浪能＋潮汐能结合发电以及与多种能源结合发电，根据氢运用途径的不同可以分为用于燃料电池、用于氢燃料发动机、用于化工原料、用于氢输出的氢燃料、用于氢冶金、用于热电联产。

2.2　研究方法及相关事项说明

2.2.1　研究方法

2.2.1.1　检索工具及文献库的选取

本书检索工具主要采用国家知识产权局专利检索与服务系统，同时以中国知网（CNKI）、万方数据知识服务平台等非专利检索平台作为辅助检索工具。

对于中文专利数据，主要在中文专利摘要数据库（CNABS）中进行检索，同时结合中文专利全文数据库（CNTXT）等文献库进行辅助检索。

对于全球专利数据，主要在德温特世界专利索引数据库（DWPI）中进行检索，同时结合世界专利文摘数据库（WPABS）、美国专利全文文本数据库（USTXT）、欧洲专利全文文本数据库（EPTXT）、国际专利全文文本数据库（WOTXT）、日本全文文本数据库（JPTXT）等文献库进行辅助检索。

2.2.1.2　检索策略

专利检索过程中经过多次不同角度反复校验，在专利数据尽可能查全查准的基础上力求减少专利噪声，确保检索数据的完整性和准确性。本报告检索策略主要采用分总式检索策略、引证追踪策略、补充检索策略。首先，依据技术分解表，分别对各技术分支展开检索，获得相应技术分支下的检索结果，再将各技术分支的检索结果进行合并，得到总的检索结果；其次，以检索结果为线索，根据专利文献的引文字段、说明书中引用的文献信息、重要申请人等进行追踪检索；最后，查缺补漏，根据各国语言特点并结合适当的 CPC、EC、UC、FI、FT 等分类号进行补充检索。

2.2.1.3　检索后的数据处理

数据采集：根据分析需要，将检索获得的原始专利数据确定需要采集的字段，其中中文专利采集的字段主要有公开/公告号、申请号、申请日、优先权日、国省名称、标准申请人、发明人、发明名称、分类号、专利类型、被引用数、法律状态、摘要等，全球专利采集的字段主要有公开/公告号、申请号、申请日、优先权日、地域、标准申请人、发明人、发明名称、分类号、被引用数、法律状态、摘要等。

采集数据之后进行数据清理，对采集到的数据进行数据项内容的统一、修正和规范，并去掉重复数据，补充部分著录项目的空缺等，最后形成标引用原始数据。

数据标引：本书标引全部采用人工标引，主要通过人工全文阅读的方式进行各技术分支的标引。在标引的同时，对于不属于本书分析范围的数据进行删除去噪，进一步增加数据准确性。

基于对噪声来源的分析，本书确定了以下去噪策略：①利用分类号去噪，去除大部不相关分类号，例如 A 部分类号，其几乎和本领域不相关，可以明确去除，进而保证很多特种机器人相关专利被去除；②利用关键词去噪，例如在整个检索过程中都可以采用"防爆""救援""家用"等特种机器人相关的关键词进行去噪；③在后续的标引过程中还会发现噪声文献，可以通过标引的过程同时去噪。

去除噪声的步骤可归纳为以下几步：

①确定去除的噪声分类号或者关键词，在检索结果中进行噪声去除；

②浏览去除的文献，评估去噪的效果，如果去除的文献中含有较多的和技术主题相关的文献，对相关文献进行统计分析，对去噪检索式进行调整；

③利用调整后的去噪检索式继续去噪，重复步骤②，直至达到合适的去噪效果。

2.2.1.4 分析方法

分析方法：本书总体上采用了统计分析法和对比分析法等定量分析与定性分析相结合的分析方法，从宏观角度的专利布局和态势分析角度进行了详细的阐述，并从微观角度对重要技术分支的重点专利技术、专利技术发展路线进行了详细的分析，即从宏观总体态势到微观的单独技术对各技术分支进行全面分析。

分析维度及展现形式：本书从研究对象的维度进行分类，包括申请趋势、专利布局、主要申请人、技术主题、关键专利等。依据标引数据制作相应形式的图表，例如柱状图、折线图、气泡图、饼图综合性图表等，进行展现，并依据各维度所展现出的规律分析归纳得出相应的发展预测、建议和结论。

2.2.2 相关事项说明

2.2.2.1 数据完整性约定

本书检索截止日检索到的 2022 年以后提出的专利申请数量比实际专利申请量要少。出现这种情况的原因主要有以下几点：PCT 申请（通过《专利合作条约》途径提出的专利申请）自申请日起 30 个月甚至更长时间之后才进入国家阶段，从而导致与之相对应的国家公布时间更晚；发明专利申请通常自申请日（有优先权的，自优先权日）

起 18 个月（要求提前公布的申请除外）才能被公布；以及实用新型专利申请在授权后才能获得公布，其公布日的滞后程度取决于审查周期的长短等。

2.2.2.2　相关事项和约定

同一项发明创造在多个国家或地区申请专利而产生的一组内容相同或基本相同的文件出版物，称为一个专利族。从技术研发角度来看，属于同一专利族的多件专利申请可视为同一项技术。本书中，进行技术分析时对同族专利进行了合并统计，针对国家或地区分布进行分析时对各件专利进行了单独统计。

项：在进行专利申请数量统计时，对于数据库中以一族（这里的"族"指的是同族专利中的"族"）数据的形式出现的一系列专利文献，计算为"1 项"。以"项"为单位进行的专利文献量的统计主要出现在外文数据的统计中。一般情况下，专利申请的项数对应于技术的数目。

件：在进行专利申请数量统计时，为了分析申请人在不同国家、地区或组织所提出的专利申请的分布情况，将同族专利申请分开进行统计，所得到的结果对应于申请的件数。1 项专利申请可能对应于 1 件或多件专利申请。

国内申请：中国申请人在中国国家知识产权局的专利申请。

国外来华申请：外国申请人在中国国家知识产权局的专利申请。

日期规定：依照授权最早优先权日确定每年的专利数量，无优先权日以申请日为准。

2.2.2.3　主要申请人名称约定

本书中关于风力发电领域主要申请人的名称约定如表 2 - 2 - 1 所示。

表 2 - 2 - 1　风力发电领域主要申请人名称约定

中文名称	本书中简称
维斯塔斯风力系统公司	维斯塔斯
艾劳埃斯·乌本公司	乌本
西门子歌美飒可再生能源有限公司	西门子歌美飒
通用电气公司	通用电气
西门子公司	西门子
金风科创风电设备有限公司	金风科创
金风科技股份有限公司及其子公司	金风科技

中文名称	本书中简称
新疆金风科技有限公司	新疆金风科技
江苏金风科技有限公司	江苏金风科技
国家电网有限公司	国家电网
再生动力系统股份公司	再生动力
三菱重工业株式会社	三菱重工
艾尔姆玻璃纤维制品有限公司	LM
明阳智慧能源集团股份公司	明阳智能
国电联合动力技术有限公司	国电联合动力
诺德克斯能源有限公司	诺德克斯
叶片动力学有限公司	叶片动力学
中材科技风电叶片股份有限公司	中材科技
英诺吉能源公司	英诺吉
中国华能集团清洁能源技术研究院有限公司	华能集团
远景能源有限公司	远景能源
浙江运达风电股份有限公司	浙江运达
中国船舶重工集团	中国船舶重工
西安热工研究院有限公司	西安热工院

除特殊说明外，本书中申请人涉及金风科技的专利申请量包括金风科技股份有限公司及其相应子公司的专利申请量，金风科技的子公司包括但不限于金风科创、新疆金风科技、江苏金风科技。金风科创风电设备有限公司是金风科技有限公司的子公司，部分技术分支以金风科创名义进行申请的专利较多，因而部分章节将其单独列出分析。

2.2.2.4 相关分类号释义

本书中涉及的相关 IPC 分类号释义如下：

B　作业；运输

B29C　塑料的成型连接；不包含在其他类目中的塑性状态材料的成型；已成型产品的后处理，例如修整（制作预型件入 B29B 11/00；通过将原本不相连接的层结合成为各层连在一起的产品来制造层状产品入 B32B 7/00 至 B32B 41/00）

B63　船舶或其他水上船只；与船有关的设备

B63B　船舶或其他水上船只；船用设备（船用通风、加热、冷却或空气调节装置

入 B63J 2/00；用作挖掘机或疏浚机支撑的浮动结构入 E02F 9/06）

B63B 27/00　船上货物装卸或乘客上下设备的配置（自卸驳船或平底船入 B63B 35/30；浮游起重机入 B66C 23/52）

B63B 35/00　适合于专门用途的船舶或类似的浮动结构（以装载布置为特征的船舶入 B63B 25/00；布雷艇或扫雷艇、潜艇、航空母舰或以其攻击或防御装备为特征的其他舰艇入 B63G）

B63H　船舶的推进装置或操舵装置（气垫车的推进入 B60V 1/14；除核动力外潜艇专用的入 B63G；鱼雷专用的入 F42B 19/00）

B64C　飞机；直升机

C　化学；冶金

C25　电解或电泳工艺；其所用设备

C25B　生产化合物或非金属的电解工艺或电泳工艺；其所用的设备（阳极或阴极保护入 C23F 13/00；单晶生长入 C30B）

C25B 1/00　无机化合物或非金属的电解生产

C25B 1/01　·产物

C25B 1/02　··氢或氧

C25B 1/04　···通过电解水

C25B 1/042　····通过电解蒸汽

C25B 1/044　····产生混合的氢气和氧气，例如布朗气体

E　固定建筑物

E02　水利工程；基础；疏浚

E02D　基础；挖方；填方（专用于水利工程的入 E02B）；地下或水下结构物

附注：

1. 本小类包括由基础工程，即破坏地基表面而修建的地下结构物。

2. 本小类不包括仅通过地下掘进方法，即不破坏地基表面而修建的地下空间，即不涉及地表的扰动，其由小类 E21D 所包括。

E02D 27/00　作为下部结构的基础

E04　建筑物

E04B　一般建筑物构造；墙，例如，间壁墙；屋顶；楼板；顶棚；建筑物的隔绝或其他防护（墙、楼板或顶棚上的开口的边沿构造入 E06B 1/00）

E04H　专门用途的建筑物或类似的构筑物；游泳或喷水浴槽或池；桅杆；围栏；一般帐篷或天篷（基础入 E02D）

E04H 12/00　塔；桅杆；柱；烟囱；水塔；架设这些结构的方法（冷却塔入 E04H

5/12；油井钻塔入 E21B 15/00）

   F   机械工程；照明；加热；武器；爆破

   F01   一般机器或发动机；一般的发动机装置；蒸汽机

   F01D   非变容式机器或发动机，例如汽轮机（燃烧发动机入 F02；流体机械或发动机入 F03、F04；非变容式泵入 F04D）

   F03   液力机械或液力发动机；风力、弹力或重力发动机；其他类目中不包括的产生机械动力或反推力的发动机

   F03B   液力机械或液力发动机（液体和弹性流体的机械或发动机入 F01；液体变容式发动机入 F03C；液体变容式机械入 F04）

   F03D   风力发动机

   F03D 1/00   具有基本上与进入发动机的气流平行的旋转轴线的风力发动机（其控制入 F03D 7/02）

   F03D 3/00   具有基本上与进入发动机的气流垂直的旋转轴线的风力发动机（其控制入 F03D 7/06）

   F03D 5/00   其他风力发动机（其控制入 F03D 7/00）

   F03D 7/00   风力发动机的控制（电能的供给或分配入 H02J，例如网络中调整、消除或补偿无功功率的装置入 H02J 3/18；发电机的控制入 H02P，例如用于取得所需输出值的发电机的控制装置入 H02P 9/00）

   F03D 9/00   特殊用途的风力发动机；风力发动机与受其驱动的装置的组合；专门适用于安装于特定场所的风力发动机（产生电能的混合风力光伏能源系统入 H02S 10/12）

   F03D 13/00   风力发动机的装配、安装或试运行，专门适用于运输风力发动机部件的配置

   F03D 13/10   ·风力发动机的装配；用于安装风力发动机的配置

   F03D 13/20   ·安装或支撑风力发动机的配置；风力发动机的桅杆或塔架

   F03D 13/25   ··专门适用于近海设施

   F03D 15/00   机械动力的传送

   F03D 17/00   风力发动机的监控或测试，例如诊断（试车过程中的测试入 F03D 13/30）

   F03D 80/00   不包含在 F03D 1/00 至 F03D 17/00 各组中的零件、组件或附件

   F04   液体变容式机械；流体泵或弹性流体泵

附注：

变容式和非变容式的泵的组合作为泵的通用小类列入小类 F04B 中，有关这些小类

所具有的特殊问题列入 F04C、F04D。

F04B　液体变容式机械；泵（旋转活塞式或摆动活塞式液体机械或泵入 F04C；非变容式泵入 F04D；通过其他流体直接接触或利用被泵送流体的惯性的流体泵送入 F04F）

F04D　非变容式泵（发动机燃料喷射泵入 F02M；离子泵入 H01J 41/12；电动泵入 H02K 44/02）

F05　与 F01 至 F04 类中多个小类的发动机或泵有关的引得表

F05B　关于风力、弹力、重力、惯性马达或类似马达的引得表，关于包含在 F03B、F03D 和 F03G 小类的流体机械或发动机的引得码

附注：

本小类构成仅用于引得的内部分类表。

F05B 2270/00　控制

F05B 2270/30　控制参数，如输入参数

F05B 2270/328　桨距角

F16　工程元件或部件；为产生和保持机器或设备的有效运行的一般措施；一般绝热

F16C　轴；软轴；在挠性护套中传递运动的机械装置；曲轴机构的元件；枢轴；枢轴连接；除传动装置、联轴器、离合器或制动器元件以外的转动工程元件；轴承

F16H　传动装置

F16H 57/00　传动装置的一般零件（螺杆和螺母传动装置的入 F16H 25/00；流体传动装置的入 F16H 39/00 至 F16H 43/00）

H　电学

H02　发电、变电或配电

H02J　供电或配电的电路装置或系统；电能存储系统

H02J 3/00　交流干线或交流配电网络的电路装置

H02J 3/38　由 2 个或 2 个以上发电机、变换器或变压器对 1 个网络并联馈电的装置

H02J 3/44　···带有保证正确相序装置的

H02J 3/46　··发电机、变换器或变压器之间输出分配的控制

H02J 3/48　···同相分量分配的控制

H02J 3/50　···反相分量分配的控制

H02K　电机（电动继电器入 H01H 53/00；直流或交流电力输入变换为浪涌电力输出入 H02M 9/00）

H02P 电动机、发电机或机电变换器的控制或调节；控制变压器、电抗器或扼流圈

H02P 9/00 用于取得所需输出值的发电机的控制装置

2.3 风力发电技术专利申请整体趋势分析

本节主要对风力发电技术专利态势状况，全球风力发电技术专利申请趋势、专利类型状况、专利申请五局流向状况、专利申请国家/地区分布状况、专利引用状况，中国风力发电技术专利申请趋势、专利类型状况以及专利地域分布状况进行分析，以从宏观层面全面展示全球以及中国风力发电专利申请整体概况。

2.3.1 风力发电技术专利申请分类号分布状况分析

本小节主要对风力发电技术涉及的专利分类号进行梳理，为全面、准确获得风力发电专利文献作出准备，在此基础上结合关键词进行检索得到检索结果，进一步对检索结果的专利分类号作出分析，从专利分类号的角度对风力发电技术发展进行初步展示。

2.3.1.1 风力发电技术专利分类号梳理

分类号是迅速有效地从庞大的专利文献中检索到所需技术和法律信息的重要工具，因此分类号的梳理对于了解风力发电专利申请状况具有重要意义。根据国家知识产权局发布的《战略性新兴产业分类与国际专利分类参照关系表（2021）（试行）》，风能产业作为一项涉及能源的重要战略性新兴产业独立列出，涉及风能源产业的相关分类号主要涉及风力发电装置及风力发电两大部分。

通过以上分析，确定出可能涉及风力发电的全部分类号，这些分类是结合相关关键词，共同构成检索本章相关专利文献数据的基本要素。采用分类号（F03D、H02J 3/38、H02J 3/44、H02J 3/46、H02J 3/48、H02J 3/50）与中文关键词（风力发电、风力涡轮、风电、风轮机、风力机、风机）、英文关键词（wind？turbine）相结合的方式检索得到样本，检索截至 2023 年 12 月公开的风力发电技术专利申请。

2.3.1.2 风力发电技术专利分类号分析

基于检索结果，对检索到的所有文献分类号作如下统计分析。表 2 - 3 - 1 示出了全球风力发电技术专利申请分类号分布情况。

表 2 - 3 - 1　全球风力发电技术专利申请分类号分布状况　　　　　（单位：件）

部	数量	小类	数量	大组	数量
F	129532	B29C	1517	F03D 7/00	22760
H	25337	B63B	1763	F03D 1/00	20676
B	8517	E04H	1657	F03D 9/00	18981
G	4830	F03B	1434	H02J 3/00	16923
E	4505	F03D	120218	F03D 11/00	15112
A	870	F16C	1228	F03D 3/00	13849
C	824	F16H	1418	F03D 80/00	10988
D	81	H02J	18397	F03D 13/00	8527
		H02K	1902	F03D 17/00	5097
		H02P	1529	F03D 5/00	1857

　　从检索结果文献专利申请分类号分布来看，F 部占有绝对的数量优势，主要涉及风力发电装置部件及其控制方法；其次是 H 部，涉及风力发电装置的供电及配电技术。进一步来看，F 部主要涉及 F03D 小类，H 部主要涉及 H02J 小类，与前述分类号梳理情况基本一致。另外，除前述分类号梳理得出的分类号之外，风力发电技术在 H02K 小类也有相当数量的文献，这是因为电机是风力发电装置中的重要组成部分，检索结果还包括 B63B、E04H、H02P、B29C、F03B、F16H、F16C 等分类号。对于占据主要数量的 F03D 及 H02J 的文献构成，依据数量从多到少涉及的大组依次分别为 F03D 7/00、F03D 1/00、F03D 9/00、H02J 3/00、F03D 11/00、F03D 3/00、F03D 80/00、F03D 17/00、F03D 5/00。

　　对于检索到的专利文献根据 IPC 分类进行全面统计整理，风力发电的主要分类号为 F03D 7/00（占比 15.78%）、F03D 1/00（占比 14.33%）、F03D 9/00（占比 13.16%）、H02J 3/00（占比 11.73%）、F03D 11/00[1]（占比 10.48%）、F03D 3/00（占比 9.60%）、F03D 80/00（占比 7.62%）、F03D 13/00（占比 5.91%）以及 F03D 17/00（占比 3.53%），同时还涉及 E04H 12/00、H02P 9/00、B63B 35/00 等。

　　从以上分析可知，F03D 7/00、F03D 1/00、F03D 9/00 是风力发电装置专利申请的重点领域，同时风力发电装置所涉及的其他分类号也均有不小的占比。并且从风力发电装置所涉及 F03D 下分支领域来看，各自占比相差不大。而对于风力发电供电配电方面，H02J 3/00 也有不小的比重，但总体相对于 F03D 而言仍处于次要地位。

---

[1]　2016.01 版的 IPC 分类表中不再存在该大组。

另外，围绕风力发电装置及供电配电领域，由于技术交叉发展以及部分部件的通用性，因此分类号不可避免会有交叉扩展，例如风力发电装置的塔架可能涉及 E04H 12/00，风力发电的供电配电技术涉及 H02P 9/00。由于风力发电的桨叶与船舶桨叶具有某种程度的相似性，因此桨叶可能涉及 B63B。海上风力发电基础平台是重要的构件，其可能涉及 E02D 27/00。风力发电装置中传动装置是重要的构件，其可能涉及 F16H 57/00。以上分类号的扩展有效保障了检索的全面性，在此基础上使得分析结果更为真实准确。

2.3.2 全球风力发电技术专利申请分析

本小节主要对全球风力发电技术专利申请趋势、专利申请类型状况、专利地域分布状况、专利申请五局流向状况以及专利引用状况等进行分析，以展示全球风力发电技术发展趋势以及主要国家或地区技术状况等。

2.3.2.1 全球风力发电技术专利申请趋势分析

图 2-3-1 示出了全球风力发电技术专利申请的趋势。可以看出，整体上全球风力发电技术专利申请呈现出阶段性上涨随后波动徘徊的状态，这也反映了风力发电产业的整体发展状况。大体上可以将全球风力发电技术专利申请分成以下几个阶段。

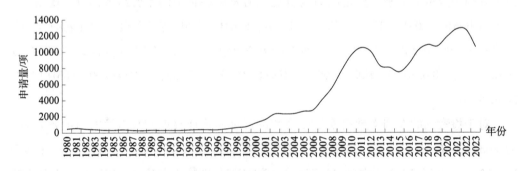

图 2-3-1 全球风力发电技术专利申请趋势

（1）2000 年以前（初步发展阶段）

2000 年以前，风力发电技术专利申请量一直处于较低水平。虽然风力发电技术早在 20 世纪就已经出现，但当时只是小型的风力发电机，风力发电成本较高，并且当时的全球工业化程度并未如此发达，化石能源相对于全球工业需求而言较为充足，因此风力发电作为一种尚不成熟的新型能源技术并不能得到人们的认可，导致其发展较为缓慢。直到 1973 年石油危机发生以后，美国、西欧等发达国家或地区为寻求替代化石燃料的能源，投入大量经费，动员高科技产业利用计算机、空气动力学、结构力学和材料科学等领域的新技术研制现代风力发电机，开创了风能利用的新时期。但是风力发电技术的发展由于受到成本以及政府政策的影响，并没有得到快速的发展。这一阶段是全球风力发电的初步发展阶段。

（2）2001—2006 年（加速发展阶段）

直到 20 世纪 90 年代后期，由于能源危机的加剧、温室效应、污染物的排放等，人们对新能源的期望越来越高，此时各个国家出台了许多优惠政策。相应的优惠政策有投资补贴、低利率贷款、规定新能源必须在电源中占有一定比例、规定最低风力发电电价、从电费中征收附加基金用于发展风力发电、减排 CO_2 奖励等。各个国家相应所采用的优惠政策有所不同：德国、丹麦、荷兰等国采用政府财政扶持、直接补贴的措施发展本国的风力发电事业；美国通过金融支持，由联邦和州政府提供信贷资助来扶持风力发电事业；印度通过鼓励外来投资和加强对外合作交流发展风力发电；日本采取的措施则是优先采购风力发电。以上多种多样的优惠政策促进了各国风力发电事业的快速发展。由于以上各种扶持政策的刺激，全球风力发电技术进入加速发展阶段。

（3）2007—2011 年（快速发展阶段）

2007 年后，变桨距技术全球申请量突然出现快速增长的趋势。这是因为欧盟于 2007 年提出了《2020 年气候和能源一揽子计划》，该计划明确 2020 年前要将温室气体排放量在 1990 年基础上继续降低 20%。另外一个不可忽视的因素是，我国也在"十二五"时期就提出加快风力发电等新能源的建设，"十三五"时期国家要求全国风力发电并网装机容量要达到 2.1 亿 kW。由于以上政策的提出，各国加快了从传统能源向新能源转型的步伐，而变桨距技术作为提高风力发电能源输出稳定性的重要技术也越来越受到重视，因而带动了全球风力发电技术在专利申请布局上的快速增长。

（4）2012 年以后（波动发展阶段）

2011 年欧盟进一步提出了 2050 年减少温室气体排放量 80% ~ 95% 的长远目标，2014 年明确了 2030 年温室气体排放量在 1990 年的基础上降低 40%，并最终在 2021 年通过《欧洲气候法案》，从法律层面确保欧洲到 2050 年实现碳中和。我国在《"十四五"可再生能源发展规划》中则明确 2030 年风力发电和太阳能发电总装机容量要达到 12 亿 kW 以上。但是，各国在新能源发展方向上出现了一些摇摆，对于风力发电产业来说，有利和不利的政策相互交织，并且伴随着政治和经济的影响，导致这一时期的全球风力发电技术专利申请出现了波动的态势。

2.3.2.2　全球风力发电技术专利申请类型状况分析

从专利申请类型来看，全球风力发电技术专利申请大部分集中在发明专利申请方面，占比接近 80%，仅有 20% 的量为实用新型专利申请。造成以上状况有以下原因。

第一，全球绝大多数国家都采用发明专利作为保护技术创新的主要方式，而只有部分国家采用实用新型的方式对技术创新进行保护。第二，实用新型相对于发明保护期限更短，例如我国实用新型专利仅有10年的保护期限，而发明专利有20年的保护期限。第三，从专利包含的范围来说，发明专利既保护产品也保护方法，而实用新型专利仅保护对产品的形状、构造或者其组合所提出的实用的新的技术方案。第四，就创造性的高度而言，发明专利有着更高的创造性要求，发明专利强调与现有技术相比，有突出的实质性特点和显著的进步；而实用新型与现有技术相比，有实质性特点和进步即可。综合以上原因，目前全球风力发电技术专利类型呈现发明专利类型占据绝对优势的态势。

虽然发明专利具有更高的创造性要求、更长的保护时间、更高的权利稳定性，但实用新型专利也有着自身的优势，例如其审查程序更为简单、审查周期更短等。基于实用新型专利和发明专利的特点比较可知，实用新型专利更适合技术快速迭代、产品快速迭代的领域，因为这些领域需要对创新技术进行快速保护以适应其技术及产品发展要求。结合风力发电全球专利申请类型整体状况可以发现，该领域技术创新者更倾向于采用保护周期更长、权利更为稳定的发明专利进行创新技术保护，也从侧面说明该领域并非属于技术快速迭代、产品快速迭代的情况，而是属于技术已经发展较为充分、产品趋于成熟的情况。

2.3.2.3 全球风力发电技术专利申请地域分布状况分析

专利申请的地域分布情况在一定程度上可以反映出各国家或地区技术创新的活跃度。经统计发现，全球风力发电专利申请排名靠前的依次为中国（42.61%）、德国（12.81%）、美国（10.83%）、日本（6.57%）、丹麦（5.25%）、韩国（4.33%）等。这些国家或地区也是风力发电技术发展最为先进的地域，因此全球各大申请人在这些国家或地区的专利申请和布局也最为密集。另外，从占比上来看，在上述排名靠前的国家中的风力发电技术专利申请基本占据了全球风力发电技术专利申请总量的80%以上。从产业规模及技术创新实力来看，欧洲、美国在风力发电方面的技术创新起步较早，前期在市场规模及技术创新方面均有着较大的领先优势；中国风力发电技术创新虽然起步较晚，但由于市场潜力巨大及政策引导，技术创新势头良好。

2.3.2.4 全球发电风力技术专利申请五局流向状况分析

中国国家知识产权局（CNIPA）、欧洲专利局（EPO）、日本特许厅（JPO）、韩国知识产权局（KIPO）以及美国专利商标局（USPTO）（以下简称"五局"）处理了全球约80%的专利申请和95%的PCT专利申请。通过梳理分析风力发电全球专利申请五局流向即可大致得出风力发电全球创新的技术布局及分布情况。

就五局专利申请总量分析可知，风力发电专利变桨距技术申请数量最多的是 CNIPA（5617 件），其次是 USPTO（3863 件），随后是 EPO（1913 件）和 JPO（1497 件），KIPO（544 件）最少。专利申请总量反映出全球风力发电变桨距技术专利保护的布局情况，也反映出创新主体对相应国家或地区的市场重视程度。

从具体流向来看，CNIPA 方面，流向 CNIPA 的风力发电变桨距专利申请主要来自美国（326 件）和欧洲（230 件）；与流向 CNIPA 的专利申请数量相比，中国流向其他局的风力发电变桨距专利申请较少，数量较多的是 USPTO（73 件）和 EPO（64 件）。可见，中国在风力发电变桨距技术创新方面目前仍是技术输入方。USPTO 方面，流向 USPTO 的风力发电变桨距专利申请主要是欧洲（325 件）和日本（129 件）；与流向 USPTO 的专利申请量相比，美国流向其他局的专利申请较多，数量较多的是 EPO（536 件）和 CNIPA（326 件）。可见美国在风力发电变桨距技术创新方面有着较大优势，目前仍是风力发电变桨距技术输出方。EPO 方面，流向 EPO 的风力发电变桨距专利申请主要来自美国（536 件）和日本（169 件），中国（64 件）和韩国（19 件）均与美国在 EPO 方面的专利布局数量有着巨大的差距。与流向 EPO 的专利申请量相比，欧洲流向其他局的专利申请也大致数量相当，数量较多的是 USPTO（325 件）和 CNIPA（230 件）。可见欧洲在风力发电变桨距技术创新方面也有着较大优势，目前既有风力发电变桨距技术的输入，同时也有风力发电变桨距技术的输出。JPO 方面，流向 JPO 的风力发电变桨距专利申请主要来自欧洲（169 件）和美国（91 件），韩国（11 件）和中国（4 件）流向 JPO 的专利申请数量较少；与流向 JPO 的专利申请量相比，日本流向其他局的专利申请数量较多，数量由多到少依次是 EPO（169 件）、USPTO（129 件）、CNIPA（84 件）以及 KIPO（70 件）。可见日本在风力发电变桨距技术创新方面有着较大的投入并向外进行了技术输出。KIPO 方面，流向 KIPO 的风力发电变桨距专利申请数量由多到少依次是日本（337 件）、美国（278 件）、欧洲（211 件）和中国（82 件）；与流向 KIPO 的专利申请量相比，韩国流向其他局的专利申请数量略少，数量由多到少依次是 JPO（70 件）、USPTO（56 件）、EPO（34 件）、CNIPA（7 件）。可见，韩国在风力发电变桨距方面技术创新实力较弱，其他国家或地区在韩国的布局也较少。

2.3.2.5　全球风力发电技术专利引用状况分析

专利的引用情况在一定程度上反映出核心技术的分布情况。由图 2-3-2 可以看出，被引用次数较多专利的来源国或地区分别为美国、日本、法国、德国、中国、英国、韩国。而其中引用美国专利的国家达到了 39 个，引用日本专利的国家达到了 37 个，引用法国专利的国家数达到了 36 个，引用德国专利的国家数达到了 35 个，引用中国专利和英国专利的国家数均是 32 个，引用韩国专利的国家数为 31 个。这也说明，以上国家在风力发电技术领域拥有一定的核心技术，风力发电技术水平较为领先。

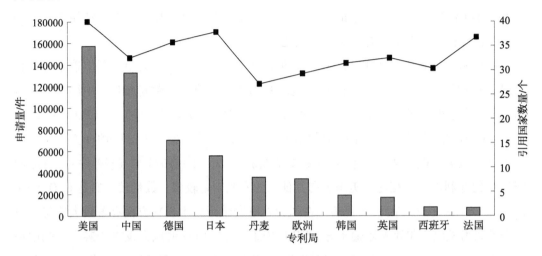

图 2 - 3 - 2　不同来源国或组织被引用专利排名

一件专利被引用的次数从一定程度上反映了该专利技术的重要程度，或者是否为这个领域研发的热点。下文将对被引用频次高的典型专利进行介绍。

（1）US4720640A

该专利是由 Turbostar Inc 作为申请人于 1985 年 9 月 23 日在美国提出的，其共计被引证 422 次，可见该专利在风力发电技术创新方面的重要性。具体地，该专利涉及一种轴流式流体涡轮发电机装置，其具有可旋转地安装在中心支撑结构上的叶轮 - 转子，环形外部支撑结构围绕叶轮 - 转子，其中叶轮 - 转子包括多个周向间隔开的流体动力叶片，叶片的向外端部通过转子环连接在一起，转子环相对于外部支撑结构同轴，中心支撑结构通过支柱等支撑在外部支撑结构内，以便允许流体流在其间流过流体动力叶片，具有固定到转子环的转子元件和固定到外部支撑结构的定子元件的外围发电机在叶轮 - 转子由流体流驱动时产生电能。该专利对于传统风力发电技术面临的问题进行了总结，即流体动力学、动态应力和电能转换，并通过设置带罩式的流体涡轮机以解决上述问题。

（2）US2003168864A1

该专利是由 Ocean Wind Energy Systems 作为申请人于 2003 年 3 月 7 日在美国提出的，其共计被引证 395 次，且该专利还通过 PCT 途径在欧洲专利局、澳大利亚、日本以及德国进行了专利布局。具体地，该专利涉及一种海上风力涡轮机，其具有半潜式船体、压载物重物，所述压载物重物在所述船体的浮力中心下方的位置处附接到所述船体，使得所述压载物可以竖直移动；塔架，所述塔架从所述半潜式船体向上延伸，以及附接到所述塔架的风力涡轮机转子。该专利是关于海上风力发电技术的创新，同时涉及多个创新点。具体地，在变桨距方面，该涡轮机还包括用于控制每个风力涡轮机转子上的桨距角的控制器，以每个所述风力涡轮机转子在其位置处对风操作；在电能利用方面，不是将电力传输回岸上，而是预期在风力涡轮机的基部产生能量密集的基于氢的产品。该专利涉及海上风力发电技术，是目前风力发电产业重点发展的方向，且创新点多，因此被多次引证。

（3）US2005012339A1

该专利是由 Clipper Windpower Technology 作为申请人于 2004 年 2 月 4 日在美国提出的申请，其共计被引证 296 次，且该专利还通过 PCT 途径在欧洲专利局、德国、丹麦、葡萄牙以及西班牙进行了专利布局。具体地，该专利涉及一种变速风力涡轮机，其采用连接到多个同步发电机的转子，所述多个同步发电机具有绕线磁场或永磁转子，无源整流器和逆变器用于将功率传输回电网，涡轮机控制单元（TCU）基于转子速度和涡轮机逆变器的功率输出来命令所需的发电机扭矩，在强风中，涡轮机通过对转子桨距伺服系统的恒定扭矩命令和变化的桨距命令保持在恒定的平均输出功率。该专利由于功率转换系统是单向无源整流器/有源逆变器，因此具有比先前有源整流器更高的效率。

2.3.3　中国风力发电技术专利申请分析

本小节主要对中国风力发电技术专利申请趋势、专利申请类型趋势以及专利申请地域分布状况进行梳理分析，以展示中国风力发电技术发展趋势、专利申请类型趋势以及专利申请地域分布状况。

2.3.3.1　中国风力发电技术专利申请趋势分析

图 2-3-3 示出了中国风力发电技术历年专利申请数量趋势。可以看出，整体上中国风力发电技术专利申请呈现出阶段性上涨随后波动徘徊后又恢复上涨的态势。一方面，阶段性上涨后波动徘徊的态势反映出与全球风力发电产业技术发展的一致性；另一方面，随后恢复的上涨态势体现出中国风力发电产业已经走出了自己的发展道路，在技术专利布局上仍有较强的增长势头。大体上可以将中国风力发电技术专利申请分成以下几个阶段。

图 2-3-3 中国风力发电技术历年专利申请数量趋势

（1）2000年以前（初步发展阶段）

虽然中国风力发电产业起步不算晚，但在2000年以前，中国的风力发电发展一直较为缓慢，专利申请量一直处于较低水平。这与当时的世界能源格局有着密切的联系。当时由于风力发电技术发展尚不成熟，风力发电成本较高，并且全球工业化程度并未如此发达，化石能源相对于全球工业需求而言较为充足，因此风力发电作为一种尚不成熟的新型能源并不能得到人们认可，导致整个风力发电产业发展较为缓慢。相应地，中国风力发电产业在这一阶段也尚未得到大力扶持，仍处于萌芽阶段。这一阶段是中国风力发电专利申请的初步发展阶段，专利申请量占据全球专利申请量较小比例，国内绝大部分风力发电技术属于空白，基本依赖国外进口风力发电机进行组装。而在1997年国家"乘风计划"支持下，风力发电真正从科研走向市场。自1998年起，国外一些大型风力发电企业开始将PCT申请的触角伸向中国，这意味着国外风力发电企业看好中国风力发电市场前景，并开始着手进行专利布局。

（2）2001—2010年（加速发展阶段）

2000年后，兆瓦级风力发电机已经成为全球风力发电市场的主流机型，这在很大程度上刺激了国内对大型风力发电机技术的开发。2004年中国风力发电装机容量开始呈现出增长的态势，但在增长幅度上仍处于缓慢增长的态势。截至2004年底，中国新增风力发电机组装机容量19.7万kW，相比2003年翻了一番。风力发电机组装机容量的增长，带动了国内风力发电技术的创新研发，特别是2003年之后，国家基本每年都出台关于新能源开发的法律政策，如2005年国家出台的《可再生能源法》有效促进了国内新能源的大力发展。这一阶段是中国风力发电技术专利申请的加速发展阶段，在风力发电技术的创新投入研究也逐渐增多，进而体现在专利申请上也是逐渐增多的趋势。

（3）2011—2019年（发展波动阶段）

2010年后，中国风力发电技术专利申请呈现出增长乏力的态势，并于2012年出现急剧下降的情况，在经过 2012—2015 年的低谷后，2016 年才恢复增长的态势。出现以上情况的原因是，在这一阶段政策主导了中国风力发电产业的发展，在有利和不利的政策相互交织的情况下，风力发电技术专利申请趋势的波动也反映了这一时期风力发电产业的波动。在这一时期中国的风力发电发展一波三折，"弃风"率处于较高的水平，并呈现出一定的波动，2017 年装机容量持续处于低迷状态，直到 2019 年这种状况才得到改观，"弃风"率回落到 5% 以内。高企的"弃风"率抑制了风力发电企业投入研发创新的积极性。因此，这一阶段是我国风力发电技术专利申请的发展波动期。

（4）2019 年以后（平稳发展阶段）

在"双碳"目标的大背景下，中国已经建立起解决"弃风"率高的长效机制，特别是 2018 年以来风力发电新增及累计装机容量持续增长，风力发电发电量持续增长，中国已是全球最大的风力发电市场，是世界上第一个风力发电装机容量超过 200 GW 的国家。结合当前旺盛的用电需求，经济已经成为影响风力发电产业发展的核心因素，这一时期变桨距技术的发展也逐渐回归常态，体现在专利申请数量上是对前期波动态势的修复，逐渐进入平稳发展的阶段。这一时期是中国风力发电技术专利申请的平稳发展阶段，在专利申请数量方面呈现出恢复增长的态势。

2.3.3.2　中国风力发电技术专利申请类型状况

与全球风力发电技术专利申请类型状况不同的是，中国风力发电技术专利申请实用新型具有较高的占比，接近 40%。这是因为中国风力发电技术创新起步较晚，但中国风力发电产业规模发展迅猛。在这种情况下，为了尽快获得创新成果保护以抢占市场，企业更倾向采用审查程序更为简单、审查周期更短的实用新型专利对创新成果进行保护。另外，中国允许同时提出实用新型和发明的专利申请进行创新保护，也使得风力发电创新主体采用这种申请策略：一方面，通过实用新型将创新成果进行快速保护；另一方面，等发明获得授权后，通过放弃实用新型权利的方式获得权利稳定性更高、保护周期更长的权利。最后，值得注意的是，还有部分国外风力发电创新企业也通过 PCT 途径在中国进行实用新型专利申请，说明这种创新保护策略也得到了这部分创新主体的认可。

2.3.3.3　中国风力发电技术专利申请地域分布状况

国内专利申请的地域分布情况在一定程度上可以反映出各地域技术创新的活跃度。中国专利申请区域排名前 10 位的省份为：北京（10127 件）、江苏（9066 件）、广东（5589 件）、浙江（4286 件）、山东（3813 件）、上海（3637 件）、辽宁（2458 件）、湖南（2084 件）、河北（2028 件）、天津（1939 件）。从专利申请地区分布来看，申请人区域主要分布在东南沿海地区。除此之外，北京以及风资源丰富的北方其他地区也是风力发电技术发展较为先进的地区。究其原因，一方面，是由于我国的风力资源主要集中于"三北"地区以及东南沿海地区；另一方面，部分涉及风力发电的能源公司总部位于北京。以上原因使国内风力发电专利申请呈现出以上地域分布状况。

2.4 风力发电技术全球重要申请人分析

本节主要对风力发电技术全球重要申请人排名状况进行统计分析，并基于排名状况从全球重要申请人整体概况及中国重要申请人方面对重要申请人进行介绍，以全面展示全球风力发电技术创新主体情况。

2.4.1 全球风力发电技术重要申请人整体分析

图 2 - 4 - 1 示出了全球风力发电有效专利申请人排名情况。从该图中可以看出，排名靠前的申请人分别为维斯塔斯、乌本、西门子歌美飒、通用电气、三菱重工、金风科技、国家电网、再生动力。从全球风力发电技术有效专利数量对比可以看出，维斯塔斯、乌本、西门子歌美飒以及通用电气相较于其他企业有着绝对的优势：一方面，这些企业在风力发电技术创新方面起步较早，有着较大的先发优势；另一方面，这些企业依靠技术先发优势使得其在风力发电市场竞争中更易胜出，而市场的盈利又使得这些企业有更多的资源去投入进一步技术创新，这种持续的迭代研发进一步巩固了创新的优势。另外，值得注意的是，中国的风力发电代表企业金风科技虽然绝对数量上与以上企业还存在差距，但其创新发展速度较快，通过持续不断的创新研发正在不断缩小与上述企业的差距。

以下对全球风力发电重要企业进行介绍。

（1）维斯塔斯

在发展历程方面，维斯塔斯是丹麦的重要风力发电企业。该公司创建于 1945 年，在 1978 年随着第二次石油危机的爆发，其看到了风力发电产业发展的潜力，并着手进行风力发电机的研制。起初维斯塔斯研制了一款垂直轴式达里厄风力发电机，但该款机器并没有达到预期效果，因此维斯塔斯调整了研制方向，并于 1979 年推出了三叶片式水平轴风力发电机，并且 1980 年便实现了风力发电机的批量生产，首次向美国 Zond 公司出售并安装了 80 台 55 kW 风力发电机，取得了较好的反响。同年丹麦和美国的政策刺激为风力发电产业开辟了更加广阔的市场，维斯塔斯的风力发电机销量也快速增

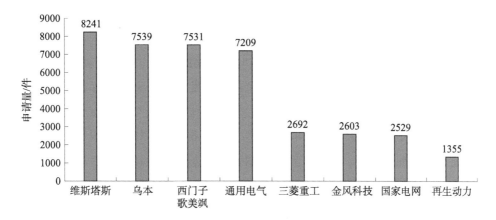

图 2 - 4 - 1　全球风力发电技术有效专利申请人排名

长，到 1985 年底维斯塔斯共计向美国市场出售了 2500 台风力发电机。在销售量快速增加的同时，维斯塔斯也持续进行着风力发电技术的创新研发。其于 1985 年研制出新型的变桨距风力发电机，变桨距特性使风力发电机可以根据风况时刻微调叶片与风的角度，从而优化风力发电机的发电能力。这款变桨距风力发电机凭借独有的特性很快成为维斯塔斯的卖点，并且维斯塔斯的桨距调节特性具有自己的称号——OptiTip。随着美国加利福尼亚州为安装风力发电机提供优惠政策的专项税收立法于 1985 年底到期，但维斯塔斯仍对美国市场进行扩张，此举重创了维斯塔斯在美国的市场。经历了 1986 年的危机后，维斯塔斯于 1990 年逐渐恢复其在美国的销售额，并且在技术上取得了巨大的突破，包括在风力发电机外观、性能和价格上所取得的突破，其中为 V39 - 500 kW 风力发电机生产的叶片使风机的重量从原来的 3800 kg 减轻到 1100 kg。1992 年，维斯塔斯英国市场出现了比其他所有市场都强劲的增长势头，维斯塔斯在英国共安装了 89 台风力发电机，总装机容量达 30 MW。1993 年，由于德国政府对风能行业的政策扶持，维斯塔斯德国公司的销售额提高到原来的 3 倍。1997 年，维斯塔斯实施了丹麦本土上最大的风机项目，即曲半岛（Thy）的 Klim Fjordholme 风力发电场项目。此次项目中，维斯塔斯共安装了 35 台 V44 - 600 kW 风力发电机。

2000 年以后，维斯塔斯进军海上风力发电市场并成为全球最大的海上风力发电项目——Horns Rev 项目的风力发电机供应商。该项目是当时世界上最大的海上风力发电场，总装机容量为 160 MW，项目采用维斯塔斯 V80 - 2.0 MW 风力发电机。2009 年，维斯塔斯投资进军美国市场，而当时美国政府推行的能源新政为维斯塔斯拓展美国市场提供了广阔的发展空间。2013 年维斯塔斯和三菱重工开展合作，双方成立了合资企业——三菱重工维斯塔斯海上风电公司，进一步巩固了其在海上风力发电的布局。在中国市场方面，2009 年 4 月 16 日，维斯塔斯在内蒙古呼和浩特的一体化工厂落成投产，与此同时，为本地市场量身定制的 V60 – 850 kW 型风力发电机组也正式下线。

在风力发电技术创新方面，维斯塔斯在叶片变桨距技术方面有着较大的先发优势，其曾凭借叶片变桨距技术带来的优越性能而在风力发电市场上备受青睐。维斯塔斯最新代表性专利是 US2020166017A1。该专利申请人是维斯塔斯与三菱重工的合资公司三菱重工维斯塔斯海上风电公司，最早于 2018 年 6 月 8 日在美国提出申请，该专利还通过 PCT 途径在欧洲专利局、日本、韩国、西班牙以及中国等进行了布局。具体地，该专利涉及一种风力涡轮机的操作，该风力涡轮机可用于海上风力发电，其在电网失电期间使用诸如可充电电池的电力存储单元为一组电力消耗单元供电。风力涡轮机包括：多个电力消耗单元，其被分组为至少第一组和第二组；第一电转换器，其用于将所述发电机连接到电网；以及第二电转换器，其用于将所述发电机连接到所述电力存储单元，在检测到电网失电的情况发生时，操作所述发电机以确保所述电力存储单元有足够的电力来操作所述第一组电力消耗单元。该专利充分体现了维斯塔斯目前发展及技术创新动向，即加强与其他风电企业的合作进行优势互补，同时对亚太风力发电市场给予了足够重视。在技术发展方面，该公司持续在变桨距技术方面进行创新研发，并加强对海上风力发电市场的布局。

（2）西门子歌美飒

在发展历程方面，西门子在可再生能源领域的技术开发已经有多年的历史。2004年，西门子成功收购了丹麦 Bonus 能源公司（Bonus Energy A/S），获得了该公司的叶片专利技术 IntegralBlades 与其在风力发电机设备和海上风力发电场的订单，取得核心竞争力。从此，西门子的风力发电部门开始跻身于全球主要风力发电机供应商行列。凭借自身雄厚的资金支持和极高的国际知名度，西门子很快在国际风力发电市场占有一席之地。美国是其首个海外扩张战略重点，得克萨斯州的风力发电场就订购了 70 套西门子出产的风力发电机系统。此外，西门子的风力发电机还出口中国、印度、加拿大的相关企业。除了风力发电机的外销，西门子还通过在海外兴建制造工厂的方式加速对外扩张，提升其全球范围内的制造能力。2006 年，西门子在美国的第一个风力发电机叶片制造厂落户艾奥瓦州，成为该公司全球战略计划的重要一步。2016 年，西门子风电业务部西门子风力控股公司与歌美飒合并，成为全球风电巨头西门子歌美飒。西门子歌美飒在全球布局十分均衡，业务覆盖全球所有重要地区市场，生产基地遍布所有大洲，在北美和北欧拥有坚实的基础，在印度、拉美和南欧等新兴市场也表现优秀。2018 年，受欧洲和印度风力发电市场严重缩水的影响，西门子歌美飒从全球第一位的风力发电机制造商下降至第三位，全球市场份额缩至 12.4%。

在风力发电技术创新方面，西门子歌美飒在风力发电技术方面布局较为均衡，其最新代表性专利是 US2018142671A1。该专利最早于 2016 年 4 月 15 日由西门子在美国提出申请，该专利还通过 PCT 途径在欧洲专利局、加拿大、日本、韩国、巴西、丹麦、西班牙、墨西哥、波兰以及中国进行了专利布局。具体地，该专利涉及一种用于风力涡轮机的转子叶片，其中转子叶片沿着转子叶片的后缘部分的至少一部分包括锯齿，锯齿包括第一齿以及至少第二齿，并且第一齿与第二齿间隔开第一齿和第二齿之间的区域至少部分地填充有多孔材料，使得减少了转子叶片的后缘部分中的噪声的产生。该专利旨在解决传统陆上风力发电机的降噪问题，从某种程度上也可以看出该公司对于传统风力发电技术创新持续投入了精力。

（3）通用电气

通用电气能源集团是美国电力行业巨头通用电气旗下的清洁能源部门，其总部设在美国佐治亚州亚特兰大市，在全球拥有近 85000 名员工。通用电气于 2002 年通过收购安然公司开始进军风力发电业务。由于进入风力发电产业时间较晚，因此通用电气采用了并购及合作的发展方式，通过并购合作使得其风力发电业务快速发展，2004 年集团收入达 173 亿美元。2005 年 5 月 9 日通用电气正式发表"绿色创想"（ecomagination）计划，以环保概念为主线，研发最新科技产品，在协助客户面对新时代环境挑战的同时，共同保护地球生态，而进军风力发电行业也是该计划的具体体现之一。2018 年通用电气新增风电供应规模 496 万 kW，占全球市场份额的 11.2%，同比上升 2.8 个百分点，排名保持在全球第四位。但随着风力发电产业的发展，风力发电市场的竞争也越来越激烈，通用电气在风力发电市场的发展也并非一帆风顺。2019 年以来，通用电气的风力发电项目出现了多起事故，如倒塔、风机叶片断裂、风力发电机起火等。除了设计隐患，通用电气还面临着竞争对手的侵权诉讼。2022 年 6 月美国马萨诸塞州联邦法院判决认定，通用电气在 Haliade-X 设计上侵犯了西门子歌美飒"可等比例扩大以适应更大机型的支撑结构设计"的知识产权，要求赔付西门子歌美飒费用 30000 美元/MW。通用电气在美国有超过 11 GW 的 Haliade-X 潜在订单，其中 9 GW 被裁决冻结，这对通用电气在风力发电市场的发展造成了重大打击。在中国风力发电市场上，通用电气影响力有限。通用电气陆上风力发电在中国有两家工厂，其中沈阳工厂是通用电气陆上风力发电亚太地区最大的组装生产基地，河南濮阳工厂是通用电气在中国的第二个工厂。

在风力发电技术创新方面，通用电气的代表专利是 US2008093853A1。该专利最早于 2006 年 10 月 20 日在美国提出申请，还通过 PCT 途径在欧洲专利局、丹麦、西班牙以及中国进行了专利布局。具体地，该专利涉及一种用于操作电机的方法和设备，其提供用于电机的控制系统，该电机的控制系统可用于风力涡轮机，该电机构造为电连接到电力系统，其中电力系统构造为将至少一相电力传输到发电机和从发电机传输至少一相电力，控制系统促进发电机在电力的电压幅度降低到大约零伏持续预定时间段期间和之后保持电连接到电网，从而促进零电压穿越（ZVRT）。该专利旨在解决电力变换器和发电机易于遭受电网电压波动问题。可以看出，通用电气不仅在风力发电机的装置方面进行创新研发，其优势更在于风力发电后续的电力并网技术。

（4）三菱重工

三菱重工是三菱集团的核心企业之一，其业务范围涵盖机械、船舶、航空航天、原子能、电力、交通等领域。三菱重工的 Power Systems Headquarters 于 1980 年起致力于风力发电机组的研发，较成熟的机组为容量 250 kW ~ 1 MW 的感应式或变速机型。该公司自从 1980 年生产作为试验设备的、额定功率为 40 kW 的 1 号机以来，进行了各种验证试验。后来三菱重工以 40 kW 风轮机的验证试验数据为基础，1982 年生产了转子直径为 33 m、额定功率为 300 kW 的日本当时最大的风力发电装置。在有了 40 kW 和 300 kW 风力发电机的运行经验后，三菱重工于 1985 年又开始批量生产"上风式"的风力发电装置。而针对采用直升机桨叶生产风力发电机桨叶在桨叶批量生产过程中所具有的局限性，三菱重工开发出能够适用于批量生产的 FRP（高强度玻璃纤维）桨叶。按照新的"日光计划"，三菱重工于 1996 年 10 月开发了当时最大的 500 kW 原型机。2006 年，三菱重工再次开发出了日本国内最大的、高 116 m、功率为 2400 kW 的风力发电机，受到美国、欧洲的好评，并成功打入了美国、欧洲市场。该公司最新开发的 2.4 MW 风机，适用于年均风速在 8.5 rads 以下的低风速地区，即使风速只有 3.0 m/s 的微风也能发电，具有较高的可靠性和性能，并且能够同时供约 1200 个家庭用电。同样的电力如果用火力发电站供电，每年需要约 1200 吨石油，预计可减少约 3500 吨 CO_2 排放量。近年来，随着风力发电市场的激烈竞争，各个风力发电企业通过专利作为进攻手段进行激烈的竞争。例如，三菱重工与通用电气之间进行了旷日持久的专利大战，双方不但相互发起了针对对方的专利侵权诉讼，还动用了"337 调查"和反垄断诉讼等手段，其目的都是打击竞争对手、维护自身的市场地位。

在风力发电技术创新方面，三菱重工的代表性专利是 US2011304140A1。该专利最早于 2010 年 2 月 22 日在美国提出申请，还通过 PCT 途径在欧洲专利局、加拿大、澳大利亚、巴西、日本、韩国以及中国进行了专利布局。具体地，该专利涉及一种风力涡轮发电机以及其诊断方法，其诊断设置在油压供应装置的油通路中的蓄压器的健全性，该蓄压器用作油压供应装置的联锁机构（安全配置），且叶片的斜度移动的健全性被诊断，使得在紧急状况中斜度控制可以通过蓄压器中的气体压力正常地工作，由此在紧急状况中不能采取措施的风险被减少，因此风力涡轮发电机操作的可靠性得以改进。该专利旨在解决风力涡轮发电机操作的可靠性问题。可以看出，三菱重工更关注风力发电机的诊断测试，同时在海上风力发电技术上具有一定技术创新优势。

2.4.2 中国风力发电技术专利重要申请人分析

图2-4-2为中国风力发电技术专利国内主要申请人申请量排名。该图中将同族专利作为1项申请计数，以同族优先权日期年份作为申请年份，按年统计申请量。纵坐标表示申请人，横坐标表示专利申请数量。该数据统计剔除了国外来华申请人。由该图可知，中国国内申请量排在前列的申请人分别是：金风科技、国家电网、华能集团、华北电力、明阳智能以及国电联合动力。其中金风科技的申请量最多，其发明申请量达到了2124件，实用新型申请量达到了1194件，总申请量遥遥领先于第二和第三名。

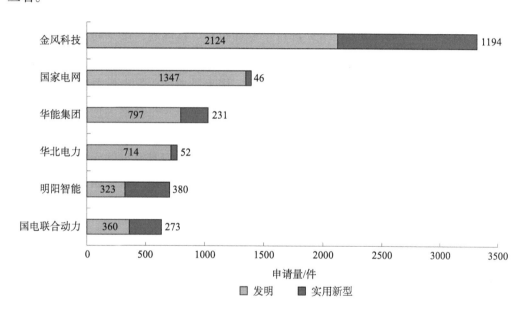

图2-4-2 中国风力发电技术专利国内主要申请人申请量排名

以下对国内风力发电重点企业分别进行介绍。

（1）金风科技

发展历程方面，金风科技股份有限公司成立于1998年，是目前国内从事大型风力发电机组研发和生产制造的龙头企业之一，经过短短十几年的发展便实现了诸多国际风力发电巨头几十年才能实现的发展。1999年，金风科技的前身新疆新风科工贸公司便参与了国家"九五"科技攻关项目——600 kW风力发电机组的研制。2000—2007年，金风科技在国内风机厂商中一枝独秀，创造了连续8年超过100%增长的市场业绩。2004年，金风科技中标当时中国风力发电装机组容量最大的广东粤电10万kW项目。2005年，金风科技第一台1.2 MW直驱永磁风力发电机组在新疆达坂城风力发电场投入运行。2007年11月，金风科技与中海油合作的中国第一台海上风机——1.5 MW

风力发电机组投入运行并达到满功率运行，当年金风科技的国内风力发电市场占有率为25%，排名第一。金风科技的主要业务包括风机研发与制造，下设金风科创、内蒙古金风科技有限公司、德国金风风力发电有限责任公司等七家子公司，负责风机设备的研发、制造与销售业务。2008年金风科技对德国风力发电机设计公司VENSYS的收购大大提升了自主创新能力，并对公司未来发展战略产生了深远的影响。VENSYS拥有自主知识产权的直驱永磁技术，并具有海上风力发电装置制造经验。2010年金风科技开始海外扩张步伐，首个海外兆瓦级项目——美国明尼苏达州UILK风力发电场3台1.5 MW风力发电机组成功并网运行。

风力发电技术创新方面，金风科技的代表性专利是CN105201754A。该专利最早于2015年9月29日在中国提出申请，随后以该专利为优先权通过PCT途径在美国、欧洲专利局、澳大利亚、韩国以及西班牙进行了专利布局。具体地，该专利涉及一种用于风力涡轮发电机系统的轴承支撑设备，其中风力涡轮发电机系统包括叶轮和发电机，叶轮的轮毂布置在发电机的主轴承座的外侧上，用于风力涡轮发电机系统的所述轴承支撑设备包括：至少一个锁定连接器，其中锁定连接器具有布置在主轴承座和所述轮毂之间的锁定楔，通过使用用于风力涡轮发电机系统的轴承支撑装置，可以降低提升难度。该专利旨在解决风力发电机安装的问题，而海上风力发电机的安装是目前存在的技术难题。可以看出，金风科技通过关注风力发电机的具体设置安装技术创新，为海上风力发电发展进行了技术储备。

（2）华能集团

华能集团公司成立于1988年，经国务院批准设立组建，注册资金为15亿元。华能集团作为我国能源企业的巨头，其发展方向体现了我国能源发展的布局。随着我国积极推进能源生产变革，构建清洁低碳、安全高效的能源体系，华能集团围绕能源转型的升级实施了"两线""两化"战略：在我国"三北"地区和东部沿海省份打造大型规模化、投资建设运维一体化的能源体系，在这个体系中风力发电占有较为重要的地位。2020年华能大连庄河海上风力发电Ⅱ项目首台风力发电机顺利吊装完成。该项目投产后上网电量约为7.7亿kW·h，相当于每年可节约煤23.5万吨，减少污染物排放2600吨。华能集团在风力发电领域持续发力，建设了多个风力发电项目，2021年与福建省漳州市人民政府签订战略合作框架协议，在福建漳州建设外海千万千瓦级海上风力发电能源基地和古雷开发区综合能源基地等。

在风力发电技术创新方面，华能集团的代表性专利是CN104989596A。该专利于2015年7月24日在中国提出申请，未在其他国家或地区进行布局。具体地，该专利涉及一种海上风电与海洋波浪能联合发电装置，包括由海上发电风机和海上风电平台支撑体连接组成的海上风电装置，海上风电平台支撑体穿过上平台与下平台连接，上平台和下平台之间等角度排列至少三组液压缸，每组液压缸的两端分别铰接在上平台与下平台上，液压缸与下平台上的波浪能发电装置相连，海上发电风机与波液换能装置发出的电经发电装置控制系统调节后通过海底电缆投入陆上电网，下平台通过系泊锚链固定。该专利充分利用海上资源，提高海上风电场的整体经济性，降低波浪能发电的成本。华能集团对于海上风力发电技术创新进行了充分关注，但在专利布局保护方面仍以国内市场为主。

（3）明阳智能

明阳新能源投资控股集团成立于 1993 年，并 2006 年进军风力发电行业，创立明阳智能。明阳智能是中国风力发电行业的领军企业之一，主营业务涉及风力发电机机器核心部件的研发、生产、销售，还涉及新能源电站发电业务以及新能源电站产品销售业务。2007—2018 年，明阳智能依靠其在电控系统方面的技术积累，采用与其他企业联合开发的方式开发风力发电技术，并通过引进消化吸收的方式，逐渐形成了自己的风力发电技术成果。2014 年，明阳智能的 SCD 6.5 MW 超紧凑海上风力发电机在江苏如东国家实验风场成功安装。2015 年，明阳智能的 MySE3.0 MW 风力发电机正式下线，开启了该公司的半直驱产品时代。这一阶段，该公司发展迅速，同时顺应风力发电产业发展方向，及时布局海上风力发电机，实行大风机战略，凭借海上大风机和抗台风优势，在国内海上风力发电市场上占有优势。2019 年以来，明阳智能继续坚持海上风电战略，产业布局从近海向远海发展，首台漂浮式风力发电机组已经实现商业化运行。另外，该公司还发挥技术创新和全产业链优势，打造了风光储氢一体化的高端制造业体系。

在风力发电技术创新方面，明阳智能的代表性专利是 CN107701372A。该专利于 2017 年 10 月 18 日在中国提出申请，未在其他国家或地区进行布局。具体地，该专利涉及一种变桨执行器失效下的风力发电机组自我保护控制方法，包括步骤：①确定机组运行状态；②在机组的运行状态由启动状态或并网状态向停机状态切换时，若变桨执行器正常，机组将按照设定的变桨速率收桨，收桨过程中若出现一支或多支桨叶收桨过慢、收桨不到位或不收桨的情况，将认为变桨执行器失效；③主控发送紧急顺桨命令，若变桨系统还有收桨过慢、收桨不到位或不收桨的情况，则确定变桨执行器失效，主控报出变桨执行器故障提醒现场运维人员对此进行关注，确保故障修复后再进行启机；④若变桨系统确认失效，机组将根据失效情况自动偏离主风向。该专利旨在降低变桨执行器失效时机组的运行载荷，提高机组的可靠性和安全性。可以看出，明阳智能关注到风力发电的关键技术，与华能集团相似，其关注的重点也是国内市场。

2.5 风力发电重要专利

本节选取不同时期的风力发电重要专利进行展示，以说明不同时期的风力发电技术专利状况及其对于风力发电产业的影响。

2.5.1 风力发电早期重要专利

结合风力发电机发展历程介绍可知，人们对于风能的利用历史悠久。早期人们利用风车将风能转换成机械能进行农业灌溉等作业，随着专利制度的发展，人们对于风车的技术创新也及时采用专利的形式进行了保护。早在 1837 年美国就出现了涉及风车技术创新的专利，其将风轮与包含风轮的机器分开设置，将直立风轮设置在框架上，该框架在旋转轴上摆动，风轮通过设置在其上的轴、链或者其他方式将动力传递至磨坊。在此后的几十年间，美国又陆续出现了关于风车的专利申请。如 1891 年公开的美国专利 US459982A 涉及一种风车的调节装置。该调节装置能够调节风车的运动，当水箱中的水变少时，风车保持运行；而当水箱的水变满时，风车停止运行。同时，欧洲也出现了关于风车的专利申请。1907 年申请的英国专利 GB190716377A 涉及一种风轮的改进，该风轮包括一系列竖直叶片，所述竖直叶片在上端和下端处枢转到由立柱承载的径向臂，并且还设置有用于在叶片平行于径向臂时同时锁定所有叶片的装置。这些关于风车技术的创新专利为以后制造利用风能进行发电的风车提供了基础。

随着电的发现以及应用的普及，人们将风能的利用和电能联系起来，开启了风能利用的新篇章。1924 年申请的美国专利 US1579440A 是早期风力发电机专利申请的代表。该专利涉及一种风力电机，其具有多个径向叶片，包括用于同时倾斜叶片以增加或减少旋转速度和与之相连的发动机或驱动元件，该风力电机包括 25 个叶片。这一时期的风力发电机采用多叶片形式，但已经意识到通过改变叶片的倾斜程度来控制旋转速度。另一件多叶片的代表专利是 1928 年公开的英国专利 GB286922A。其涉及一种风力发电机，其中，叶轮配备有可移动的翼或叶片，通过自动作用调节器的作用，受风施加给叶轮的转速的影响，翼或叶片可以后退，从而逃脱风以过大强度吹送时的风的作用，并因此由于改变它们相对于叶轮的总平面的角位置而被吸入。上述设置，使得叶片具有自动装置调节，即能够迅速反应以使轮叶退缩，从而在风太猛烈时避免更长时间地暴露于风的作用，进而使得发电机能够在任何时间运行，而不用人工进行干预。

这一时期的风力发电技术的理论尚不成熟，具体的例子是 1926 年公开的英国专利 GB250636A。其涉及一种风力涡轮机，该风力涡轮机同样采用多叶片形式，并设置了马格纳斯效应的风力马达。该风力涡轮机由旋转支撑件承载并围绕与其大致径向的轴线旋转的多个气缸或其他旋转部件被布置成由曲柄手柄或辅助马达驱动，用于启动和停止，并且由旋转支撑件驱动，通过变速齿轮传动装置驱动。可见，相对于现代叶素动量理论，此时风力发电机的理论模型还不够完善，风力发电技术尚处于萌芽阶段。

　　然而，正是由于早期风力发电机技术尚未成熟，因此各种类型的风力发电技术创新能够得到尝试，其中最著名的应当是由法国人 G. J. M. 达里厄设计的垂直轴风力机，并于 1931 年获得了专利。该专利同时向美国、法国以及德国等多个国家进行了布局。具体地，该专利认为水平轴式风力机具有以下缺点：水平轴式风力装置的效率通常非常低，因为即使当它们的叶片在其路径的一部分上没有受到与它们的运动相反的不利影响时，它们在该路径的活动部分中的操作方法也是有缺陷的，由于涡流与下游的形成是不可分离的，因此涡流和不连续性的形成代表了明显的损失，涡流和不连续性的动能传递给已经通过设备的流体。因此，该专利提出了一种涡轮机，该涡轮机的叶片通过凸缘、辐条等彼此连接，叶片具有流线轮廓，流线轮廓使得在涡轮机的正常速度下相对风速总是指向叶片的同一端。相对风速是绝对风速和叶片在相反方向上的圆周速度合成的结果，并且叶片是直线的且平行于转动轴，位于圆周的叶片和转轴一起形成圆柱形鼓或鼠笼，整体的轮廓是流线型的，以便仅产生轻微的头部阻力。叶片的轮廓是薄的且类似于鸟翼的轮廓，并且优选地是对称的，同时叶片还可以例如以跳绳的形式弯曲，以便减小或消除由于离心力引起的弯曲应力。直叶片或者弯曲的叶片均是常见的垂直轴风力发电机型式。该专利是典型的垂直轴达里厄风力发电机。虽然垂直轴式风力发电机在这一时期已经提出，但当时并没有引起人们的重视，直到几十年后随着风力发电技术的发展，人们才对达里厄风力发电机给予了重新关注，并逐渐发展出多种布局方式，使得垂直轴式风力机迎来真正意义上的发展。

2.5.2　风力发电快速发展期重要专利

　　1970—2000 年，风力发电技术处于发展逐渐成熟的阶段。这一时期，受到石油危机的影响，世界各国对于可再生能源给予重视并出台了一系列扶持政策。在这些政策的刺激下，风力发电技术也得到了长足的发展，其中水平轴式风力发电机成为产业的主流，并形成现代三叶片式风力发电机。在风力发电机的基本结构固定成型后，风力发电机组的偏航震荡、叶片降噪、监控诊断以及风力发电机的控制等成为技术创新的重点关注方向。1982 年申请的美国专利 US4515525A 公开了一种风力涡轮机，其安装在柔性塔架上，并且具有纵向偏离塔架的竖直中心线的质心，还设置有用于将涡轮机设置和保持在期望的偏航取向的驱动装置，驱动装置本身具有由涡轮机在偏航中的鱼尾趋势驱动的能力，以抑制鱼尾振荡。阻尼设置使得这种振荡影响最小化，并且克服了转子的摇摆作用放大这种运动的趋势。涉及偏航震荡的另一件代表专利是1995年申请的丹麦专利DK74295A。该专利涉及一种用于减小风车叶片中的振动的方法，叶片的空气动力学特性作为在旋转方向上和/或离开可滑动装置的转子平面的加速度和/或速度的函数而改变。该专利是在叶片的外部部分的加速度和/或速度与叶片的空气动力学特性之间提供简单、直接的连接，例如通过将质量悬挂在叶片内或叶片上并将其连接到改变叶片上的升力特性的一个或多个装置来实现振动阻尼。随着风力发电机的应用，叶片的噪声问题引起了人们的关注，人们不断创新手段提高叶片降噪的效果。DK135092A公开了一种风车叶片，该叶片由玻璃纤维层压合成材料制成，用于形成外壳，并且具有通过横撑连接的内部纵向肋，肋和撑在叶片壳体内的空腔中延伸，还包括一个或多个橡胶片或类似物的弹性材料的层片，用于分离层。该专利代表了针对影响叶片降噪的材料及结构两个因素的创新发展，通过更优的材料及结构设计减小风力发电机组的共振效应，进而达到降低噪声的目的。

2000年以后，随着能源问题的日益突出，各个国家对于可再生能源的关注和投入持续增加，风力发电技术迎来前所未有的爆发式发展。同时，伴随着风力发电产业的发展，形成了如通用电气、西门子歌美飒、维斯塔斯等风力发电规模企业。随着市场竞争的加剧，这些企业不断投入创新以保持市场优势，从而使以这些规模企业为主导的风力发电专利申请增加。在技术创新方面，这个时期风力发电在各个技术分支均得到快速的发展，并且随着风力发电机组硬件方面的逐渐成熟，风力发电机组的控制也变得越来越重要。维斯塔斯2023年公开的申请US2023151796A1涉及一种通过控制多个偏航驱动致动器来控制风力涡轮机系统偏航的技术：马达控制器接收每个偏航驱动致动器的实际马达参考速度，并且如果偏航驱动致动器的实际马达参考速度高于特定马达参考速度，则向实际马达参考速度高于特定马达速度参考的偏航驱动致动器输出降低实际马达参考速度的信号。另外，海上风力发电作为风力发电发展的方向，其技术也得到了长足的发展。例如，2013年三菱重工维斯塔斯海上风电公司申请的专利US2015147174A1涉及一种浮动风力涡轮机的协调控制方法，用于在风力涡轮机控制器和平台控制器之间协调控制浮动风力涡轮机，可以基于所述浮动风力涡轮机的所述协调控制来改变一个或多个风力涡轮机控制系统和/或一个或多个平台控制系统。

随着风力发电产业的发展，各风力发电企业继续保持着风力发电技术的持续投入创新。可以预见，今后仍会涌现出许多具有价值的风力发电技术专利申请。

2.5.3　风力发电知识产权纠纷重要专利

随着风力发电技术的发展以及市场竞争的加剧，风力发电企业开始利用专利作为相互竞争的手段开展专利诉讼。其中重要的专利诉讼如下。①1995 年美国 Windpower 公司指控德国爱纳康公司侵犯其专利权的诉讼。Windpower 公司最终赢得这场专利诉讼，使得爱纳康公司的风力发电技术无法进入美国市场。②2005 年爱纳康公司在多个国家指控丹麦维斯塔斯侵犯其多项专利权的专利诉讼，其中所涉专利涉及领域较广，例如叶片防雷保护、风电并网等。③2008 年通用电气向美国国际贸易委员会申请对三菱重工发起的"337 调查"。通用电气指控三菱重工侵犯了其三项专利权，该项指控几经周折最终耗时 3 年以三菱重工赔偿通用电气 1.69 亿美元终结。④2011 年爱纳康公司指控歌美飒侵犯其专利权的诉讼。该项诉讼同样也是几经周折，最终以歌美飒败诉收场。⑤2017 年通用电气指控维斯塔斯侵犯了其两项专利权，随后维斯塔斯发起反诉。经过两年的拉锯战，最终以双方形成技术交叉许可的方式和解收场。⑥2020 年通用电气向美国国际贸易委员会申请对西门子歌美飒发起的"337 调查"。通用电气指控西门子歌美飒侵犯其两项专利权，该项指控几经波折最后同样以相关技术交叉许可终结。

以通用电气与三菱重工之间的专利纠纷为例，其中涉案典型专利如下。

（1）US5083039B1

该专利由通用电气于 1991 年 2 月 1 日在美国提出申请，并通过 PCT 途径在欧洲专利局、加拿大、澳大利亚、日本、德国、丹麦以及西班牙进行了专利布局。以上国家或地区基本覆盖了当时风力发电的主要市场，可见通用电气对于该专利的重视。该专利涉及一种变速风力涡轮机，其包括：驱动多相发电机的涡轮机转子；具有控制发电机的每相中的定子电量的有源开关的功率转换器；与涡轮机参数传感器相关联的扭矩指令装置，该扭矩指令装置生成指示期望扭矩的扭矩参考信号；以及发电机控制器，其在磁场定向控制下操作并且响应于转矩参考信号，用于限定期望的正交轴电流并且用于控制有源开关以产生对应于期望的正交轴电流的定子电量。该专利关注到，虽然变速风力涡轮机从增加的能量转换和减小的应力角度来看是有利的，但是发电系统比恒速风力涡轮机的发电系统更复杂。由于发电机通常通过固定比率齿轮传动装置连接到可变速转子，因此由发电机产生的电力将具有可变频率。这需要从发电机输出的可变频率交流电转换为恒定频率交流电以供应公用电网。该转换可以通过频率转换器直接完成，或者通过整流器中间转换为直流电并通过逆变器重新转换为固定频率交流电来完成。该专利通过使用整流器的磁场定向控制来控制发电机转矩。磁场定向将发电机定子产生转矩的电流或电压与产生磁通的电流或电压解耦，从而允许对发电机转矩的响应控制。

（2）US6921985B2

该专利由通用电气于 2003 年 1 月 24 日在美国提出申请，并通过 PCT 途径在欧洲专利局、加拿大、澳大利亚、巴西、德国、丹麦以及西班牙进行了专利布局。另外，值得注意的是该专利还在中国进行布局并且获得了授权。该专利涉及一种风力涡轮机，包括：用于改变一个或多个叶片的桨距的叶片桨距控制系统和与叶片桨距控制系统连接的涡轮机控制器，第一动力源与涡轮机控制器和叶片桨距控制系统连接，以在第一操作模式期间提供动力；不间断电源，连接至涡轮机控制器并且与所述叶片桨距控制系统连接，以在第二操作模式期间提供电力，涡轮机控制器检测从第一操作模式到第二操作模式的转换，并且使叶片桨距控制系统响应于该转换而改变一个或多个叶片的桨距。值得注意的是，在通用电气与西门子歌美飒的专利纠纷中，该项专利同样是涉案专利之一。

（3）US7321221B2

该专利由通用电气于 2003 年 7 月 17 日在美国提出申请，并通过 PCT 途径在欧洲专利局、加拿大、澳大利亚、巴西、德国以及中国进行了专利布局。该专利涉及一种操作风力涡轮机的方法，其中感应发电机的转子绕组由风力涡轮机的转子驱动，该转子绕组包括耦合到电网的定子线圈，由馈入单元馈送转子电流；其中，根据转子旋转频率来控制馈入转子电流的频率，并且在电网电压幅度的预定变化的情况下，馈入单元与转子绕组电去耦，并且当由电网电压幅度的变化引起的去耦之后，由该变化在转子绕组中产生的电流已经下降到预定值时，重新开始转子电流馈入。

2.6 小 结

本章从风力发电机重要元件、风力发电重要技术、海上风力发电重要技术以及风力发电消纳等方面确定了风力发电技术专利分析研究对象，并确定了专利分析研究方法。

本章还对风力发电技术专利宏观趋势进行了分析。在全球风力发电技术趋势方面，风力发电技术领域专利申请在 2000 年以前一直处于缓慢发展状态，2000 年以后才呈现出大幅增长的态势，整体而言大致经过了初步发展阶段、加速发展阶段、快速发展阶段以及波动发展阶段。从全球风力发电技术专利申请主要国家来看，中国、德国、美国、日本、丹麦、韩国占据了全球风力发电技术专利申请的较大比例，这些国家是目前全球风力发电装机容量较高的国家或是风力发电技术优势较大的国家。结合中国风力发电技术专利申请趋势来看，中国在风力发电技术领域的起步较晚，但中国风力发电产业从 2005 年后得到快速的发展，随之而来的是中国风力发电从业者加大对风力发电技术的创新投入，进而使得 2005 年以后的专利申请呈现出较快增长态势。

在重要申请人方面，就全球风力发电技术专利有效量而言，维斯塔斯、乌本、西门子歌美飒以及通用电气基于技术创新先发优势相对于其他企业有着较大优势，同时凭借技术研发创新与市场竞争的良性循环持续进行了专利布局，因而在专利的绝对数量上形成较大的优势。值得注意的是，金风科技作为中国风力发电企业的代表也进入了全球风力发电专利有效量排名前 10 位。中国方面除了金风科技，华能集团、明阳智能也持续在风力发电技术方面进行专利布局，并形成了一定的技术优势。

在影响风力发电产业发展的重要专利方面，早期人们对于风车技术的创新为风力发电技术奠定了基础，风力发电技术出现初期，由于产业发展并不成熟，因此呈现出"百花齐放"的态势，在诸多技术发展方面均有涉及。1970—2000 年随着风力发电产业的逐渐成熟，三叶片式水平轴式风力发电机逐渐成为现代风力发电机的主流，相应技术创新专利也主要涉及这种类型风力发电机。2000 年以后随着风力发电市场的竞争加剧，风力发电企业也纷纷利用专利发起了攻击，在此过程中涌现出了一批影响行业发展的专利。

第3章　风电叶片技术专利分析

风力发电机叶片（以下简称"风电叶片"）是风力发电机获得风能的关键部件，也是决定风能功率的直接因素。本章首先对风电叶片技术进行整体概述，主要以垂直轴风电叶片为对象，介绍风电叶片的基本构成、工作原理、大致分类以及发展沿革；其次对风电叶片技术专利态势状况、全球及中国风电叶片技术专利情况进行梳理分析，以从宏观层面展示风电叶片技术专利申请整体概况；最后对全球以及中国风电叶片技术专利重要申请人状况进行梳理分析，以展示风电叶片技术领域的创新主体整体概况并通过典型创新主体的代表专利阐释其技术发展特点。本章还从风电叶片技术发展迭代的角度对风电叶片技术进行梳理和介绍，以全面展示各技术分支的发展情况。通过以上梳理分析，全面地展示风电叶片技术创新发展现状及趋势、重要创新主体情况及特点，以及各技术路线发展演进情况。

3.1　风电叶片技术概述

本节以垂直轴风电叶片为对象，对风电叶片技术的发展历程、风电叶片系统结构的基本组成以及风电叶片的技术分解进行介绍，为后续的梳理分析作出准备。

3.1.1　风电叶片技术简介

典型风力发电机组结构主要由轮毂、风电叶片、传动装置、发电机等部分组成。风电叶片是风力发电机的核心关键部件，作为风力利用领域的唯一能量获取部件，主要负责捕捉风能并将其转换为旋转机械能，进而驱动发电机产生电能。风电叶片是决定风力发电机的风能转换效率、安全可靠运行、生产成本和环境保护性能的重要部件，对整个风力发电系统的经济性和可行性至关重要。

叶片技术是风力发电技术中的核心技术。大型风力发电设备对于叶片的强度、重量、结构等有着严格的要求，且风能转换效率的高低取决于风电叶片的性能设计。因此对于风电叶片来说，良好的叶片设计、可靠的制造质量以及灵活的调节方式是提高风力发电效率、延长风力发电机使用寿命、保证风力发电机长期无故障高效稳定运行的重要因素。叶片的外形、结构设计以及材料选择决定着其是否能够实现风力发电机长期无故障高效稳定运行。

在风电叶片的设计中,叶片的气动性能对整个风力发电机组的运行特性和使用寿命起到了决定性的作用。而叶片气动设计主要是外形优化设计,这是叶片设计中至关重要的一步。外形优化设计中叶片翼型设计的优劣直接决定风力发电机的发电效率,目前通常采用航空上先进的飞机机翼翼型设计方法设计叶片翼型的形状。最初阶段,水平轴风电叶片翼型通常选择 NACA 系列的航空翼型。这些翼型对前缘粗糙度非常敏感,一旦前缘由于污染变得粗糙,翼型性能会大幅度下降,年输出功率损失最高达 30%。在认识到航空翼型不太适合于风电叶片后,20 世纪 80 年代中期后,风电发达国家开始对叶片专用翼型进行研究,并成功开发出风电叶片专用翼型系列,比如美国 Seri 和 NREL 系列、丹麦 RISO - A 系列、瑞典 FFA - W 系列和荷兰 DU 系列。

目前大型风电叶片的结构都为蒙皮主梁形式,叶片采用空心腔体结构,翼型表面由蒙皮构成,蒙皮主要由双轴复合材料层增强,提供气动外形并承担大部分剪切载荷。叶片的后缘空腔较宽,采用夹芯结构,以提高其抗失稳能力,这与夹芯结构大量在汽车上应用类似。主梁主要为单向复合材料层增强,是叶片的主要弯矩承载结构。腹板为夹芯结构,对主梁起到支撑作用。图 3 - 1 - 1 为典型叶片结构剖面图。

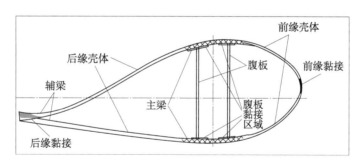

图 3 - 1 - 1　典型叶片结构剖面图

在风电叶片的材料上,初期由于叶片不大,采用木质叶片、布质蒙皮叶片、钢梁玻璃纤维蒙皮叶片、铝合金叶片等。随着叶片向大型化方向发展,叶片材料也在发生技术革新,复合材料逐渐取代其他材料成为大型叶片的唯一可选材料。复合材料不仅具有可调整单层方向以获得各方向所需性能的可设计性,还可利用材料各向异性使结构不同变形形式之间发生耦合。利用复合材料的弯扭耦合,控制叶片的气弹变形,降低叶片的疲劳载荷,并优化功率输出。玻璃钢是现代风机叶片最普遍采用的复合材料,其以低廉的价格、优良的性能占据着大型风机叶片材料的统治地位。但随着叶片逐渐变大,风轮直径已突破 150 m,最长的叶片已做到 72 m,这对材料的强度和刚度提出了更加苛刻的要求。全玻璃钢叶片已无法满足叶片大型化、轻量化的要求。碳纤维或其他高强纤维随之被应用到叶片局部区域，如 NEG Micon NM 82.40 m 长叶片、LM 61.5 m 长叶片都在高应力区使用了碳纤维。由于叶片增大，刚度逐渐变得重要，已成为新一代兆瓦级叶片设计的关键。

碳纤维的使用使风电叶片刚度得到很大提高，自重却没有增加。维斯塔斯为 V903.0 MW 机型配套的 44 m 系列叶片主梁上使用了碳纤维，叶片自重只有 6 吨，与 V802MW 的 39 m 叶片自重一样。美国和欧洲的研究报告指出，含有碳纤维的承载玻璃纤维层压板对于兆瓦级叶片是一个非常有效的选择替代品。

3.1.2　风电叶片技术分解

从一级分支来看，可对风电叶片主要从结构外形、功效、生产、运输以及安装方面进行分类，结构外形方面又可划分为常规、分段、伸缩、异形四类叶片类型，从实现的功效方面又可分为降噪、加热、雷电保护、气动性能提升等分支。下文将对风电叶片结构外形和功效方面的分支进行介绍。

3.1.2.1　结构外形方面

（1）常规式叶片

常规式叶片通常是一个由复合材料支撑的整体式薄壳结构，一般由外壳、腹板和主梁三部分组成。由于轻量化要求，其中复合材料重量占比在整个风电叶片中一般为 90% 以上。常规式叶片的制作工艺一般为真空灌注成型工艺、预浸料铺放工艺、拉挤工艺。其中，拉挤工艺质量更稳定，目前多用于主梁的制造；而叶片的其他部分由于结构多为不规则形状，多采用真空灌注成型工艺制作。

（2）分段式叶片

分段式叶片是将叶片分割成两个或者多个叶片段的形式，在将多个叶片段制作成型后再通过各种连接形式连接起来，组装成完整的叶片。这种连接的方式会造成叶片重量的增加，并且会引起结构刚度的不连续变化，进而叶片结构的特征会影响其在外载荷下动态响应特性和气动性能，所以分段式叶片对连接方式有着较高的要求。目前相邻叶片段一般通过 T 形螺栓、预埋螺栓套、卡接、胶接等方式进行连接。

（3）伸缩式叶片

伸缩式叶片一般由两个部分组成，上部分为风轮部分，下部分为可伸缩的基座部分，基座部分一般可包括盘式发电机模块、控制模块、稳压模块等。这种设计使得风轮叶片可以展开或者闭合，当风速增加时，风轮的旋转角速度也不断增大，风轮叶片所产生的离心力也随之增大，进而打动弹簧机构使得风轮叶片的展开程度缩小，可使风轮叶片的展开程度控制在一个适当的区间，进而输出的电压也能够稳定在适当的区间。

（4）异形叶片

异形叶片相对于常规叶片结构，是为解决一定问题而设置的异形结构叶片。例如有的异形叶片设置有涡流发生器，涡流发生器是以一定角度垂直地安装在翼型表面的小展弦比机翼。这种设置在迎风气流中可以产生高能量的翼尖涡，与下游的边界层流动混合后，使得处于逆压梯度中的边界层流场获得能量，进而达到延迟分离的效果。还有的异形叶片采用后缘锯齿设计，这样设计可以改变尾涡结构。由于风力发电机的噪声主要来自叶尖 70% ~95% 的区域，而这种锯齿状的后缘结构可以很大程度地减小噪声的远场辐射，进而减小风力发电机的整体噪声。

3.1.2.2 功效方面

（1）叶片降噪

风力发电机在运行的过程中会产生一定的气流噪声，特别是在高速低负荷的情况下这种噪声尤为明显。具体来说，产生噪声的原因一般包括：进风口前设置有前导叶或者金属网而产生进气干涉噪声；叶片在不光滑或者不对称机壳中产生的旋转噪声；离心出风口由于蜗舌的设置或者轴流式风机后导叶的设置而产生出口干涉噪声；风机涡流产生噪声。一般减少风机叶片噪声的手段有增强叶栅的气动载荷、降低圆周速度、设置适当的蜗舌间隙和蜗舌半径、叶轮出入口处设置紊流化装置等。

（2）叶片加热

由于风电场的安装环境多为空旷地区，在寒冷季节风力发电机组通常会出现叶片覆冰的情况。这种情况会降低风力发电机组的发电效率，严重的会导致风力发电机组停机甚至出现安全事故。作为主动式防冰手段之一，通过电能直接加热或者间接加热能够有效消除叶片覆冰的情况。

（3）叶片雷电防护

风电叶片作为风力发电机组的重要组成部件之一，其受雷击后会导致风力发电机停运，带来严重的经济损失。由于风力发电机组通常安装在空旷地区，特别是海上风力发电机，其所处的环境相对于陆上风力发电机而言更为空旷，故海上风电叶片更易受到雷击。叶片的雷击防护已引起人们的重视，成为风力发电领域和防雷领域的热点问题。目前风电叶片雷电防护的总体思路是提高叶片的有效接闪率，增强叶片自身的导电能力，从而在发生雷击时，可将叶片上的雷电引入地下，或者对雷电进行拦截，以防止雷电对叶片造成损害。

(4) 叶片气动性能提升

影响叶片气动性能的因素较多,其中叶片的翼型是其中的重要因素之一。翼型在不同攻角下的气动性能有着较大的差异,特别当翼型处于失速状态时,风力发电机组会产生较大的振动。这种振动会导致其安全性能降低,严重时会出现安全事故。通常会采用不同的湍流模型对翼型的气动性能参数进行计算,进而得出较为优化的参数选择。

3.2 风电叶片技术专利申请分析

本节对风电叶片专利申请技术分布状况、全球以及中国风电叶片技术专利情况进行梳理分析,以从宏观层面展示全球以及中国风电叶片技术专利申请整体概况。

3.2.1 风电叶片技术专利申请分类号分布状况

风电叶片专利技术分析基于国际专利分类(IPC)法确定专利文献范围。IPC 是世界知识产权组织制定和管理的一套专利分类体系,目前世界上大多数国家的专利文献均采用 IPC 分类表进行分类,因此可通过 IPC 分类号对风电叶片进行技术归类。以下根据 IPC 分类表的部、小类、大组来梳理风电叶片技术的专利态势分布。

风电叶片技术在 IPC 分类表中的 8 个部均有涉及。表 3-2-1 示出了风电叶片技术在 IPC 分类表中各个部的分布状况。风电叶片技术的专利主要分布在 IPC 的 F 部(机械工程;照明;加热;武器;爆破),占比达到 88.25%;其次是 B 部(作业;运输),占比为 8.79%;G 部(物理)的专利数量占比为 1.71%;其余 H 部(电学)和 C 部(化学;冶金)等也稍有涉及。F 部涉及风力发电机所有部件的机械结构及其运转机制;B 部涉及风机叶片的成型制造、运输和安装;而风电叶片技术还涉及检测等,因此部分专利文献会给出 G 部中与检测领域相关的分类号;由于 H 部涉及发电,而叶片一般与发电相关,因此部分文献可能涉及 H 部的发电技术。

表 3-2-1 风电叶片技术专利申请分类号分布状况　　　　(单位:件)

部	数量	小类	数量	大组	数量
F	28228	F03D	27255	F03D 1/00	10945
B	2813	B29C	1231	F03D 3/00	3339
G	548	F03B	332	F03D 11/00	3296

部	数量	小类	数量	大组	数量
H	203	B64C	307	F03D 7/00	3252
C	109	F01D	300	F03D 80/00	2782
E	46	B66C	249	F03D 17/00	1152
A	19	B29D	187	F03D 13/00	1007
D	19	B60P	131	F03D 9/00	873
		B63H	117	B29C 70/00	669
		F04D	117	F03D 5/00	371

了解风电叶片技术在 IPC 分类表中各个部的分布状况后，结合重点分布的 F 部和 B 部，再从 IPC 的小类来看风电叶片技术的分布状况。风电叶片技术在 F 部和 B 部共涉及 10 个小类，分别是 F01D、F03B、F03D、F04D、B29C、B29D、B60P、B63H、B64C、B66C。

从表 3 - 2 - 1 中可知，风电叶片技术在 F 部涉及 4 个小类。其中，F03D 聚集了风电叶片技术绝大多数专利，数量为 27255 件；涉及 F03B 的专利数量为 332 件；涉及 F01D 的专利数量为 300 件；涉及 F04D 的专利数量最少，仅有 117 件。后三个小类在风力发电叶片领域可能存在技术交叉，且基于分类的多重分类原则，分类员在给予专利文献分类号时会给出 F03B、F01D 和 F04D 的相关分类号。

在 B 部的 IPC 小类中，风电叶片技术专利文献分布在 6 个小类，涉及专利数量最多的是 B29C，风电叶片的成型制造技术、材料等主要是在 B29C。若涉及风电叶片的运输和安装，则考虑 B66C 和 B60P；而且随着叶片尺寸的变大和材料的变化，关于叶片作业和运输过程中的技术，以及叶片的安装方法、装配叶片的夹具等也将成为叶片技术的重要领域。此外，风电叶片技术与船舶螺旋桨技术可能存在交叉，因此有可能会在 B63H 小类有相关技术。至于 B29D，则是由 IPC 分类表的分类规则规定的，B29D 在 IPC 分类表中为引得小类，根据 IPC 分类表的多重分类原则，分类在 B29C 的专利文献也需要加注 B29D 这一引得小类的分类号。而 B64C 属于交叉领域的分类号，为飞机、直升飞机领域，其与风力发电领域的交叉点主要在于机翼和叶片的形状，因此，在涉及叶片的专利文献中可能会给出 B64C 的分类号。

分析完风电叶片技术在 IPC 分类表中重点分布的部的小类状况后，下面再从大组层级对风电叶片技术进行梳理。考虑到风电叶片技术主要聚集在小类 F03D，下面以小类 F03D 中的 IPC 大组对风电叶片技术进行分解。

表 3 - 2 - 1 还显示出了风电叶片技术在 IPC 大组中的分布。从表 3 - 2 - 1 中可以看

出，F03D 1/00、F03D 3/00、F03D 7/00 等大组聚集了风电叶片技术的大量专利，特别是涉及 F03D 1/00 的专利数量最多，超出 1 万件。可见风力发电叶片技术的研发和创新主要集中在水平轴叶片。这是国际上开展基础研究和专利申请的高活跃点，属于主流技术，非常受重视。而相比于水平轴叶片，垂直轴叶片的专利数量较少，关注点略低。风机叶片零部件或附件分类主要集中在 F03D 11/00 和 F03D 80/00，涉及的专利数量总共将近 6000 件；而风机控制技术（F03D 7/00）的专利数量为 3200 多件。可见风机控制是风力发电机设备及零部件之外关注点也比较高的技术，呈现出较为集中的趋势。

需要说明的是，2016.01 版后的 IPC 分类表中已不再存在 F03D 11/00 大组，涉及该大组技术的专利文献需重新分类入新增的大组 F03D 13/00、F03D 17/00 和 F03D 80/00 中。

此外，风电叶片技术也涉及 B29C 70/00 ［成型复合材料，即含有增强材料、填料或预成型件（例如嵌件）的塑性材料］。该大组聚集有 669 件的风电叶片技术专利文献，可见风电叶片的材料也是受关注的技术点。未来随着风电叶片技术的不断发展，对叶片材料将提出更高的要求，B29C 70/00 可能是 F03D 以外重要的技术创新领域，值得关注。

3.2.2 全球风电叶片技术专利申请分析

本小节对全球风电叶片技术专利申请趋势、专利申请类型趋势、各阶段专利申请状况、主要申请国家或地区申请对比状况以及专利申请五局流向状况进行梳理分析。

3.2.2.1 全球风电叶片技术专利申请趋势分析

图 3-2-1 示出了全球风电叶片技术专利申请的趋势。可以看出，整体上全球风电叶片技术专利申请呈现阶段性上涨随后波动徘徊的状态，这种趋势整体上与全球风力发电技术专利申请趋势一致。大体上可以将全球风电叶片技术专利申请趋势分成以下几个阶段。

（1）1997 年以前（初步发展阶段）

1997 年以前，风电叶片技术专利申请量一直处于较低水平。叶片作为风力发电的核心部件，其技术的发展是伴随着风力发电技术发展而发展的。受制于风电产业的整体发展情况，1997 年以前叶片技术的专利申请并未出现大幅度的增长情况。这一阶段是风电叶片技术专利申请的初步发展阶段。

（2）1998—2006 年（加速发展阶段）

随着世界能源格局的变化以及各国对于环境保护的要求，风电产业发展迎来新的契机，各个国家此时出台了许多优惠扶持政策，这些扶持政策有效刺激了风电产业的快速发展。随着风电产业的快速发展，风电叶片技术专利申请在这一阶段也出现了加速增长的态势。这一阶段是风电叶片技术专利申请的加速发展阶段。

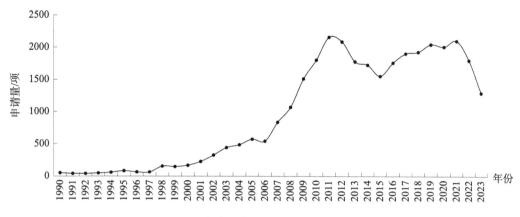

图 3 - 2 - 1　全球风电叶片技术历年专利申请趋势

（3）2007—2011 年（快速发展阶段）

2007 年以后，各国对于气候和能源问题的关注度提高，并在相关政策中明确了温室气体排放量的削减目标。在这种削减目标及扶持政策的双重刺激下，风电产业进一步迎来了爆发式的增长。随着风电产业的爆发式增长，风电叶片技术专利申请在这一阶段也出现了快速增长的态势。这一阶段是风电叶片技术专利申请的快速发展阶段。

（4）2012 年以后（波动发展阶段）

虽然 2012 年以后各国对于温室气体排放量提出了更为苛刻的目标，例如欧盟提出了 2050 年减少温室气体排放量 80% ~ 95% 的长远目标，但是各国在新能源发展方向上出现了一些摇摆。对于风电产业来说，有利和不利的政策相互交织，导致这一时期的全球风力产业出现了波动的态势。风电叶片技术专利申请在这一阶段也呈现出波动发展的态势。这一阶段是风电叶片技术专利申请的波动发展阶段。

此外，全球风电叶片技术专利申请类型主要是以发明为主，尤其国外申请人在中国的申请基本都是发明申请，而国内的一些企业则在申请发明专利的同时，也会申请实用新型专利进行补充。从技术角度来说，风电叶片技术具有较高的技术含量，其核心关键技术适合采用保护力度更强、保护期限更长的发明专利进行保护。总的来看，风电叶片技术创新主体的整体层次较高，具有较强的专利技术创新实力。

3.2.2.2　全球风电叶片技术各时期专利申请状况分析

为展示各阶段主要国家风电叶片技术发展状况，以下对风电叶片技术整个生命周期的专利申请分开进行分析。

（1）初步发展时期的专利申请

从表3-2-2可以看出，最初全球风电叶片技术专利申请不活跃，风电叶片仍处于技术萌芽状态。早期风电叶片技术主要集中在欧美国家，法国是风电叶片领域的先驱者，对风电叶片技术研究较多，但后期由于存在研发资助不持续和不稳定的问题，其在技术上的投入不多，创新较少，风电叶片技术的申请量在后期也较少。随后，德国、美国开始发力，在风电叶片技术研究和应用上投入相当多的人力及资金。德国一直致力于对风电叶片技术进行研究，具有较好的延续性和稳定性，其专利申请情况也最为稳定。德国从1974年至1981年每年均有风电叶片技术专利申请，特别是1981年达到了最高申请量42件；1985年以后全球风电叶片技术专利申请也依旧是以德国为主，其稳步进行专利申请，而且在1985年、1989年和1990年专利申请量均超过了10件，1993年和1994年专利申请量分别达到19件和16件。德国积极应用产业政策加强对国内风力发电设备制造的扶持，使得风电叶片技术发展链较为完善，也非常有竞争力。美国在1974年开始实行联邦风能计划，其风电叶片技术专利申请量主要集中在1976—1982年，呈现大幅上涨态势，其中1980年达到81件，在1982年专利申请量呈现小高峰54件之后，开始呈现断崖式下降，到了后期其申请量几乎没有。究其原因，是美国风力发电投资税收减免政策废止，导致风电设备制造企业一蹶不振，因此无资金也无能力开展技术研发并进行专利申请。这一时期，其他欧洲国家，例如英国、意大利、荷兰和奥地利，均由于风力发电技术与装备的不成熟，处于探索和摸索阶段，装机规模与单机容量均较小，风电叶片技术发展有限，因此在风电叶片技术领域的专利申请数量不多，且断断续续。

表3-2-2　风电叶片技术初步发展时期主要国家专利申请趋势　　（单位：件）

国别	1974年	1975年	1976年	1977年	1978年	1979年	1980年	1981年
法国	15	5	7	0	0	0	19	0
英国	2	0	0	0	0	0	0	0
德国	1	5	4	13	12	20	19	42
日本	0	3	0	0	7	0	0	7
美国	0	0	8	14	48	50	81	0
意大利	0	0	0	18	0	12	0	6
荷兰	0	0	0	0	0	0	0	0
奥地利	0	0	0	0	0	0	0	0
中国	0	0	0	0	0	0	0	0
苏联	0	0	0	0	0	0	0	0

续表

国别	1974 年	1975 年	1976 年	1977 年	1978 年	1979 年	1980 年	1981 年
丹麦	0	0	0	0	0	0	0	0

国别	1982 年	1983 年	1984 年	1985 年	1986 年	1987 年	1988 年	1989 年
法国	0	6	0	10	0	0	6	0
英国	0	0	18	0	0	0	0	6
德国	0	0	0	11	7	5	0	11
日本	11	16	9	8	6	0	0	0
美国	54	11	0	0	4	0	0	0
意大利	0	0	5	0	0	0	9	0
荷兰	19	0	0	0	0	0	0	0
奥地利	0	0	0	0	0	7	0	0
中国	0	0	0	0	0	6	11	7
苏联	0	0	0	0	0	0	0	0
丹麦	0	0	0	0	0	0	0	0

国别	1990 年	1991 年	1992 年	1993 年	1994 年	1995 年	1996 年	1997 年
法国	0	0	0	0	0	0	0	0
英国	6	0	0	0	0	0	0	0
德国	12	7	10	19	16	16	13	62
日本	0	7	12	0	0	9	5	6
美国	0	0	0	0	0	12	5	14
意大利	0	0	0	0	0	0	0	0
荷兰	0	0	0	0	0	0	0	0
奥地利	0	0	0	0	0	0	0	0
中国	0	0	0	5	0	4	4	6
苏联	12	0	0	0	0	0	0	0
丹麦	0	0	0	0	0	11	15	16

　　亚洲国家中，日本对海上风能的研究开发较早且较为积极，陆陆续续进行了一定量的风电叶片技术专利申请。中国开发起步比较晚，20 世纪 80 年代才开始从丹麦、瑞典、美国等国家引进一批中型、大型风力发电机组。1986 年中国第一座商业性陆上风力发电场成功并网发电，成为中国风力发电史上的里程碑。1987 年中国有 6 件风电叶片技术专利申请问世，后面也陆续有少量的专利申请，说明风电叶片技术在中国开始

萌芽并逐步发展。

（2）加速发展时期的专利申请

由表3-2-3可以看出，在加速发展时期，风电叶片技术有一定程度的发展，但较为缓慢；专利申请量虽有所增加，但整体的增长幅度不大。德国在风电叶片技术加速发展时期的专利申请量一直占整个申请量的主导地位，在1998—2000年呈现逐年上涨的趋势，2002—2004年以及2006年这4年年平均专利申请量约为195件，2003年甚至达到了273件。德国风电叶片技术专利申请量能一直名列前茅，归功于德国在风力发电上的支持政策具有非常好的延续性和稳定性，德国在《可再生能源购电法》废止后立刻出台了《可再生能源法》，并规定补偿性的收购价格保持20年不变，以及利用企业信贷、电网设施、投建和升级资助等方式扶持风力发电设备制造商建立完备的风力发电产业链，助力风力发电产业能力的长期发展，从而使得德国在全球风电叶片技术中占有绝对重要的一席。丹麦的风电叶片技术专利申请数量紧随德国的步伐，位居第二，其专利申请数量在1998—2002年逐年增长，2003—2006年稍有波动，但波动幅度不大，年专利申请数量均在85件左右徘徊。丹麦政府注重风能的开发利用，制定了风电开发计划和有利于风力发电设备发展应用的优惠政策，还成立了全国风力发电协会，研究风力发电有关技术的开发、改进和推广。早期丹麦在风力发电技术上的研发主要是立足于满足农业小型风力发电机的需求，技术含量比较低，后来专门拨款组织研制大型风力发电机组，风电叶片技术在丹麦也得到了多样性的发展和创新。美国1995—2000年在风电叶片技术领域的年专利申请数量在10件左右，2001—2003年年申请量保持在25件左右，2004—2006年年申请量从56件增长到116件，显示美国后期开始重新加大对风电市场的培育力度。日本风电叶片技术专利申请数量持续占有一定比例，在2003年达到71件。中国的风电叶片技术专利申请数量较少，申请量呈现缓慢增长趋势，直到2004年才显示出有较快的发展，2006年专利申请数量达到89件。

表3-2-3　风电叶片技术加速发展时期主要国家专利申请趋势　　（单位：件）

国别	1998年	1999年	2000年	2001年	2003年	2004年	2005年	2006年
德国	66	86	107	84	273	156	92	149
美国	13	0	13	23	25	56	73	116
丹麦	42	27	33	54	76	89	98	78
日本	13	12	13	35	71	67	44	40
中国	6	4	4	9	11	41	37	89

（3）快速发展时期和波动发展时期的专利申请

从图 3 - 2 - 2 可以看出，这一时期，全球风电产业发展形势良好，各国的风电叶片技术专利申请量均出现了大幅增长，不断刷新历史纪录。在经济全球一体化的背景下，全球经济的快速发展对新能源提出了迫切需求，各国基于改善能源结构的战略要求加上对环境保护的高度重视，各自出台大量鼓励和发展包括风能在内的新能源的法律政策，从而为风力发电的技术发展提供了非常重要的政策支持，有力地推动了风力发电技术的快速发展。同时，风电叶片技术经过前期的发展、积累和沉淀，也逐渐趋于成熟，因此，该阶段风电叶片技术专利申请量在主要国家均呈现迅速增长的趋势，年度申请量最高达 1707 件。美国、丹麦、德国、英国和日本等国家在专利申请量上均表现不俗，与初步发展时期的专利申请量相比，有明显的增长。欧洲专利局的风电叶片技术专利申请量也不容小觑，每年也有大量的风电叶片技术专利申请。此外，西班牙、韩国和印度的风电叶片技术专利申请的出现表明其也开始重视风电叶片技术的发展。

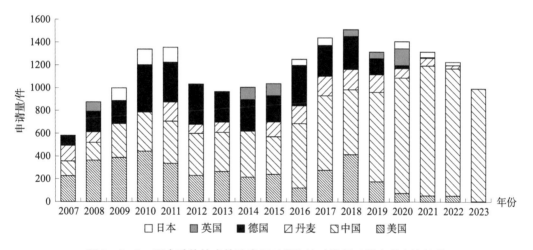

图 3 - 2 - 2　风电叶片技术快速发展时期和波动发展时期专利申请趋势

非常值得一提的是中国，2007 年和 2008 年的风电叶片技术专利申请量未超过 200 件，2009—2015 年专利申请量一直在 350 件左右，2016—2019 年专利申请量最高为 780 件，但 2020—2022 年每年专利申请量均在 1000 件以上，中国的申请量后期逐步占据整个风电叶片技术专利申请量的主导地位。可见中国政府在风电叶片技术上给予的政策支持和研发投入很多，企业和高校的创新能力也较强，专利申请量呈现阶梯式的爆发性增长。

在迅速发展时期，全球风电叶片技术专利申请主要分布在中国、德国、美国、丹麦、日本等国家。其中，中国风电叶片技术专利申请数量最多，占全球风电叶片技术专利申请总量的 33.34%。紧随其后的是德国和美国，德国、美国风电叶片技术专利申请量分别占全球专利申请总量的 15.95%、15.09%。以此可以判断，德国和美国在风电叶片技术领域的创新能力依旧很强，风电叶片技术的应用也比较成熟。丹麦是传统的风能工业大国，其风电叶片技术专利申请量占全球专利申请总量的 7.76%，继续保持平稳增长的势头。日本的风电叶片技术专利申请量占全球专利申请总量的 5.21%，韩国的风电叶片技术专利申请量占全球专利申请总量的 3.95%。在中国的引领下，亚洲的风电叶片技术专利申请量超过欧洲，说明全球风电叶片技术的创新重心已经从欧洲转移到了亚洲。

3.2.2.3 全球风电叶片技术主要申请国家或地区申请对比状况分析

图 3-2-3 显示了 1995—2023 年风电叶片技术全球主要专利局申请趋势对比情况。从图中可以看出，1995—2005 年风电叶片技术专利申请主要集中在德国、丹麦及美国。2007 年以后中国的风电叶片技术专利申请出现急剧增长的态势，申请量明显上升，并快速增长。中国风电叶片技术专利申请出现急剧增长的原因包括以下两方面：一方面，与中国政府日益注重新能源开发与环境保护的政策有关，在有利的政策加持下，中国风电企业数量逐年增长，且随着中国风电产业的发展，企业的自主创新逐步加强，在风电叶片技术领域具有较强的研发能力，并积极在专利保护上进行布局，因而中国企业的专利申请数量逐渐增多；另一方面，由于中国改革开放持续深入推进，对外资吸引力不断增加，国外风电企业也纷纷看好中国风电产业前景，相继在中国进行专利申请布局，这也进一步促进了中国风电叶片技术专利申请的逐年增多。

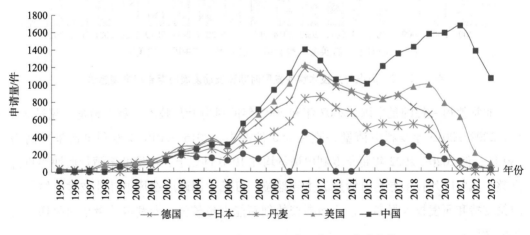

图 3-2-3　全球风电叶片技术主要专利局申请趋势

在全球风电叶片技术专利申请量方面，排名靠前的依次为中国、美国、欧洲专利局、丹麦和德国。中国、美国和欧洲专利局的总专利申请量远比其他国家和地区的专利申请量大，这与中、美、欧作为风力发电的领先市场有关系。同时美欧也是风力发电技术研究较早、技术研发领先的国家和地区，在美欧存在有国际知名的风电设备企业，例如通用电气、维斯塔斯、艾尔姆风能叶片制品公司（LM Wind Power，LM）、西门子歌美飒等在风电叶片行业中的知名厂商。因此，作为技术研发最先进且市场开拓较早的区域，风电叶片领域在美国和欧洲的申请量遥遥领先也就不足为奇了。

而申请量相对靠后的日本，拥有三菱重工这个在风电设备行业具有较强实力的企业，因而虽然其市场不大，但其申请量在全球范围内占有一席之地。英国、韩国、西班牙和法国的专利申请量虽然比较少，但也反映出这些国家在风力发电技术方面的创新能力。

3.2.2.4　全球风电叶片技术专利申请五局流向状况分析

专利申请与国际市场关系密切。随着全球经济一体化的推进，风力发电的申请范围已经不再仅仅局限于本国，而是在多个国家或地区，各国抓住时机开展全球专利战略，注重寻求国际保护。从五局专利申请流向可以看出技术在各国家或地区间的流入和输出情况。

就五局专利申请流向总量分析可知，数量最多的是 CNIPA（9427 件），第二位是 USPTO（4269 件），第三位是 EPO（3965 件），第四位是 JPO（1474 件），而 KIPO（1116 件）最少。这种流向总量反映出全球风电叶片技术专利保护的布局情况，也反映出该领域创新主体对相应国家或地区的市场重视程度。欧洲和美国是风电叶片的基础市场，全球创新主体在 EPO 和 USPTO 的专利申请量较大；而中国目前虽然是重要的风力发电市场，但中国创新主体在专利布局方面相对较弱，对国外市场的布局与美国等还存在较大的差距。

从具体流向来看，CNIPA 方面，流向 CNIPA 的风电叶片专利申请主要来自美国（489 件）和欧洲（472 件），日本（64 件）和韩国（20 件）均较少；与流向 CNIPA 的专利申请量相比，中国流向其他局的专利申请较少，数量较多的是 USPTO（70 件）和 EPO（53 件），而 KIPO（24 件）和 JPO（17 件）数量均较少。可见中国风电叶片虽然有着较大市场，但风电叶片技术创新方面目前仍是技术输入方。对外发展方面，中国比较重视美国和欧洲的风电叶片市场，在 USPTO 和 EPO 进行了较多的风电叶片技术专利布局。USPTO 方面，流向 USPTO 的风电叶片专利申请主要来自欧洲（570 件），其次是日本（95 件）和中国（70 件），最后是韩国（36 件）；与流向 USPTO 的专利申请量相比，美国流向其他局的专利申请较多，数量较多的是 EPO（536 件）和 CNIPA（489 件），其次是 JPO（112 件）和 KIPO（37 件）。可见美国风电叶片不仅有着较大市场，并且在风电叶片技术创新方面有着较大优势，目前仍是风电叶片技术输出方。

对外发展方面，美国比较重视欧洲和中国的风电叶片市场，并且在 EPO 和 CNIPA 进行了较多的风电叶片技术专利布局。EPO 方面，流向 EPO 的风电叶片专利申请主要来自美国（536 件），日本（113 件）、中国（53 件）和韩国（18 件）均与美国在 EPO 方面的专利布局数量有着巨大的差距；与流向欧洲的专利申请量相比，欧洲流向其他局的专利申请也大致数量相当，数量较多的是 USPTO（570 件）和 CNIPA（472 件），数量较少的是 JPO（55 件）和 KIPO（35 件）。可见欧洲风电叶片不仅有着较大市场，同样在风电叶片技术创新方面有着较大优势，目前既有风电叶片技术的输入，同时也有风电叶片技术的输出。对外发展方面，欧洲比较重视美国和中国的风电叶片市场，并且在 USPTO 和 CNIPA 进行了较多的风电叶片技术专利布局。JPO 方面，流向 JPO 的风电叶片专利申请主要来自美国（112 件）和欧洲（55 件），中国（17 件）和韩国（11 件）流向日本的专利申请数量较少；与流向 JPO 的专利申请数量相比，日本流向其他局的专利申请数量较多，数量依次是 EPO（113 件）、USPTO（95 件）、CNIPA（64 件）以及 KIPO（46 件）。可见日本风电叶片市场较小，但在风电叶片技术创新方面有着较大的投入和输出。对外发展方面，日本在 EPO、USPTO 和 CNIPA 均进行了较多的风电叶片技术专利布局。KIPO 方面，流向 KIPO 的风电叶片专利申请数量较多的依次是日本（46 件）、美国（37 件）、欧洲（35 件）和中国（24 件）；与流向韩国的专利申请数量相比，韩国流向其他局的专利申请数量依次是 JPO（112 件）、USPTO（36 件）、CNIPA（20 件）以及 EPO（18 件）。可见相对于其他国家或地区，韩国风电叶片市场较小，同时技术创新布局也较弱。对外发展方面，韩国相对看重日本市场，在 JPO 进行了一定数量的风电叶片技术专利布局，在 USPTO、CNIPA 和 EPO 也均有少量的风电叶片技术专利布局。

总体来说，风电叶片技术的专利申请流向与风电技术专利申请整体技术流向大致相同。欧美仍然是技术输出的主要地区，研发创新方面实力强大，是先进风电叶片技术的引领者。其创新主体不仅关注自己本国或地区的市场，在其他国家例如中国、韩国和日本等风电发展前景可观的市场都有相当数量的申请量，这使得其在技术领域的地位进一步巩固。中国虽然专利申请数量较多，但技术输出情况较少，大多数集中在本国，在国际专利布局上比较欠缺，表明中国的风电叶片技术仍旧处于从"引进和消化吸收"到"自主创新"的转型期，自主研发能力还需进一步增强，需要在风电叶片这一核心技术上进一步发力。

3.2.3 中国风电叶片技术专利申请分析

本小节主要对中国风电叶片技术专利申请趋势、专利申请类型趋势进行梳理分析。

3.2.3.1　中国风电叶片技术专利申请趋势

中国开展风力发电比世界其他先进国家晚了几十年，1985 年中国开始出现风力发电方面的专利申请，1986 年开始有国外风电企业在中国申请相关专利。图 3 - 2 - 4 示出了中国风电叶片技术专利申请趋势。

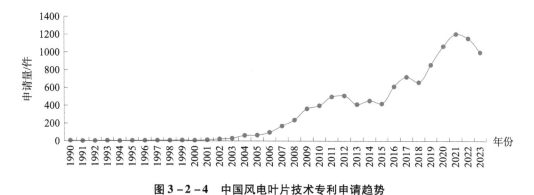

图 3 - 2 - 4　中国风电叶片技术专利申请趋势

从图 3 - 2 - 4 可以看出，中国风电叶片技术专利申请虽然在我国出现较早，但在 2000 年以前一直处于较低水平。整体上可将中国风电叶片技术专利申请分成以下几个阶段。

（1）2000 年以前（初步发展阶段）

我国从 20 世纪 80 年代初开始将新能源利用列入国际科技攻关计划，其中包括风力发电科技攻关项目，并进行并网型风力发电技术的试验和示范。在 2000 年以前，我国风电场总装机容量较少，中大型并网风电机组的研究开发和生产明显落后于国外。这一时期是中国风电叶片技术专利申请的初步发展阶段，在专利申请数量方面每年仅有少量的专利申请，并未形成规模。

（2）2001—2012 年（快速发展阶段）

从 2001 年开始，随着风电产业的发展，我国开始集中力量对风力发电机进行研究和开发，使得风电产业在我国的发展势头也开始迅猛，风电装机容量在不断增加，特别是"十一五"计划期间（2006—2010 年），全国累计装机总容量约可达 400 万 kW，而截至 2010 年底，我国累计装机容量达到了 4182.7 万 kW，首次超过美国，跃居世界第一。这一时期是中国风电叶片技术专利申请的快速发展阶段，在专利申请数量方面呈现出逐渐增长的态势。

（3）2013—2018 年（波动发展阶段）

2013 年，风电叶片技术专利申请呈现出增长乏力的态势，与 2012 年相比出现下降波动的情况；在经过 2013 年和 2015 年两个低谷后，2016 年才恢复增长的态势。在这段时期由于受到国内政策的影响，风电企业投入研发创新的积极性被抑制，呈现出一定的波动。这一时期是中国风电叶片技术专利申请的波动发展阶段，在专利申请数量方面呈现出波动徘徊的态势。

（4）2019 年以后（高速发展阶段）

2019 年以来，风电新增及累计装机容量持续增长，中国已是全球最大的风电市场，风电叶片技术的发展也逐渐回归常态，逐渐进入高速发展阶段。这一时期是中国风电叶片技术专利申请的高速发展阶段，在专利申请数量方面呈现出恢复增长的态势。

3.2.3.2　中国风电叶片技术专利申请类型趋势

从专利申请类型来看，总体上风电叶片技术中国专利申请类型以发明为主。2003年以来，我国的专利申请数量逐年攀升，发明专利数量相对较多，但实用新型也不少，且实用新型一直保持着一定比例的占比，甚至在 2020 年左右超过了发明专利数量。这一方面说明我国企业更倾向于在申请发明的同时，多采用实用新型这种短平快的专利申请策略对技术进行保护上的补充；另一方面也反映了风电叶片技术发展目前已相对较为成熟，创新性的重大发明并不多，我国企业的风电叶片技术核心竞争力稍显薄弱，专利申请质量不高。

3.3　风电叶片技术专利重要申请人分析

本节主要对全球以及中国风电叶片技术专利重要申请人状况进行梳理分析，以展示风电叶片技术领域的创新主体整体概况，并通过典型创新主体的代表专利阐释其技术发展特点。

3.3.1　全球风电叶片技术专利重要申请人申请分析

本小节主要对全球风电叶片技术专利重要申请人整体排名情况、代表申请人的具体申请趋势情况以及代表专利情况进行分析，以展示全球风力发电技术领域重要申请人的创新实力概况及技术创新特点。

3.3.1.1　全球风电叶片技术专利重要申请人整体状况

本小节主要对全球风电叶片技术专利重要申请人排名情况以及各自申请趋势对比情况进行梳理分析。

图 3-3-1 示出了全球风电叶片技术专利申请量排名前 10 名的申请人情况。从图

中可知，排名前 10 位申请人分别是通用电气、西门子歌美飒、维斯塔斯、乌本、LM、三菱重工、金风科创、再生动力、诺德克斯以及叶片动力学公司。上述申请人中多数均为国际知名的风电设备制造企业，特别是通用电气、维斯塔斯以及西门子歌美飒均是传统的风力发电巨头，还有国际知名的叶片制造商丹麦 LM 等，这说明风力发电领域的技术门槛较高，技术研发集中度较高，行业领先企业因其在风电行业长期积累的技术有着较大的先发优势，以及较强的创新能力，且在该技术领域已经形成了技术壁垒。国内企业金风科创在全球风电叶片技术专利申请量排名前 10 名中虽也占有一席之地，但从数量上来说与排名靠前的国外企业相比仍有较大的差距，说明我国在风电叶片技术这一关键核心技术上的研发能力还需要加大。

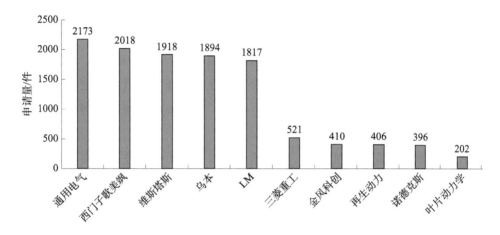

图 3 - 3 - 1　全球风电叶片技术专利申请量排名前 10 位的申请人

就风电叶片领域全球的主要申请人而言，通用电气和西门子歌美飒的专利申请量处于第一梯队。通用电气的专利申请量稳居全球之首，相比其他申请人优势明显，其专利申请量在全球同类风电企业中具有相当大的竞争力。通用电气作为全球知名的能源动力设备提供商，其在 1995 年开始申请风力发电技术领域的专利。2002 年通用电气收购安然风力公司，提升了该公司在风力发电技术领域的创新能力，加上美国先后颁布的一系列针对风力发电行业的法案和政策措施扶持和推动了通用电气大力发展风力发电技术，通用电气对风电叶片的技术关注和研发投入产出更多，从而使得其在风电叶片技术上的专利申请量跃居全球之首。西门子歌美飒的专利申请量居全球第二位，西门子歌美飒在全球布局十分均衡，其多年来对风电的积极支持和大量技术研发资金的投入，使得其在风电叶片上的技术日趋成熟，在风电叶片方面的技术处于领先地位。

而维斯塔斯、乌本和 LM 的专利申请量处于第二梯队，这其中乌本和 LM 为专业的风电叶片制造商，维斯塔斯是知名的风电整机制造商，各申请人对风电设备的研发侧重点不同。乌本、LM 这两家公司对风电叶片的研究开始时间较早，分别在 1995 年、

1996 年。维斯塔斯从 2001 年开始才有关于风电叶片的专利申请。显然在风电叶片方面，维斯塔斯具有微弱的专利申请量领先优势，乌本和 LM 的专利申请量虽然略为落后，但乌本、LM 的技术积累更深厚，实力仍然不容小觑。LM 在全球仍有 1817 件专利申请，而乌本在全球有 1894 件专利申请，说明乌本和 LM 作为专业的风电叶片技术研发和制造商，在风电叶片方面保持了持续的研发投入，并有持续性的技术成果产出。

三菱重工、金风科创、再生动力以及诺德克斯在风电叶片技术研发上明显落后于前两个梯队。三菱重工在全球拥有 521 件专利申请。金风科创、再生动力和诺德克斯均拥有 400 件左右的专利申请，略低于三菱重工。日本企业三菱重工早在 1980 年就开始风力发电研究和开发，并且非常重视知识产权保护，其不断加强海外专利布局，在全球主要的风电市场都拥有数量较多的专利申请。金风科创风电叶片技术专利申请量为 410 件，与排名靠前的通用电气、西门子歌美飒和维斯塔斯相比，风电叶片研发方面的技术人才不足和技术难度大是其专利申请量相对靠后的原因之一。由于我国与欧洲的气候不同，风速普遍不高，在风电叶片的设计上不能复制欧美国家的设计，金风科创的目标是研发符合我国国情的风电叶片技术，目前金风科创的专利申请主要是在国内，国外专利申请涉足较少。

叶片动力学公司属于第四梯队，专利申请量仅有 202 件。该公司是一家专注于风电叶片研发和制造的企业，在 2012 年底研发 D78 叶片。叶片动力学公司作为新兴的科技创新主体，在风电叶片上不断进行技术创新，值得继续关注。

图 3 - 3 - 2 示出了全球重要申请人风电叶片技术专利申请趋势。整体来看，各重要申请人的申请趋势都经历了萌芽期、缓慢增长期、快速增长期和稳定期。西门子歌美飒起步较早，而后乌本、LM 相继出现了专利申请，通用电气在 1999 年有了风电叶片技术专利申请。从 2001 年开始，通用电气、维斯塔斯、乌本、LM 和西门子歌美飒这 5 个重要申请人在风电叶片技术上的发展基本呈现此起彼伏的情形。通用电气和西门子歌美飒的专利申请高峰均在 2018 年左右。乌本则在 2002 年和 2016 年出现了专利申请高峰。巧合的是 LM 也在 2016 年出现了专利申请高峰，与乌本 2016 年的专利高峰几乎重叠。从图中可以看出，在 2004 年之前，乌本在风电叶片技术专利申请量上遥遥领先；通用电气在 2004 年后专利申请量一直上升，直到 2012 年其数量均比乌本的专利申请量要高；2012—2017 年两家企业的专利申请量不断交织，2018 年通用电气的专利申请量跃居首位，而乌本的专利申请量则从 2016 年的小高峰后一直下滑，没有出现显著回升。西门子歌美飒的专利申请量从 2001 年开始一直是波浪式上升，在 2010 年达到小高峰后又波浪式下降，直到 2017 年抵达谷底后反弹，在 2019 年达到专利申请高峰后又急剧下降，目前没有出现回升。维斯塔斯从 2001 年开始才有关于风电叶片的专利申请，专利申请量缓慢上升直到 2010 年达到小波峰后进入波动期，在 2018 年达到专利申

请高峰后一路下滑，没有出现回升。

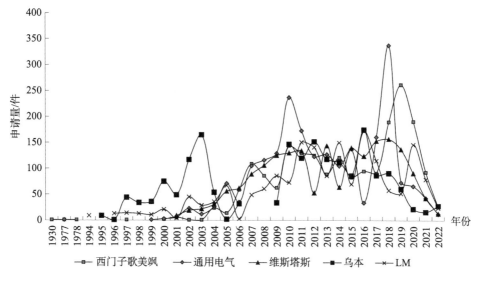

图 3 - 3 - 2　全球重要申请人风电叶片技术专利申请趋势

可见，风电叶片技术的发展目前已趋于成熟，在技术上实现重大突破和创新较难。风电叶片的核心技术主要掌握在少数申请人手中，为了更深入展示风电叶片技术的发展，下一小节通过重点申请人的申请趋势以及重要专利技术对其进行详细介绍。

3.3.1.2　全球风电叶片技术专利代表申请人具体状况

根据对全球风电叶片技术专利重要申请人的梳理分析情况，选取通用电气、维斯塔斯和西门子歌美飒作为全球风电叶片技术的代表申请人，通过介绍上述代表申请人的申请趋势以及代表专利，以展示它们在该技术领域的创新特点。

（1）通用电气

虽然通用电气从 1995 年开始申请风力发电技术领域的专利，但从图 3 - 3 - 2 中通用电气年申请量趋势可以看出，该公司最早申请风电叶片技术专利是在 2000 年，且该公司的风电叶片技术专利申请一直处于较低水平，在 2001 年之前总的专利申请量不超过 10 件；而 2001 年之后风电叶片技术专利申请则呈现出较快增长态势，2002 年首次出现小波峰，之后一直保持波浪式上升的态势，并于 2010 年达到一个高峰，专利申请量超过 200 件；随后进入波动阶段，呈现波动式下降，除了 2016 年专利申请量下降较多，其他年份的申请量仍处于高位状态，直到 2018 年达到顶峰后才再次呈现出一路下降的态势。通用电气通过在 2002 年收购安然公司跻身世界风电制造业，依靠其实力雄厚的资金和强大的研发团队，以及其在全球的销售网络和技术服务体系，在 2005 年就成为了世界最大的风电设备制造企业之一，之后一路高歌猛进，成绩斐然。对比全球风电叶片技术专利申请来看，通用电气的风电叶片技术专利申请趋势与全球风电叶片技术专利申请趋势较为一致，一直保持同等水平的增长速度。同时结合通用电气的风电叶片技术专利申请总体数量占据全球主导地位的情况来看，通用电气在风电叶片技术领域的研发和生产方面均具备很强的综合实力，对该领域的技术创新具有较强的影响力，在较大程度上引领了该领域的全球创新趋势。

从技术发展方面来看，通用电气早期在风电叶片领域的技术关注点聚焦在叶片的结构设计上，例如 2000 年通用电气在美国申请的专利 US6503058B1 就涉及一种风轮机机翼。该专利是一种基于理论优化空气动力结构的机翼设计，说明通用电气已经在关注风电叶片的外形结构设计方面。此外，基于风电发力的整体成本考虑，通用电气早期也对叶片的控制进行过研发，例如其 2001 年在德国申请的专利 DE10140793A1。

结合通用电气风电叶片技术专利申请趋势可以看出，2010 年通用电气迎来了风电叶片技术专利申请的第一个高峰，在 2018 年迎来风电叶片技术专利申请的顶峰。而在 2001—2018 年这 18 年期间，通用电气在风电叶片技术领域除了继续加大在叶片结构技术方面的研究，还将研发的关注点扩展到了叶片材料、成型工艺以及叶片角度控制等其他多个方面。

在风电叶片结构方面，通用电气一直在进行相关研究并申请专利。通用电气与此相关的专利有：① 2004 年申请的 US2006067828A1，其公开了一种带平面内掠角的风涡轮转子叶片；② 2004 年申请的 US2006067827A1，其涉及一种用于风轮机的多部段叶片；③ 2008 年申请的 WO2009084992A1，其公开了一种表面尺寸可改变的风力涡轮机叶片；④ 2018 年申请的 EP3655645A1，其涉及一种具有气流分离元件和气流调节元件的风力涡轮的转子叶片组件；⑤ 2018 年申请的 US2020095976A1，其涉及具有噪声减少带的连接风力涡轮叶片。上述专利均涉及风力涡轮机叶片的结构改进。

在风电叶片材料方面，随着风力发电产业大规模的发展，风电叶片长度在不断加大，对叶片材料也就提出了更高的要求。几乎所有的风力发电大企业都会对风电叶片材料进行研发，在材料选用、复合加工方面进行研发，这也是专利竞争的一个重点。通用电气在风机叶片材料方面也投入了研究。其 2006 年申请的美国专利 US2007189903A1 以及欧洲专利 EP1798412A2 中风力涡轮机转子叶片采用的材料为碳纤维材料和玻璃纤维。2010 年公开的美国专利 US2010143147A1 涉及一种 Sparcap 风力涡轮机转子叶片的制造方法，该叶片的材料采用的也是碳纤维材料。2012 年通用电气在德国申请的专利 DE102012110711A1 中，其转子叶片采用了复合增强材料。

在风电叶片的成型加工技术方面，通用电气 2002 年在德国申请的专利 DE10235496A1 涉及一种制造风能装置的转子叶片的方法，该转子叶片采用彼此黏结的方式制造。该方法抛弃传统的机械连接元件方式，而在连接上采用纤维复合材料，因此借助该方法制造的转子叶片非常轻，且可为风能装置的持续运行提供具有规定的空气动力特性的合适的转子叶片。该专利在澳大利亚、巴西、美国、中国、印度、墨西哥、德国、西班牙等多个国家进行了布局，可见该专利是通用电气在风电叶片技术领域的重要专利。通用电气 2017 年在美国申请的专利 US201715805473A 和 2018 在巴西申请的 BR112021009996A 均涉及叶片的制造方法，这两项专利均在 6 个国家或地区进行了申请。

此外，在其他方面，通用电气在风电叶片除冰技术方面的专利有 2003 年申请的 US2019136833A1、2004 年申请的 US2006018752A1 等；在风电叶片控制技术方面的专利有 2003 年申请的 AU2003267035A1，其涉及对叶片节距角的控制。

总体而言，通用电气在风电叶片技术领域的研发重点是叶片的形式或结构、叶片材料以及成型工艺等，以及叶片角度的控制、叶片除冰等技术，并得到了较为可观的创新成果，通用电气在上述技术领域具有相当大的竞争优势。

（2）西门子歌美飒

从图 3-3-2 中的西门子歌美飒年申请量趋势可以看出，该公司在风电叶片技术领域研究起步较早，但前期技术发展缓慢，在 2000 年之前专利申请量一直较少，2000 年之后该公司整体态势上与通用电气类似，也呈现出波动上升的态势，在 2010 年达到一个高峰，专利申请量接近 150 件，随后呈现波动式下降，2017 年后又开始攀升，2019 年达到顶峰，专利申请量超过 250 件，之后一路下滑。对比全球风电叶片技术专利申请来看，西门子歌美飒的风电叶片技术专利申请趋势也与全球风电叶片技术专利申请趋势较为一致，一直保持同等水平的速度，符合全球创新趋势，同时也表明西门子歌美飒在该技术领域的技术创新具有较强的影响力。

德国的西门子是世界上最大的电子和电气工程公司之一，虽然其进军风力发电技术领域较早，且在 1930 年就申请了风电叶片技术方面的专利，但直到 2004 年成功收购了丹麦 Bonus 能源公司后才开始跻身于全球十强风电机组企业。歌美飒原来是西班牙的一家公司，其在 1994 年与维斯塔斯合资生产风力发电设备，但在 2001 年以前都没有自主的风力发电技术，在技术上一直依靠维斯塔斯的支持。2001 年歌美飒申请风力发电领域第一件专利，并于 2003 年收购西班牙风机生产商美德及其所有的风力发电专利，之后歌美飒进入快速发展期。2016 年西门子收购歌美飒成立西门子歌美飒，经历一段时间的内部整合调整后，西门子歌美飒进入高速发展时期，在不到 2 年的时间里，西门子歌美飒在风电叶片技术领域的专利申请量在 2019 年登顶达到了 262 件。目前，西门子歌美飒是全球主要的风电机组制造企业之一，也是风电叶片技术领域重要的创新主体之一。

从技术发展方面来看，西门子歌美飒早期比较关注风电叶片的调整和控制，例如其在 1930 年申请的专利 DE584505C、2000 年申请的专利 DE20020232U1 均涉及对风机叶片的调整、控制。DE584505C 涉及通过自身离心力抵抗弹簧的作用实现风机叶片的调节技术。DE20020232U1 公开了一种风力发电机上用的具有致动器、故障检测部件、辅助发电机和切换部件的装置，其用于在故障情况下控制转子叶片的移动，使转子叶片围绕纵向轴线移动。2004 年西门子收购丹麦 Bonus 能源公司后，该公司在 2002 年申请的美国专利 US2003116262A1 归西门子拥有。该专利涉及一种制造复合材料的风电叶片的方法，采用一体化叶片技术，使叶片在封闭空间内一步铸造成型，没有任何接点，符合先进的空气动力学原理，且具有超强的抗风、抗裂等性能。该专利在美国、德国、丹麦、奥地利、西班牙等多个国家进行了布局，并被 400 多件专利引证。可见 US2003116262A1 这一专利属于西门子歌美飒的核心关键技术专利，使得西门子歌美飒的叶片技术在风电叶片技术领域中独领风骚。以上是西门子歌美飒在风电叶片的控制、结构以及成型工艺上涉及的专利申请。在风电叶片材料方面，西门子歌美飒拥有的 US2008310964A1、US7729100B2 以及 US2010208247A1 等专利均涉及碳纤维材料。

综合而言，西门子歌美飒在风电叶片技术领域的关注点集中在风电叶片的结构及零部件、控制或者调节等技术领域，这与其主要专利技术和整体优势基本一致。

（3）维斯塔斯

丹麦的维斯塔斯成立于 1945 年，1979 年开始制造风力发电机，1987 年集中于风能的研究利用，2001 年进行了风电叶片技术上的专利申请，经过多年的发展，成为目前全球风电叶片的主要制造商之一。从图 3 - 3 - 2 中的维斯塔斯年申请趋势可以看出，维斯塔斯在风电叶片技术领域的专利申请量从 2001 年至 2011 年一直处于稳步上升的态势，在 2011 年达到 134 件的第一个高峰后，连续 3 年都处于不断波动的状态，直到 2018 年专利申请量达到 157 件成为顶峰后，专利申请量进入缓慢下滑阶段。对比来看，维斯塔斯与通用电气类似，它们的风电叶片技术专利申请趋势与全球风电叶片技术专利申请趋势较为一致，表明维斯塔斯在该技术领域的技术创新也具有一些影响力，在较大程度上促进了该技术领域的全球创新趋势。

从技术发展方面来看，维斯塔斯早期的技术关注重点就在风电叶片结构外形、材料和成型工艺上。在风电叶片结构方面，2008 年维斯塔斯在欧洲专利局申请的专利 EP2126349A2 涉及一种风轮机叶片的加强结构，该加强结构可以保证叶片在组装过程已结束后例如在风轮机叶片的正常操作期间刚度不变形。在风机叶片材料技术方面，维斯塔斯在 2002 年申请的核心关键技术专利 AU2002354986A1 公开了一种用于风力涡轮机的层压叶片，该层压叶片采用了包含碳纤维的纤维合成材料。该专利同时也公开了叶片的预先预制的条带的制造方法，以及在叶片上设置防雷保护系统。该专利在美国、澳大利亚、加拿大、中国、德国、日本、印度以及西班牙等 10 多个国家进行了布局，并被 440 多件专利引证。此外,维斯塔斯 2002 年在澳大利申请的专利 AU2002354986A1、2009 年在欧洲专利局申请的专利 EP2318703A2 均涉及风机叶片复合材料的研究,特别是在碳纤维材料方面。此外,除了重点关注叶片结构、成型工艺以及材料外,维斯塔斯也会在风电叶片其他方面开展研究,例如 2019 年维斯塔斯在美国申请的专利 US2021164447A1 涉及风力涡轮机叶片的防雷技术。

总之,从维斯塔斯在风电叶片技术领域申请的专利可以看出,其有关叶片结构的专利申请最多,其次是叶片材料和成型工艺的专利申请,然后是关于风机叶片控制、调整等技术方面的专利申请,其他方面技术例如风机叶片的安装、运输、维修以及避雷等也稍有涉及,可见维斯塔斯在风电叶片技术的每个方面都有所涉及,这与其在风电叶片技术领域的研发力度较大,且研发能力强有关。

3.3.2　中国风电叶片技术专利重要申请人分析

本小节主要对中国风电叶片技术专利重要申请人整体排名情况、专利申请人类别情况进行分析,以展示中国风电叶片技术领域重要申请人概况及技术创新特点。

3.3.2.1　中国风电叶片技术专利申请重要申请人排名情况

本小节主要对中国风电叶片技术专利重要申请人进行分析,对其排名情况以及中国叶片技术专利申请人类别情况进行梳理分析。

图 3 - 3 - 3 示出了在中国申请风电叶片技术专利的重要申请人排名情况。由图中可以看出,排名前 10 位的申请人分别是通用电气、维斯塔斯、华能集团、金风科创、明阳智能、西门子歌美飒、国电联合动力、中材科技风电叶片股份有限公司(以下简称"中材科技")、江苏金风科技有限公司以及乌本。其中,国外风电重要创新主体通用电气和维斯塔斯排名靠前,说明这些国外创新主体非常重视在中国的专利布局,侧面体现出它们也非常重视中国风力发电市场。国内排名靠前的是华能集团和金风科创,由此可以看出国内创新主体也在大力进行风电叶片技术方面的研究。该图还进一步示出了各申请人的专利申请类型状况。可以看出,国外创新主体的专利申请中发明专利较多,维斯塔斯和通用电气还涉及较多的 PCT 申请;国内创新主体的专利申请中发明专利和实用新型专利均有涉及,除明阳智能是实用新型占比较大外,其他的例如华能集团、金风科技均是发明占较大比例。

国外企业已将风电叶片关键技术在中国进行了专利申请,形成了技术壁垒。我国企业在引进和学习国外风电叶片技术的基础上,还需要有的放矢地开展二次研究和创新,并注意避开国外企业的专利技术壁垒,争取有更多的自主创新的专利出现。

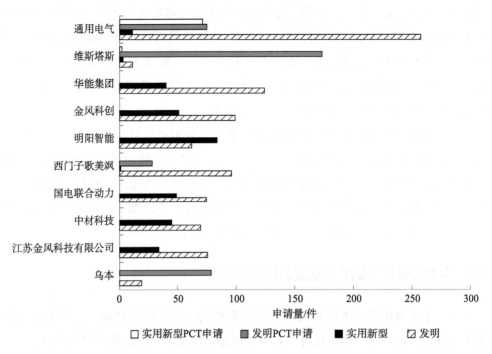

图 3-3-3　在中国申请风电叶片技术专利的重要申请人排名情况

3.3.2.2　中国风电叶片技术专利申请人类别情况

进一步对中国风电叶片技术专利申请人类别情况进行分析，经统计发现中国申请人主要为企业，其占到申请总量的 69.35%，基本上是大型风力发电企业；其次是个人申请，占比达到 17.64%；再后是大专院校、科研单位和机关团体，分别占到了申请总量的 10.75%、1.57% 和 0.06%；除上述类型外的其他申请人占比为 0.63%。对于企业申请，多数是来自国外的风电巨头，例如通用电气、维斯塔斯、西门子歌美飒等，占比较大。而国内的企业申请人申请量较少，国内形成团队研究的主要是金风科技、华能集团。个人申请虽然数量尚可，但其申请涉及的多是小型风力发电机上的叶片，对大型风力发电机的叶片技术研究并没有过多涉及。此外，中国科研机构在风电叶片技术方面的研究太少，需要进一步加强。

3.4　风电叶片技术专利申请趋势以及发展路线

本节从技术发展迭代的角度对风电叶片技术进行梳理，分别对主动叶片技术、被动叶片技术以及最新的新兴叶片技术从各技术分支的发展、演变以及迭代情况进行介绍，以展示各技术分支发展情况。

3.4.1　风电叶片技术专利申请趋势

3.4.1.1　各技术分支专利申请趋势

分段、异形和常规叶片均经历了 1995—2007 年的缓慢发展期、2008—2012 年的迅速发展期。由于专利申请的种种特点，因此分析样本不完整，在假定完整的基础上可推测 2013 年之后叶片技术应该正在经历一个成熟稳定期。而伸缩型叶片专利申请数量较少，这仅仅是因为选取样本对这方面的关注度不高，但在风电叶片整体样本中关于伸缩型叶片的研究也不在少数。

常规、异形叶片的出现早于分段、伸缩形叶片。随着人们对风力发电机性能提升需求的增加，人们逐渐将注意力移至风力发电设备的主要部件——叶片上。叶片长度的增加会提升发电效率，但是当叶片长度超过 50 米，叶片的运输成本就非常突出，很多交通不便的偏远地方，大型叶片运输成本更加高昂，有些地区甚至无法送达。为了解决大型风力发电机长叶片的运输难题，分段式叶片应运而生。

此外，常规、异形叶片的专利申请数量远远高于分段、伸缩形叶片的专利申请数量，这表明人们将研究的重点依旧放置在整体结构型叶片上。分段、伸缩仅仅是在运输便利等优点上占据主导。而异形叶片专利申请数量又高于常规叶片，这与人为定义有关，异形叶片往往也表明人们较多关注叶片性能。对常规叶片往往关注点不在叶片本身，而在雷电防护、叶片加热等相关技术方面。图 3 - 4 - 1 为叶片结构技术分支全球申请趋势图。

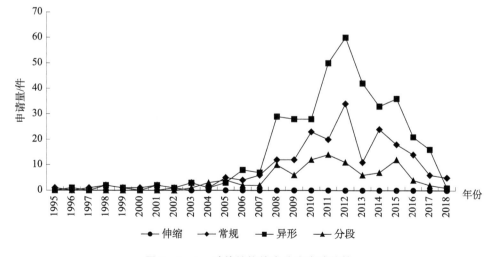

图 3 - 4 - 1　叶片结构技术分支申请趋势

从图 3 - 4 - 2 中可以看出，重点申请人在叶片清洁方面的关注度不高，其他功效均经历了 1995—2004 年的缓慢发展期、2005—2011 年的迅速发展期以及 2012 年以后的成熟稳定期。最早引起人们关注的是叶片的气动性能，叶片的气动性能对风电的发电效率有至关重要的影响。随着 20 世纪以来，空气动力学从流体力学中发展出来形成一个分支，人们关注到可以采用该理论来改善飞机机翼的气动性能，而叶片的气动性能正是借鉴了飞机机翼的理论，由此实现提高发电效率。随着对气动性能的关注，人们逐渐意识到气流在叶片表面形成的涡旋等会产生噪声，造成声音污染。为了满足环境噪声标准的要求，风电叶片的研究重点也关注到了降噪方面。此外，随着风力发电应用场景的扩展，风力发电机组开始安装在高山及边疆区域，风电叶片表面经常会出现覆冰现象，而加热恰恰是比较简单且易实现的手段（风电叶片中的加热常常用于除冰）。虽然在早期已经有申请人关注到叶片也需要雷击防护设计，但直到 2002 年颁布风力发电机组防雷推荐标准 IEC/TR61400 - 24，该方面研究才呈现上升趋势，主要原因是该标准仅给出一般性和经验性的设计原则，未充分考虑风电机组雷击过程上行先导产生机理和上、下行先导接闪机理，而这恰恰是申请人热衷研究的地方。

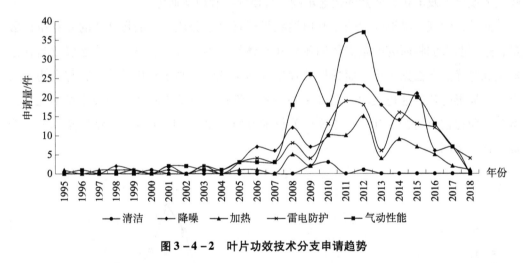

图 3 - 4 - 2　叶片功效技术分支申请趋势

对叶片气动性能的研究占总数的约 1/3，这是因为叶片的气动外形决定了风力发电机风能的捕获效率，该捕获效率又进一步影响发电效率，由此寻求气动和机构之间的完美平衡则成为人们的关注点之一。随着风力发电应用场景的扩展，风力发电机组的本体结构高耸突出，常常位于旷野或山区地带，是地面上容易受到雷电直击的大型结构体，同时叶片叶尖的对地高度随机组单机容量的增大而不断增加，风力发电机组在空间引雷的效果明显增强，因此叶片的雷击防护也是应该关注的重点之一。降噪则为基于对环境噪声要求的提高引发了大家的关注，随着人们对环境要求的提高，申请人关注到了如何改善降噪设备以期满足人们的环境要求上来。

3.4.1.2　重要申请人技术专利申请趋势

从风电叶片相应技术分支的总体申请量来看，通用电气的申请总量为 214 件，遥遥领先于排名第二的维斯塔斯的 126 件，西门子歌美飒的申请量为 100 件，LM 的申请量为 78 件。可见通用电气对上述叶片技术分支的研发较为注重，维斯塔斯和西门子歌美飒旗鼓相当，LM 稍稍落后。各个技术分支各重要申请人的申请量如图 3 - 4 - 3 所示。

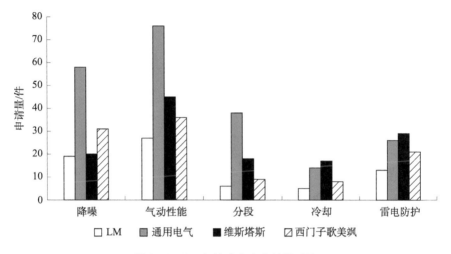

图 3 - 4 - 3　各技术分支申请量对比

在降噪方面，通用电气的申请总量排在第一位，为 58 件；维斯塔斯的申请量为 20 件；西门子歌美飒的申请量为 31 件；LM 的申请量为 19 件。通用电气在降噪技术分支申请总量大于维斯塔斯和西门子歌美飒申请总量之和，仅 2011 年一年的申请量（18 件）就与 LM 的申请总量（19 件）相当，可见其在叶片降噪技术分支的霸主地位。

从气动性能申请总量对比来看，通用电气仍然排在第一位，申请量为 76 件；维斯塔斯排在第二位，申请量为 45 件。可见二者对于叶片气动性能的改进都作了大量的专利布局，并且整体来看 2011—2012 年达到了申请高峰。

对于分段式叶片，各重要申请人的申请总量并不是太高，总计 71 件。其中通用电气占据过半的申请量，为 38 件。其对于叶片生产以及运输过程中存在的问题作了大量的研究，并相应申请了多种不同的分段式叶片专利，这些专利对提高叶片生产效率以及改善叶片运输等起到了较好的效果。

对于叶片的冷却，各重要申请人的申请量同样也不太高。风电领域中主要涉及的是叶片加热除冰，防止在低温运行时，叶片结冰进而影响气动性能。目前这四个重要申请人在这个方面的申请量相比于其他技术分支较低。

在雷电防护方面，早年间叶片雷击事件较多，其对风力发电机造成了致命的伤害。随着环境变化对风力发电机运行带来的影响越来越大，技术人员开始重视应对环境变化，以期减少环境变化对叶片的影响，例如防止叶片被雷击。叶片的雷电保护受到重视，这方面的专利申请也越来越多。总体来说，各重要申请人对叶片雷电防护的专利申请量不算大，但其仍然处于逐渐增长的趋势，相信未来这个技术领域也必将成为业内争抢的专利布局地。

从整体申请趋势来看，四个重要申请人的上述叶片技术分支专利申请基本始于2000年以后，在2010—2012年达到申请高峰，而西门子歌美飒在2012—2015年达到申请高峰。

3.4.2　重要申请人风电叶片专利技术发展路线

3.4.2.1　通用电气

就整体申请趋势而言，通用电气关于叶片结构的研究始于2002年，在2008年之前均处于缓慢增长期，2008—2012年申请实现快速增长，2012年达到峰值。纵观各技术分支，通用电气对于叶片异形结构的申请是最多的。由于其与叶片设计所要达到的技术效果相关，因此将在降噪和气动性能技术分支分析时进行研究。

从整个技术效果方面的年申请量来看，通用电气2007年之前申请量都在10件以下，发展较慢；2008—2010年其申请量有了一定提升，这三年的总体数量保持平稳，并且在5个效果方面都有相应的专利申请；2011—2012年申请大幅上升，2013年之后恢复平稳。降噪和气动性能方面的申请占比一直较高，可见通用电气一直对这两个方面的研究投入较大，因此可以具体研究这两个技术分支的具体发展。

（1）通用电气分段式叶片技术发展路线

除了异形叶片，关于其他叶片结构方面，分段式叶片是较有特点的，行业中对其研究也较多，因此笔者着重分析了通用电气分段式叶片发展的过程。图3-4-4展示了通用电气分段叶片分支技术演进路线。

通用电气关于分段式叶片的申请最早始于2005年，在2005—2007年仅申请了2件，该阶段属于该技术分支的初步萌芽时期。随着叶片设计越来越长，为了便于叶片的加工制造以及运输，分段式叶片在这种背景下诞生。最初的分段式叶片仅简单涉及了叶片的分段，以及分段式叶片的简易连接，代表专利如CN101070816A。该专利公开了一种用于风轮机的组合转子叶片，利用插接的构思实现分段式叶片的连接。该组合转子叶片包括至少一个第一组件和一个第二组件，其中所述第一和第二组件适于通过

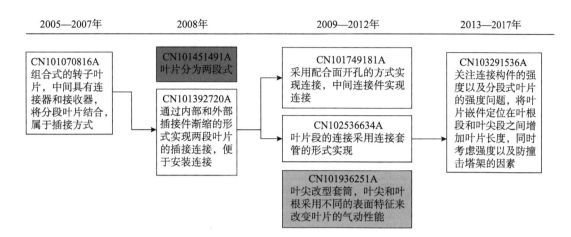

图 3 - 4 - 4 通用电气分段式叶片分支技术演进路线

连接装置刚性地彼此固定在一起。转子叶片的组合设计与非组合转子叶片相比，减少了运送组件的整个长度，因此运送成本显著降低。连接器的配置对叶片结构和重量只有相对小的影响，从而转子叶片的操作性能没有恶化。到 2008 年，叶片段的连接方式又出现了渐缩叶片的插接连接，以及采用黏结剂实现连接等，代表专利如CN101392720A。该专利公开了一种用于连接涡轮叶片的系统和方法。其通过内部与外部插接件渐缩的形式实现两段叶片的插接连接。并且研究人员开始注意将分段式叶片与变桨技术结合，实现部分叶片变桨，通过变桨轴承连接叶片段，这显然是一个进步。2009—2012 年这一阶段，叶片段之间的连接方式已经不仅仅限于简单的插接、黏结方式，这一阶段出现了较多的连接件结构，专门用于连接叶片段，更加方便了分段叶片的装配和拆卸，代表专利如 CN101749181A。该专利公开了一种涡轮机叶片及其制造方法，利用中间连接件并采用配合面开孔的方式实现连接。并且在这一阶段出现了叶尖的连接套筒，在改变叶片外形的情况下提高叶片的气动性能，代表专利如 CN102536634A。该专利公开了一种用于风力发电机转子叶片组件的连接套管，采用连接套管的形式实现连接。2013—2017 年这一阶段，对于叶片连接的研究，在考虑实现方便装配和拆卸的基础上进一步考虑了叶片强度，防止由于设置分段叶片而使得叶片整体的强度下降，代表专利如 CN103291536A。该专利公开了一种用于风力发电机转子叶片的叶片嵌件以及相关方法，采用嵌件的方式连接叶片段，并且可以将其设置在叶根和叶尖之间延长叶片的长度，同时为了防止撞击塔筒，将嵌件又设置成为弯曲的形状。

从通用电气整个分段式叶片的技术演进路线可以看出，从最初解决叶片生产制造、运输的难题，到关注连接处装配和拆卸的难易程度，考虑了叶片的气动性能，最终又考虑了叶片连接强度等，分段式叶片的连接正逐渐走向成熟，其不但解决了上述难题，并且在叶片气动性能方面也作了一定程度的改进。

（2）通用电气叶片降噪技术发展路线

图3-4-5为通用电气叶片降噪技术分支演进路线。对于叶片降噪的申请，通用电气最早申请时间是在2005年。在2005—2006的早期申请中，其主要采用了叶片表面可喷气、表面设置凹部，代表专利如CN1793643A、CN1904355A；或者改变后缘厚度来降低叶片运行时的噪声，其中在叶片表面设置凹部已经开始考虑通过叶片外形的改变来降噪，代表专利如CN101029629A。

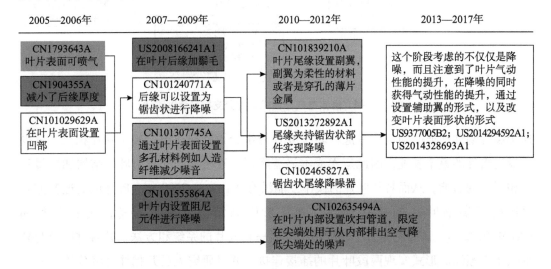

图3-4-5 通用电气叶片降噪技术分支演进路线

2007—2009年，随着人们对于风力发电机运转的噪声问题关注度越来越高，对于叶片降噪的研究也越来越多，相应的降噪方式也比较多样化：一是叶片尾缘加鬃毛和设置为锯齿结构；二是叶片表面设置吸音材料；三是通过叶片内部设置阻尼元件，减少叶片转动的自振从而达到降噪的目的。其中尾缘加鬃毛或者刚毛刷以及设置锯齿形，是借鉴了飞机领域中对于飞机机翼降噪的经验。飞机领域为了减少由气流引起的噪声，在螺旋桨前缘附近贴上了锯齿形的镶边，有人建议在螺旋桨前缘缝翼的下部添加刚毛，自此尾缘设置锯齿形或者贴刚毛的形式出现。2010—2012年，锯齿形尾缘的叶片申请大量出现，仅仅是锯齿形状有略微的变化，大致原理均相同。

另外，本领域人员同样还研究了通过叶片表面设置吸音的多孔材料或者内部设置阻尼元件的形式降噪，代表专利如CN101307745A。该专利公开了一种风轮叶片和用于减小风轮中噪声的方法，就是通过填充人造纤维类的多孔材料实现减少噪声的目的。多孔材料的应用在后期也有一定的延续发展，代表专利如CN101839210A。该专利公开了一种用于风力涡轮机叶片的可透过的声学副翼，通过尾缘设置副翼的方式改变叶片的气动性能，并且副翼设置为柔性材料或者可穿孔的金属。

2013—2017年，随着对叶片气动性能要求的提高，研发人员在注重降噪的同时也考虑了叶片气动性能的改进，因此，在这一阶段出现了大量申请，设计叶片涡流器（扰流器），其通过改变叶片表面气体流动，减少扰动进而提升叶片捕获的风量同时也降低叶片的噪声。

由此可以看出，叶片降噪的发展，从最初简单的喷气、吸音材料的设置，到对飞机领域的借鉴形成尾缘锯齿形状，最终结合降噪和气动性能两个方面的优化，提出了更为高效、降噪能力更强的叶片。

（3）通用电气叶片气动性能技术发展路线

从通用电气关于叶片气动性能改进的专利整体申请量的趋势来看，2010 年之前和2014—2017 年，其申请量均较低，2010 年之前申请量一直在 6 件以下，涉及的是在叶片表面设置凹部和襟翼（代表专利如 CN101684773A 和 CN101275536A）、叶尖到叶根变化的曲率（代表专利如 CN101619708A），以及在叶尖部设置弧罩（代表专利如CN101769168A），其中襟翼和弧罩的设置都是后期涡流发生器以及叶尖小翼的原型。图 3 - 4 - 6 为通用电气在叶片气动性能技术分支演进路线。

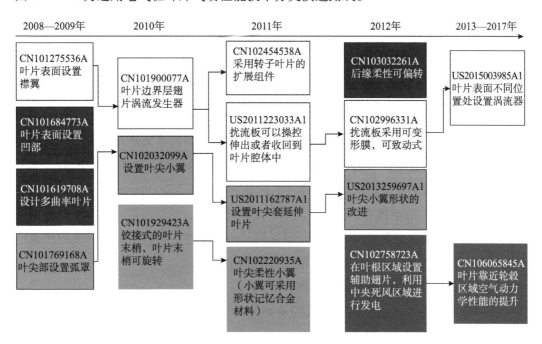

图 3 - 4 - 6　通用电气叶片气动性能技术分支演进路线

2011—2012 年通用电气关于叶片气动性能的研究达到井喷状态，出现了大量不同的改善叶片空气动力学性能的专利，例如将叶片边界层设置涡流发生器改变叶片表面的气体流动状态减少扰流，在叶尖设置小翼或者叶尖末梢设置为可偏转的形状，在风速较大时自动偏转降低阻力（代表专利如 CN101929423A）。2011 年对于涡流发生器的设置又作了进一步的改进，涡流发生器不是永久地设置在叶片表面，而是可以形成致

动式，可以从叶片腔体中伸出或者收回（代表专利如 US2011223033A1）。这种类型在
2012 年申请中也有，所不同的是其在扰流板表面设置可变形膜，通过可变形膜的变形
控制扰流板在致动位置和非致动位置之间移动，其改善了原来扰流板为永久性沿转子
叶片表面设置影响转子叶片产生升力的问题（代表专利如 CN102996331A）。扰流板或
者涡流发生器能够在低风速时伸出或者膨胀变形来提高叶片的升力，在高风速时收回
到腔体中或者变形回缩来降低叶片的阻力，通过这种方式大大改善了叶片的气动性能，
提高了叶片的空气动力学效率。

与此同时，叶尖相应的改进也存在，从最早设置弧罩的形式到设计叶尖小翼，并
且小翼可以被动偏转，最终还改进了叶尖小翼的形状来提升气动性能。除了叶尖处的
改进，还出现了叶根中央死风区的设计，例如 CN102758723A 和 CN106065845A，分别
通过在叶根区域设置辅助翅片以及在叶根区域安装扰流板的形式来充分利用中央死风
区的风能进行发电，提升了叶片整体的空气动力学性能。

总之，通用电气关于叶片气动性能方面的研究从最初萌芽到井喷发展，最后慢慢
减少，其间诞生了行业内较为领先的叶片气动性能设计方式方法，这些均是后期叶片
气动性能研究的重点。

3.4.2.2 维斯塔斯

虽然维斯塔斯早在 1980 年就开始进入风力发电领域，但当时并未将精力放在风电
叶片上。随着人们对清洁能源利用的关注，如何提高风力发电效率成为热点，而风电
叶片正是提高风力发电效率的重要一环。正是基于对此的认知，维斯塔斯于 2003 年开
始了风电叶片研究的漫漫长路。其对叶片的研究同样经历了 2003—2009 年的快速发展
期、2010—2012 年的瓶颈期、2013 年之后的成熟稳定期。维斯塔斯在风机叶片方面的
专利布局重点主要集中在异形叶片上。而所谓异形叶片常常指带有降噪和气流扰动部
件的翼型以及为了优化气动性能而改善气动表面的翼型。

（1）维斯塔斯分段式叶片发展路线

由于叶片运输等问题的出现，人们将叶片采用分段制造以满足运输的需求，而
分段式叶片必然需要面对的就是两段叶片的连接问题。维斯塔斯作为风力发电领域
的巨头之一，也将精力放置于此处。前期分段式叶片采用插接的方式，代表专利如
CN102287322A。但是插接并不能保证应力的需求，因此将插接转换成翼梁结合紧固件
固定的方式，代表专利如 US2011158788A1。此方式既能满足气动表面不改变，又能相
对插接提高连接稳固性。随着时间的推移，维斯塔斯发现以上连接方式依然存在连接
处结构变弱以及螺栓连接需要更大的截面积的问题，于是进行了大量的研究。研究显
示增大接头部分叶片厚度可以降低例如由弯曲产生的应力，然而从空气动力学的角度

看，优选使叶片厚度最小。为了应对上述挑战，维斯塔斯采用略微增大接头所在区域的弦宽，以及同时使弦与厚度之比沿叶片长度保持基本相同来解决上述问题，代表专利如 CN102325990A。随着技术的发展和对精度的要求，如何精确对准分段叶片也被提上日程，代表专利如 CN107850042A。当然，一种新形式的出现并不一定代表旧的没有可取之处，维斯塔斯没有放弃任何一种形式，每种形式都在不断优化中。图 3 - 4 - 7 为维斯塔斯分段式叶片技术演进路线。

2008年之前	2009年	2010—2015年	2016年
CN102287322A 两个叶片部分包括突出表面壳体结构的两个内部梁端部，梁端部加工成具有特定形状例如多个三角形齿或指状接头的齿状梁端部；部分相互插入就可构成完整的风轮机叶片	US2011158788A1 采用叶片内部的翼梁帽插接后用固定元件进行连接固定	CN102325990A 采用略微增大接头所在区域的弦宽，以及同时使弦与厚度之比沿叶片长度保持基本相同	CN107850042A 提供一种保证接头足够结实和精确对准的分段式叶片

图 3 - 4 - 7　维斯塔斯分段式叶片技术演进路线

（2）维斯塔斯雷电防护技术发展路线

风电设备竖立在具有优良风力条件的地区，且具有越来越高的塔架，空旷地带的建筑越高遭受雷击的概率越大，因此需要保护风轮机免遭雷击。维斯塔斯在该方面具有一定数量的研究成果。图 3 - 4 - 8 为维斯塔斯雷电防护技术演进路线。

2002年之前	2003—2007年	2008—2009年	2010年
CN1839259A 叶片梢部至少一部分由实心金属制成（易散热）；该金属指金属合金、铜合金（不易融）	CN101438022A 解决雷电未击中接闪器的问题：在叶片末梢内部组成密闭腔体，在腔体内填充高介电强度材料	CN201763543A 用导流条做接闪器，对已有的导流条材料进行了改良	CN101949366A 采用防护网做雷电防护装置

2011年	2012—2014年	2015—2016年	2017年以后
CN103124849A 叶片与机舱之间电流转移布置的桥接 US9644613B2 接闪器与扰流器配合组成雷电防护	WO2013007267A1 分区雷电防护布置，叶尖布置接闪器式防护装置，叶身布置雷电防护网	WO2015185066A1 为分段叶尖与叶身设置保护套，保证连接处的气动性能	WO2018050196A1 防护罩上设置接闪器

图 3 - 4 - 8　维斯塔斯雷电防护技术演进路线

常规雷电保护装置难以承受雷击产生的大量热且雷击位置处的铝蒸发会导致雷电保护可靠性降低。为此维斯塔斯研制了一种由实心金属制成的叶片梢部（承受雷击的部件），实心散热效果要优于之前的研究成果，同时对金属进行限制从而解决了铝蒸发的问题，代表专利如 CN1839259A。在随后的时间里，维斯塔斯还发现采用碳纳米管同样可以解决上述问题，代表专利如 CN101903649A。但雷电击中部位并不能人为地控制，研究发现经常会出现雷电未中接闪器而击中叶片其他部位的问题，此问题可以通过在接闪器周围布置绝缘垫片解决，由此可以防止任何雷击沿叶片表面行进，强制雷击沿导体行进到接地引下线元件，代表专利如 CN101438022A。有时上述效果并不理想，人们急需寻找一种可以对叶片进行整体保护的装置——雷电防护网，代表专利如 CN101949366A。雷电防护的任何细节出现问题均会导致叶片的损伤，维斯塔斯对各个细节进行了改进，代表专利如 CN201763543A、CN103124849A、US9644613B2、WO2015185066A1 和 WO2018050196A1。在出现以上两种雷电防护装置的基础上，由于接闪器式雷电防护装置的造价要远远高于雷电防护网，人们研究发现虽然雷电会击中叶片的其他部分，但主要击中部位仍然是叶尖，由此出现了两种雷电防护装置竞合的现象，代表专利如 WO2013007267A1。从以上技术路线可以看出，维斯塔斯在叶片雷电防护方面的研究涉及方方面面，并且也很关注竞争对手的有关动向，如 CN201763543A 就是基于 LM 提出的导流条作出的改进。

3.4.2.3 西门子歌美飒

在叶片结构技术上，西门子歌美飒在常规叶片、分段叶片和伸缩叶片方面仅有少量研究，其专利布局重点主要集中在异形叶片方面。对于异形叶片的研究，西门子歌美飒也经历了 1998—2006 年的试探期、2007—2015 年的振荡发展期、2016 年之后的成熟稳定期。在叶片功效技术方面，就目前的检索样本来看，西门子歌美飒对叶片的清洁、加热/冷却以及雷电防护的研究均屈指可数，其将研究重心更多地放在气动性能和降噪方面，西门子歌美飒一直对这两个方面的研究投入较大。下面具体研究这两个技术分支的具体发展。

（1）西门子歌美飒叶片气动性能技术发展路线

从西门子歌美飒关于叶片气动性能改进的专利整体申请量的趋势来看，2011 年以前申请数量较少，2008 年申请数量为 3 件，而 2010 年申请数量仅为 1 件，2011 年申请数量为 2 件；2012—2015 年西门子歌美飒关于叶片气动性能的研究达到高峰，出现了大量不同的改善叶片空气动力学性能的专利申请，2012 年申请数量为 7 件，2013 年申请数量为 5 件，而 2015 年申请数量甚至达到了 11 件；2016 年后申请数量相较于 2015 年有大幅下降，申请数量明显偏少，表明叶片气动性能的改进技术已较为成熟，技术研发上的创新不多。

西门子歌美飒将提升叶片气动性能的关注点放在对叶片形状和表面结构的改进上。

例如在叶片表面设置用于改善流动特性的凹穴（代表专利如 WO2004038217A1），当空气掠过凹穴时在凹穴内形成的气涡有助于空气掠过并加速空气容积流动；又如通过改变角度和曲度将叶片变形以提升叶片气动性能（代表专利如 CN102606385A），还有通过在后缘设置竖直带孔壁实现气动性能改进（代表专利如 WO2017044099A1）。西门子歌美飒针对当叶片尺寸越来越大时如何使大尺寸叶片具备较好的气动性能这一问题进行了研究，例如通过改变叶片和相关配件的连接方式来提升和改善气动性能，比如将叶片和改装单元经由座和座配对件相对于叶片的表面以形状配合的方式连接可保持或改善叶片的空气动力学特性（代表专利如 EP2653717A1）。与此同时，叶尖相应的改进也在进行，例如将叶片尖端部分的后缘设计为扭曲形式从而降低空气动力学负载（代表专利如 US2015132141A1 ）。图 3 – 4 – 9 为西门子歌美飒在叶片气动性能技术分支演进路线。

2012年以前	2013—2015年	2016年以后
WO2004038217A1 在叶片表面设置用于改善流动特性的凹穴	CN103362755A 设置分流板提高叶片整体空气动力学性能	US9273667B2 在叶片的条带上设置多个涡流发生器，每个涡流发生器从叶片的表面突出并具有预定长度，条带的宽度比涡流发生器的长度大2~10倍，从而使单个涡流发生器松动的风险最小化
CN101220799A 将扰流器布置成能同时获得足够的气动特性和高负荷的支承	WO2017044099A1 通过在后缘设置竖直带孔壁实现气动性能改进	
CN102606385A 通过叶片变形实现气动的改善	US2015132141A1 将叶片尖端部分的后缘设计为扭曲形式	US9689374B2 在叶片内侧部分设置可调节升力调节装置，通过在叶片的吸入侧上引起流动分离，启动升力调节装置以减小叶片的内侧部分上的升力
EP2653717A1 将叶片和改装单元经由座和座配对件相对于叶片的表面以形状配合的方式连接可保持或改善叶片的空气动力学特性		

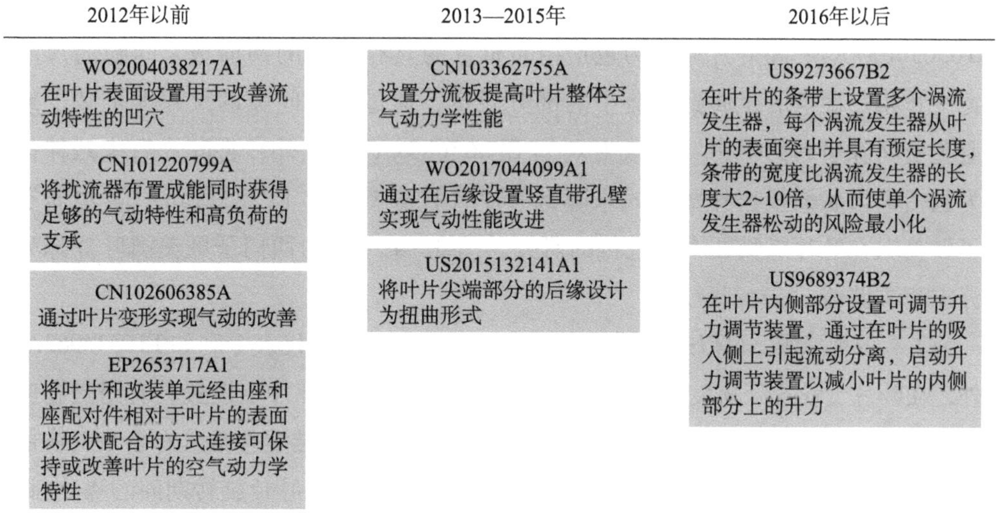

图 3 – 4 – 9　西门子歌美飒在叶片气动性能技术分支演进路线

此外，西门子歌美飒对扰流器或者涡流发生器也进行了相应的研究。例如优化扰流器的设置位置从而将扰流器布置成能同时获得足够的气动特性和高负荷的支承（代表专利如 CN101220799A），以及设置分流板提高叶片整体空气动力学性能（代表专利如 CN103362755A）。由于涡流发生器能够大大改善叶片的气动性能，但涡流发生器存在容易松动的风险从而导致工作效率低下，为此西门子歌美飒在叶片的条带上设置多个涡流发生器，每个涡流发生器从叶片的表面突出并具有预定长度，条带的宽度比涡流发生器的长度大 2~10 倍，从而使单个涡流发生器松动的风险最小化（代表专利如 US9273667B2）。此外，可通过设置流动分离器改善气动性能，例如在叶片内侧部分设置可调节升力调节装置，通过在叶片的吸入侧上引起流动分离，启动升力调节装置以减小叶片的内侧部分上的升力（代表专利如 US9689374B2）。

（2）西门子歌美飒叶片降噪技术发展路线

从西门子歌美飒关于叶片降噪技术的专利整体申请量的趋势来看，其与叶片气动性能技术专利整体申请量的趋势类似。2012 年以前西门子歌美飒对叶片降噪技术并不是很关注，整体申请数量较少，2010 年申请数量仅为 1 件，2012 年申请数量为 2 件；2013—2015 年西门子歌美飒关于叶片降噪技术的研究达到高峰，年平均申请数量约为 8件，2015 年申请数量甚至达到了 10 件；2016 年后申请数量明显偏少，表明叶片降噪技术发展已较为成熟，技术研发上的创新不多。

对于叶片降噪的技术改进，西门子歌美飒早期对叶片本身的形状和结构进行了适应性的设计。例如，将叶片设计为包括尾缘、压力侧表面部分、吸力侧表面部分和接触表面，接触表面适于将转子叶片元件连接到转子叶片的压力侧，这样设计提高了转子叶片的效率，并减少由转子叶片尾缘产生的空气动力学噪声（代表专利如CN103026057A）；将叶片设计为包括相邻布置的具有间隙的两面板，间隙的尺寸由其宽度和相邻面板的延伸到气流中的部分限定，通过调节间隙的尺寸即可减少或甚至避免由间隙引起的噪声（代表专利如 EP2636889A）。此外，将叶片后缘延伸件设计为包括锯齿状面板拓扑的形式来降低噪声（代表专利如 EP2811156A1）也属于西门子歌美飒在叶片降噪技术上进行的研究。图 3 - 4 - 10 为西门子歌美飒叶片降噪技术分支演进路线。

为了有效地降噪，可以通过设置扰流器调节噪声大小（代表专利如 EP2514962A1）。此外，在叶片上设置降噪装置也是常见的形式。例如，在叶片上设置具有附接在叶片后缘处的降噪装置（代表专利如 WO2014048581A1），降噪装置包括具有多个对齐的脊部的后缘梳状件，使用后缘梳状物作为降噪装置显著改善了叶片旋转期间的噪声排放，从而使得这种叶片可以建造得更靠近住宅区。此外，还可将降噪装置附接到叶片的后缘部段，降噪装置包括用于影响从前缘部段流动到后缘部段的气流的通道，使得由气流和转子叶片的相互作用产生的噪声减小（代表专利如 WO2014207015A1）。将具有空气动力学装置的降噪装置设置在叶片上，利用空气动力学装置控制从叶片前缘段流向后缘段的空气流，建立起包含和叶片表面相邻的涡旋的边界层，空气动力学装置位于转子叶片的后缘段，并且布置成使得它能够将边界层的涡旋分开成若干个较小的子涡旋，可降低由空气流与叶片的相互作用所产生的噪声（代表专利如 CN106414999A）。此外，在叶片上设置负荷和噪声缓解系统（代表专利如 US2014072441A1）、通过沿涡旋发生器的吸力侧提供消除或减少涡旋和涡旋发生器之间的流分离区域的涡巢（vortex nest）可降低噪声（代表专利如 CN104279129A），还可利用空气管道降低噪声（代表专利如 US2017268480A1）。

2012年以前	2013—2015年	2016年以后

CN103026057A
将叶片设计为包括尾缘、压力侧表面部分、吸力侧表面部分和接触表面，接触表面适于将转子叶片元件连接到转子叶片的压力侧，减少了由转子叶片尾缘产生的空气动力学噪声

EP2636889A2
将叶片设计为包括相邻布置的具有间隙的两面板，间隙的尺寸由其宽度和相邻面板的延伸到气流中的部分限定，通过调节间隙的尺寸即可减少或甚至避免由间隙引起的噪声

EP2514962A1
通过设置扰流器调节噪声大小

US2014072441A1
在叶片上设置负荷和噪声缓解系统

WO2014048581A1
叶片具有附接在其后缘处的降噪装置，降噪装置包括具有多个对齐的脊部的后缘梳状件

CN104279129A
通过沿涡旋发生器的吸力侧提供消除或减少涡旋和涡旋发生器之间的流分离区域的涡巢(vortex nest)可降低噪声

CN106414999A
将具有空气动力学装置的降噪装置设置在叶片上，可降低由空气流与叶片的相互作用所产生的噪声

EP2811156A1
将叶片后缘延伸件设计为包括锯齿状面板拓扑的形式来降低噪声

WO2014207015A1
降噪装置包括用于影响从前缘部段流动到后缘部段的气流的通道，使得由气流和转子叶片的相互作用产生的噪声降低

US2017268480A1
利用空气管道降低噪声，空气管道的存在和设置导致翼型件的升力系数减小并且导致在转子叶片的后缘部段处产生的噪声降低

图 3 - 4 - 10　西门子歌美飒叶片降噪技术分支演进路线

3.5　小　结

本章介绍了风电叶片技术专利申请情况，主要分析了全球风电叶片技术专利申请和中国风电叶片技术专利申请的整体趋势，并对行业内主要申请人叶片技术申请的整体趋势，以及重点申请人重点技术、主要技术分支发展路线等进行了分析。

在全球风电叶片技术专利申请趋势方面，1997 年以前该技术领域专利申请量一直处于较低状态，在 1998 年以后才呈现出大幅增长的态势，整体而言大致经过了初步发展阶段、加速发展阶段、快速发展阶段以及波动发展阶段。从全球风电叶片技术主要国家或地区申请趋势来看，2006 年以前申请主要集中在欧洲、日本及美国，2006 年以后中国风电叶片技术专利申请上升趋势明显。结合中国风电叶片技术专利申请趋势来看，中国在风电叶片技术领域的起步较晚，但中国风电产业在 2006 年后得到快速的发展，随之中国风力发电从业者加大了对风电叶片技术的创新投入，使得 2006 年以后的申请呈现出较快增长态势。

从主要申请人技术申请排名来看，全球申请量排名前 10 位的申请人中，大部分都

是国外知名风力发电企业，我国申请人仅有金风科技，并且排名较为靠后，处于第七位。从主要申请人在中国的专利申请布局来看，国外企业都比较重视在华申请。对于我国风力发电企业来讲，如何提高自身的技术创新能力，进而在激烈的技术和市场竞争中突破外国申请人的技术壁垒任重而道远。

从重点申请人及各技术分支发展路线来看，通用电气在风电叶片领域的申请独占鳌头，申请量遥遥领先，西门子歌美飒和维斯塔斯紧随其后。可见这些申请人具有较强的风电叶片技术优势和创新能力，风电叶片的核心技术基本掌握在这些知名风力发电企业手中，且风电叶片技术领域的竞争将主要来源于这些企业间的竞争。对分段式叶片的技术发展进行比较可知，通用电气和维斯塔斯均由最初的插接式发展到专门的连接件以解决拆卸和安装的问题，最后又在叶片的强度方面进行改进，两公司分段式叶片的发展趋势基本相同，也反映了二者之间激烈的技术竞争。从风电叶片重点技术分支来看，目前重点申请人关于叶片的技术改进主要集中在叶片降噪和气动性能改进方面，在叶片雷电保护、加热除冰及清洁方面的申请量相对较少，因此上述技术必将成为今后更具有发展空间和竞争空间的技术。

第4章 风电塔架技术专利分析

随着经济的高速发展，能源紧缺成为人类共同关注并寻找解决办法的问题，而包括太阳能、风能等在内的可再生能源由于其可以显著减少温室气体排放、节约有限的自然资源，逐渐成为人们探寻的重要能源。很多国家或地区将大力发展可再生能源作为国家战略的一部分并出台相关政策。

政策的支持促进了风力发电技术的快速发展，中高风速的优质风资源逐渐被占用，且越来越少。为了使用更高区域的风资源，人们不得不将风力发电机架设得更高，由此使得支撑风力发电机的塔架（以下简称"风电塔架"）越来越高，直径越来越大。风电塔架尺寸的增加，引发了塔架在制造、运输、安装等方面的问题，也带来了结构稳定性、涡激共振、维护难度与安全风险、材料与工艺要求提高以及控制程序复杂化等多方面的风险。因此风电塔架的设计与研究在建造和设计时显得尤为重要。

本章首先对风电塔架技术专利态势状况、全球风电塔架技术专利申请情况以及中国风电塔架技术专利情况进行梳理分析，以从宏观层面全面展示全球风电塔架技术专利申请以及中国风电塔架技术专利申请整体概况；其次对全球风电塔架技术专利重要申请人状况以及中国风电塔架技术专利重要申请人状况进行梳理分析，以展示风电塔架技术领域的创新主体整体概况并通过典型创新主体的代表专利阐释其技术发展特点；最后从风电塔架技术发展迭代的角度对风电塔架技术进行梳理，从塔架分类角度出发阐述其各自技术的发展、演变以及迭代情况，以全面展示各自技术发展情况。

通过以上梳理分析，全面展示风电塔架技术创新发展现状及趋势、重要创新主体情况及特点，以及各技术路线发展演进情况。

4.1 风电塔架技术概述

本节主要对风电塔架技术的发展历程、风电塔架系统结构的基本分类进行介绍，以展示风电塔架技术的大致分类以及发展沿革，为后续的梳理分析作出准备。

4.1.1 风电塔架技术简介

风电塔架是风力发电机的重要组成部分，作为支撑连接构件需要承载上部机舱数百吨重的重量，作为中空支撑构件风电塔架内部会设置电缆、维护通道，因此风电塔架也是实现维护、输电等功能的重要构件。

风电塔架一般由塔筒、塔座和平台组成。塔筒是塔架的主体部分，通常采用圆筒形状，具有较高的结构强度。塔筒内部设置有垂直通道，用于电缆和管道的布置。塔筒外还设有攀爬梯和安全护栏，方便维护人员进行巡视和维修作业。也有部分技术将爬梯设置在塔筒内部。塔座是连接塔筒和地基基础的部分，其作用是支撑和固定塔筒。塔座一般采用铸钢或钢板支撑，以保障承载能力和稳定性。随着塔架所处环境复杂性的增加，有时会在塔座周边采取地基基础的加固和防护措施。平台一般位于塔筒顶部或者内部中段等，用于在其上布置风力发电机的相关附件。有时会在平台上设置用于维护和作业的通道门以及控制门开关的相关设备，方便维护人员进行检修和维护工作。

4.1.2 风电塔架技术分类

随着风力发电机技术的日趋成熟、风力发电机容量的增大及风场环境的变化，风力发电机支撑结构也随之改变。20 世纪 90 年代之前，受制于单机容量较小，风力发电机支撑结构多采用桁架结构。21 世纪以来，伴随着兆瓦级风力发电机技术的蓬勃发展及不断扩大的市场需求，塔架的设计与选型多种多样，呈现出"百花齐放"的特点。

（1）从塔架材质角度分类

从塔架材质角度可以将塔架分为钢管塔、混凝土塔、钢 – 混凝土塔三类。

钢管塔：其是风力发电机中使用最广泛的塔架类型，主要由几个钢管段焊接或者一体制造而成，具有构造简单、轻便、易于运输和安装等优点。与混凝土塔相比，钢管塔的制造和安装成本较低，因此在机组高度不超过 100 m 的情况下被广泛采用。

混凝土塔：由钢筋混凝土浇筑而成的塔形结构，具有结构强度高、耐久性好的优点。与钢管塔相比，混凝土塔的高度可以更高，可以支撑高达 150 m 的机组。但是混凝土塔的制造和安装成本较高，同时重量也更大，针对上述缺点，逐渐发展出分段、分片制造的风电塔节、塔片。

钢 – 混凝土塔：也被称为混合塔，是钢管塔和混凝土塔的组合，有的是钢管塔在上方，有的是混凝土塔在上方，但是通常采用钢管塔作为支撑，上部用混凝土结构加固。该种塔型结合了两种塔的优点，并且可以根据地形对各自高度进行调整，适用于地貌复杂且风力较大的地区。该种分类方式是风电塔架常用的分类方式。

（2）从固有频率角度分类

从固有频率角度可以将塔架分为柔性塔架和刚性塔架两类。

柔性塔架简称"柔塔"，是指塔筒的一阶自然频率与风轮旋转一阶频率（1P）相交或者小于 1P，这样的塔架就被称作柔性塔架；反之，如果塔架的一阶自然频率在 1P 以上，则为刚性塔架。

　　柔塔一般常用于低风速、大容量和大叶轮风力发电机组中，主要利用风剪切的影响，通过增加塔架高度追寻更高更稳定的高空风资源，同时精益化塔架设计和先进的控制技术，匹配整机开发，从而达到合理使用钢材，降低塔架重量的目的。但是由于柔塔频率低于叶轮额定转速频率，因此从叶轮起转到叶轮达到额定转速期间会在某个转速点上与叶轮出现共振，而共振会给风力发电机组带来较大的危害，所以很多年来风电塔架的设计就尽量避免低于 1P 的设计方案，使柔塔技术在一定时期内未得到推广，甚至成为风力发电机组设计的"禁区"。随着越来越多避免共振技术的出现，柔塔迎来了属于自己的春天，且同时伴随出现了超柔塔结构形式。

　　（3）从塔架结构角度分类

　　从塔架结构角度可以将风电塔架分为桁架式钢塔架、格构式钢塔架、圆筒或锥筒式钢塔架等。桁架式塔架，是由结构钢组装而成的支撑风力发电机组的塔架，在早期风力发电机组中大量使用，其主要优点为制造简单、成本低、运输方便，但其主要缺点为不美观，通向塔顶的上下梯子不好安排，上下时安全性差。圆筒式塔架在当前风力发电机组中因具有显著的优势而被大量采用，其优点是受力均匀对称、整体抗载荷能力强等。

　　除了以上分类外，塔架还可以分为整体式和分体式。早期风力发电机多为整体式结构，随着风力发电技术的发展以及单机容量的增加，常规机型容量已经升级到 3 ~ 4 兆瓦级，由此相应的风电塔架的直径越来越大，高度越来越高。大直径和超长塔架的诞生对塔架的运输和安装提出更高的要求，为了降低上述限制，分体式塔架应运而生。

4.2　风电塔架技术专利申请分析

　　笔者以风电塔架为对象，通过对全球主要风电塔架研发、制造商的专利实力进行分析，制定了针对性的检索策略，对涉及主题相关的领域进行大范围检索，基本掌握了该主题下的国内外专利分布情况及国内外主要申请人的专利申请状况。本节将从以下方面进行分析和研究：专利发展趋势分析、专利保护地域分析、各国研发实力分析、主要申请人分析、技术分布分析、中国专利状况分析等。

4.2.1　风电塔架技术专利申请分类号分布状况

　　梳理查找与风电塔架专利技术相关分类号，是确定风电塔架技术专利文献范围的有效方法。首先，参考《战略性新兴产业分类与国际专利分类参照关系表（2021）（试行）》中涉及风能产业的分类号，初步根据检索时有效的 IPC 分类表，发现存在直接与风电塔架技术相关的分类小组 F03D13/20。

其次，考虑检索全面性，本次样本检索除了采用上述专门分类号外，还从风电塔架技术角度出发进行分析，查找补充的相关分类号。从塔架作为支撑结构角度出发结合常用于制造塔架的材料——混凝土，类似的部件也会在 E 部出现：经查找发现检索时有效的 CPC 分类号 E02D 27/425（专门适用于风力发动机塔柱的）也是直接与风电塔架技术相关的分类小组；E04H、E02D、E04B 是从结构角度出发具有与风电塔架较高相似度技术的分类小组。从应用场景出发，风力发电机还常常被应用在海上，因此海上基础、波浪能利用的分类号 F03B 也可能涉及风电塔架技术。此外，从塔架共振调控角度出发，往往最后会落在风力发电机组控制、影响发电输出方面，分类号涉及 H02K。

笔者通过上述查找分析，确定出了风电塔架技术相关的全部分类号，结合相关关键词，共同作为检索本节相关专利文献数据的基本要素，并采用分类号（F03D 13/20、E02D 27/425）以及分类号与中文关键词（塔筒、塔架、塔节等）、英文关键词（tower）相结合的方式检索得到样本，检索截至 2023 年 12 月公开的风电技术专利申请。

表 4 - 2 - 1 示出了风电塔架技术专利申请相关分类号下申请量分布。从表中可以看出，风电塔架技术专利分类集中在 F 部，F 部是指机械工程、照明、加热、武器、爆破；其次是 E 部（固定建筑物）、B 部（作业、运输）、H 部（电学）、G 部（物理），其他 A 部、C 部、D 部有少量文献。实质上由于风电塔架技术属于机械工程的一种，因此一般会给出 F 部的分类号，同时由于塔架在风力发电机中发挥的作用是固定支撑物，也即一种固定建筑物，因此部分文献可能会给出 E 部的分类号；至于塔架的附件部件如爬梯等的相关文献则被分至 B 部。与发电以及发电控制、塔架振动及控制等相关的文献则会被分至 H 部的发电、G 部的控制检测等。

表 4 - 2 - 1　风电塔架技术专利申请分类号分布状况　　　　（单位：件）

部	数量	小类	数量	大组	数量
F	21414	B63B	400	B29C 7/00	1117
E	6137	B66C	408	E02D 27/00	2366
B	1867	E02B	349	E04H 12/00	1964
H	778	E02D	2978	F03D 1/00	2204
G	209	E04B	191	F03D 11/00	3427
A	86	E04H	2065	F03D 13/00	5993

续表

部	数量	小类	数量	大组	数量
C	44	F03B	261	F03D 17/00	503
D	2	F03D	20301	F03D 3/00	1542
		F16F	228	F03D 80/00	1536
		H02S	169	F03D 9/00	3420

此外该表也示出了风电塔架技术可能分布的小类，小类主要集中在 F 部，而在 F 部中，又以 F03D 小类的专利申请最多。E 部的专利技术基本上集中于 E02D、E04H 小类中。此外，B 部也是风电塔架技术的重要专利技术领域，主要分布于 B66C、B63B 小类中，主要原因在于海上风力发电技术。

具体地，在 F03D 小类下，风电塔架技术分类主要集中在 F03D 13/00、F03D 11/00、F03D 9/00 的分类大组中。其中又以分类在 F03D 13/00 的专利申请数量最多，其占总申请量的 19.78%；其次为 F03D 11/00，其占总申请量的 11.31%。其中 F03D 13/00 适用于运输风力发动机部件的配置，实质上风电塔架技术就是风力发电机的配件，尤其是其下的小组 F03 D13/20 直接限定到了塔架。由此可以看出，风电塔架专利技术在 F03D 13/00 这个分类大组下呈现较为集中的趋势。

对经过相应的分类号和关键词检索后的风电塔架技术专利分类号分布状况进行分析发现，检索结果的分类号分布情况与检索之前分类号梳理情况基本一致：F03D 占据绝大多数，占比达到 81.56%；其次是 E04H，占比为 8.06%；其他分类占比较少。而检索结果与上述查找存在差异，即检索结果还存在小类 B63B、B66C、F16F、H02S。F16F 的含义是"弹簧；减震器；减振装置"。由于在特定风速下，风电塔架与风电叶片会发生共振，为了抑制上述振动，研究人员提出了越来越多的减振策略，因此与风电塔架技术 F16F 所涉及的减震器、减振装置存在技术交叉。同时由于塔架内外可能设置爬梯结构、检修设备以及照明灯部件等，因此风电塔架的部分技术可能与 B63B（升降机；自动扶梯或移动人行道）、B66C（起重机；用于起重机、绞盘、绞车或滑车的载荷吊挂元件或装置）、H02S［由红外线辐射、可见光或紫外光转换产生电能，如使用光伏（PV）模块］存在技术交叉。

4.2.2 全球风电塔架技术专利申请分析

本小节主要对全球风电塔架技术专利申请趋势、专利申请类型趋势、各时期专利申请状况、主要申请国家或地区申请对比状况以及专利申请五局流向状况进行梳理分析，以展示全球风电塔架技术发展趋势、各时期专利申请趋势特点以及技术主要国家或地区状况等。

4.2.2.1 全球风电塔架技术专利申请趋势分析

图 4-2-1 示出了全球风电塔架技术专利申请趋势。分析该图可以看出全球风电塔架技术的专利申请可以分为四个阶段。

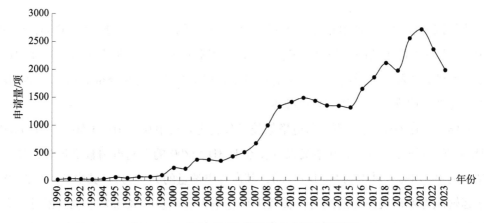

图 4-2-1 全球风电塔架技术专利申请趋势

（1）2000 年以前（初步发展阶段）

2000 年以前，全球申请量一直处于较低水平，这一时期风电塔架技术处于起步阶段。人类从中世纪甚至更早便开始利用风能，但是将风能用于发电却始于 19 世纪末。由于煤炭、石油等原料的开采，人们可以获得价格低廉的电力，风力发电技术在这一时期并未被大众接受，因此申请量均在个位数徘徊。随着全球气候变暖和化石能源的日趋枯竭，各国重新开始重视风力发电技术。自 20 世纪 70 年代以来，世界主要发达国家和一些发展中国家加紧对可再生能源的开发利用，风能作为一种取之不尽用之不竭的绿色可再生能源，且具有在发电过程中不消耗燃料、不污染环境等优点而再次进入人们的研究范畴，风电塔架技术相关专利申请量也有所提升，开始步入两位数行列。但是由于当时对风力发电机设计的认知程度较低，作为支撑结构的风电塔架并非各个企业、研究机构的研究重点。

（2）2001—2010 年（加速发展阶段）

随着风力发电机设计理论不断成熟，风力发电机设计开始从研究走向商业化。商业化的发展使风电塔架的设计和选型呈现多种多样、"百花齐放"的特点，申请数量有所提升。随着风力发电行业商业化规模的发展，塔架选型不断更新，但是依然缺乏相关参数的设计优化，此时风电塔架的设计承载力极高，设计上多采用材料堆砌的方式来承载风力发电机组的重量。此阶段，风力发电机产品也逐渐实现商业化规模并稳步增长，加之各国政府给出的财政支持等政策倾斜，风电塔架技术进入加速发展阶段。

（3）2011—2016 年（调整阶段）

2011 年之后的几年时间内，风力发电技术全球申请量出现平稳保持的情况。这可能跟全球风力发电面临技术性、经济性、制度性、市场性障碍等有关。风力发电发展的技术性障碍主要表现在以下几方面：一是许多国家或地区缺乏较为准确的风力资源资料；二是缺少可以容纳足够风力发电容量的输电网，这在发展中国家表现得尤为明显；三是对许多新兴的风力发电机国家而言，风力发电机设备的国产化也是一大技术问题。在经济性障碍方面，与化石燃料发电厂相比，风力发电具有较强的地域局限性，这使得大型风力发电场需要通过新建的输电线路才能向负荷中心供电，这就进一步增加了投资成本，但是由此所带来的收益却无法确定。资本往往向利益看齐，在成本增加而收益不确定的情况下，较多的国家或地区出现研究、投资摇摆。风力发电机组发展的制度性障碍在发展中国家表现得尤为明显。在大多数发展中国家，电力的生产和供应仍然由国家集中控制，私人投资的风力项目很难与政府签订长期合约，由此大大限制了民间资本向风力发电产业的流动，在一定程度上限制了民间资本促进风力发电产业发展的可能。而市场性障碍则表现为，风力发电机组所产生的电力与煤炭等资源产生的电力没有市场竞争性。正是上述方方面面的障碍，使得风电塔架技术专利申请在此阶段出现了波动的态势。

（4）2017 年以后（再次发展阶段）

2017 年以后，风电塔架技术再次缓慢发展起来。这是因为在风力发电产业出现了一个新的高频词——数字化。数字化不是新概念，但从未像今天这样与风力发电行业紧密结合过。加之各国或地区在明晰上述障碍后，为克服这些障碍，开始转换发展思路，创新发展政策，最大限度地减少风力发电发展的市场性障碍，降低风力发电技术性成本，打破现有制度的束缚，以期实现风力发电产业的快速发展。近年来全球有 40 多个国家或地区先后制定出了适合本国或地区的风力发电发展的直接政策和间接政策。直接政策是指那些对当地风电制造业发展有直接影响的政策；间接政策主要目的在于促进风力发电场项目建设投资，为当地风力发电产业提供良好的发展空间和大环境。在直接政策方面，近年来各国普遍建立了风力发电技术标准化质量认证体系。这有利于帮助消费者建立对风力发电产品的信心，从而形成对风力发电产品的稳定需求。通常有吸引力的当地风力发电市场是推动风力发电制造业本地化发展的前提条件，建立风力发电技术标准化质量认证体系有利于促进当地风力发电市场的形成，从而推动当地风力发电制造业的发展。此外，对于新兴的风力发电发展中国家来说，建立适合本国国情的风力发电技术标准化质量认证体系还可以在一定程度上保护本国的风力发电制造产业。此外，主要的风力发电发达国家普遍规定了风力发电设备的强制性本地化率，或者制定了本地化率的优惠政策。这对稳定本国风力发电市场需求具有重要意义。巴西、加拿大等国家制定了风力发电设备强制性本地化率政策，西班牙、美国等国家制定了风力发电设备本地化率的优惠政策。在间接政策方面，丹麦、西班牙和德国等国家分别通过实行稳定的、可盈利的固定电价政策，来促进本国风力发电场建设项目的投资。其他一些国家，包括加拿大、英国、印度和巴西，则实施了或正在实施由政府主导的风力发电特许权招标项目。此外，美国的生产税减免政策也对本国风力发电发展起到了推动作用，印度也通过向私人投资者提供较大幅度的税收减免来促进其风力发电产业的发展。同时，丹麦、德国、美国、澳大利亚、印度、巴西等国还广泛地应用政府贷款和拨款支持风电场的投资和建设。

1953 年之前的风电塔架专利申请仅以发明的形式出现，自 1953 年出现第一件实用新型专利申请开始，风电塔架专利申请中实用新型登上了历史舞台，但是总体上全球风电塔架技术专利申请类型还是以发明为主，并且在近几年出现了发明和实用新型不分伯仲的情况。由于实用新型和发明可保护的客体不同，如果技术创新是方法的创新，或者是无形状和构造的创新，那么只能申请发明专利。只有是有形状或构造的产品的改进技术方案才需要考虑专利类型的选择。风电塔架生产工艺在产业链中相对简单，进入门槛低，试探参与的中小型企业等可选择以实用新型申请为主。

4.2.2.2 全球风电塔架技术各时期专利申请状况分析

为展示各阶段各国风电塔架技术发展状况，以下对风电塔架加速发展阶段、调整阶段以及再次发展阶段的专利申请进行对比分析。

（1）加速发展阶段的专利申请

如表 4 – 2 – 2 所示，在风电塔架技术加速发展阶段，基本上以德国、美国对风电塔架技术研究较多，且德国在这段时间的申请数量较为平稳，美国申请量呈逐年缓慢增长的势头。中国自 2004 年开始申请量也保持着持续增长的势头。随着风电技术的发展，韩国等国家参与其中，也有一些国家在风电成本的压力下逐渐退出风电舞台。以上变化与全球形势密不可分。

在全球气候变化影响下，世界各国的减排意愿持续高涨，开发风力发电技术在全世界范围内达成共识，各国将发展风力发电产业作为应对自 2008 年以来全球经济低迷的有力措施。从 2001 年以来，全球风力发电机保持高速增长，从增速角度来看，美国和中国的增速显著高于全球其他国家。这其中政策激励发挥了不可忽视的作用。这些政策既有为风力发电机产业发展扫清障碍以开辟新的市场的支持性发展政策，也有侧重于支持风力发电机产业化、调动各方投资和应用风力发电机的引导性激励政策，同时还包括一些辅助性配套政策，用于扶持风力发电产业研发、开展风能资源评估等。如在生产税收减免政策于 1999 年到期后，美国开始借鉴欧洲的可再生能源配额政策，将可再生能源发电配额制列入电力重组方案，并立法实施。2004 年美国能源部推出了风能计划，着力引导科研向海上风力发电开发等新型应用领域发展，确保风力发电产业的持续增长。从表 4-2-2 中可以看出，2004 年之后美国风电塔架专利申请量大幅攀升。我国在此阶段通过施行《可再生能源法》及其配套法规，建立了稳定的费用分摊制度，迅速提高了风力发电开发规模和本土设备制造能力；但是在快速发展的同时，也出现了电网建设滞后、国产风力发电机质量难以保障、风力发电设备产能过剩等问题。

表 4-2-2　风电塔架技术加速发展阶段主要国家专利申请趋势　（单位：件）

国别	2001 年	2002 年	2003 年	2004 年	2005 年	2006 年	2007 年	2008 年	2009 年	2010 年
德国	246	117	111	110	80	64	120	168	173	389
美国	66	56	44	72	148	136	202	469	384	295
日本	21	29	39	38	9	18	36	55	93	0
英国	11	30	19	13	29	64	38	63	72	76
中国	13	0	14	40	85	100	95	125	168	145
丹麦	0	32	26	21	13	81	34	74	54	41
法国	9	0	8	0	0	0	38	26	0	21
韩国	0	0	0	5	0	15	0	36	89	84

（2）调整阶段的专利申请

2011—2016 年，风电塔架技术进入全球调整期，装机增速放缓，新增风力发电装机容量复合增长率回落到 -3%；欧洲国家持续发展海上风力发电机项目，中国开始进入海上风力发电市场，新增海上风力发电机装机份额提升至 2% 左右。如表 4-2-3 所示，该阶段美国风电塔架专利申请量出现下滑趋势，德国出现了一定程度的波动，中国整体上依然保持着申请热度，且年申请量超过美国，成为世界上风电塔架申请量最多的国家。

表 4 - 2 - 3　风电塔架技术调整阶段主要国家专利申请趋势　（单位：件）

国家	2011 年	2012 年	2013 年	2014 年	2015 年	2016 年
德国	299	411	303	171	224	223
美国	253	280	224	180	176	110
中国	250	206	152	189	315	648
法国	0	41	39	64	34	0
日本	0	28	47	40	38	28
英国	89	56	0	0	0	0
丹麦	48	85	61	103	139	104
韩国	106	90	137	73	56	46
西班牙	101	97	57	152	63	62

在许多国家风力发电机技术强劲增长的带动下，2011 年世界风电塔架申请量增速有所恢复。美国风电塔架申请量呈现复苏态势，加拿大实现创纪录的增长。欧洲海上风力发电机新增装机容量略有下降，但波兰增长强劲。德国作为传统的发达工业国家，自身能源储备较为匮乏，石油、天然气等传统能源进口比例高达 90% 以上。为加速实现能源转型，德国一直是欧盟乃至全球发展可再生能源最为积极的国家之一。虽然德国申请出现波动，但是其申请量在同时期排名一直较为靠前。近几年，我国的风力发电机产业发展可谓迅猛。无论从装机容量、发展规模还是从风力发电机制造能力上看，我国都已成为名副其实的世界风电大国。这与国家能源局着手制定相关标准，进一步完善风力发电机组质量标准并建立相应的检测、认证体系，加强国际标准化交流与合作有关。

（3）再次发展阶段的专利申请

从表 4 - 2 - 4 中可以看出，近年来，在各种风力发电利好政策的促进下，中国风力发电机发展空前提速。中国在风力发电机领域已经成为名副其实的领跑者，但是风力发电机产业的持续高速发展一直依靠着政策扶持，因此风力发电机在新能源发展中需要率先摆脱社会补贴，必须尽快把风力发电机的发电成本降下来，把价格降下来并让风力发电机给社会作出贡献，这样才是真正追求发展的目标。同时，中国风力发电机发展的风口和趋势开始转向分散式风电、海上风电、风电平价上网、风电出海等。德国可再生能源法最新修订法案（EEG2017）于 2017 年 1 月 1 日起正式施行。EEG2017 规定，正式实行可再生能源项目招标竞价机制。在实行上网电价补贴制度发展可再生能源的国家中，能源转型先锋德国可能成为最早取消该制度的国家。这也是自 2017 年开始德国申请量相较之前明显减少的原因之一。最近几年，美国风电产业发展相对缓慢，渐渐失去其先发优势。美国风电产业的快速发展离不开政策上对风电项目给予的资金补助和税收减免等支持。2015 年美国确定 PTC 政策，即生产税抵免政策延长实施 4 年且逐步削减并最终取消，该政策延长有效促进了美国 2017—2020 年风电产业的快速发展。该政策的最终取消，也对美国的申请量产生了相应的影响。同时，能源需求对其他国家也产生了不同的影响，越来越多的国家参与到风电这场赛跑中来。

表 4－2－4　风电塔架技术再次发展阶段主要国家专利申请趋势　（单位：件）

国别	2017 年	2018 年	2019 年	2020 年	2021 年	2022 年	2023 年
中国	907	1125	1141	1614	1830	1683	1714
德国	300	148	201	133	65	36	3
美国	141	169	107	74	78	46	4
日本	37	30	20	29	17	2	0
丹麦	82	90	147	54	49	12	0
韩国	0	0	54	47	54	46	7
英国	0	0	29	0	37	33	0
韩国	0	0	54	47	54	46	7
荷兰	63	39	0	38	29	13	0

在风电塔架技术再次发展的时期，中国申请量处于比较靠前的位置，以绝对优势超越了其他国家，遥遥领先。其次是德国，位居第二，但整体数量与我国还存在较大的差距，德国申请总量大约是我国申请总量的 1/9。美国紧随德国之后，位居第三。其他国家主要集中在丹麦、韩国、西班牙、荷兰等拥有大型风电公司的国家。

4.2.2.3　全球风电塔架技术主要申请国家或地区申请对比状况分析

图 4－2－2 示出了全球塔架技术主要国家或地区申请趋势对比情况。无论是从全球风电塔架技术专利申请趋势还是从全球风电塔架技术专利生命周期来看，2000 年前技术热度不高，分析意义不大，故对主要国家或地区申请趋势重点分析 2000 年之后的状态。

从风电塔架技术全球主要国家或地区申请趋势对比情况可以看出，2014 年以前中国同德国、西班牙、丹麦、美国、英国、日本的申请量不分伯仲，自 2015 年开始中国的申请量一路飙升，遥遥领先其他国家。从中不难看出，中国风电产业经历了一个显著的发展历程，从最初的试点项目到成为全球最大的风电市场之一，中国风电产业已经取得了巨大的成功，成为全球风电领域的重要参与者，并在可再生能源领域发挥着越来越重要的作用。同时中国的风电产业从粗放式的数量扩张，向提高质量、降低成本的方向转变，中国风电产业进入稳定持续增长的新阶段。

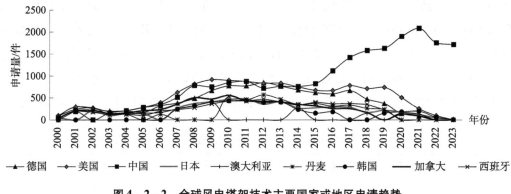

图4-2-2 全球风电塔架技术主要国家或地区申请趋势

4.2.2.4 全球风电塔架技术专利申请五局流向状况分析

通过梳理分析全球风电塔架技术专利五局专利流向可以大致得出全球风电塔架技术创新布局及分布情况。

就风电塔架技术领域专利申请五局流向总量分析可知，风电塔架专利申请数量由多到少依次是 CNIPA（12168 件）、USPTO（4099 件）、EPO（2236 件）、JPO（794件）、KIPO（734 件），这种流向总量反映出全球风电塔架技术专利保护的布局情况，也反映出该领域创新主体对相应国家或地区的市场重视程度。

从具体流向来看，CNIPA 方面，流向 CNIPA 的风电塔架专利申请主要来自美国（287 件）和欧洲（244 件）；与流向 CNIPA 的专利申请数量相比，中国流向其他局的专利申请较少，数量较多的是 USPTO（84 件）和 EPO（61 件）。可见中国风力发电虽然有着较大市场，但风电塔架技术创新方面目前仍是技术输入方；对外发展方面，中国比较重视美国和欧洲的风力发电市场，并且在 USPTO 和 EPO 进行了较多的风电塔架技术专利布局。USPTO 方面，流向 USPTO 的风电塔架专利申请主要来自欧洲（319件）；与流向 USPTO 的专利申请量相比，美国流向其他局的专利申请较多，数量较多的是 EPO（415 件）和 CNIPA（287 件）。可见美国风力发电不仅有着较大市场，并且在风电塔架技术创新方面有着较大优势，目前仍是风电塔架技术输出方；对外发展方面，美国比较重视欧洲和中国的风力发电市场，美国在 EPO 和 CNIPA 进行了较多的风电塔架技术专利布局。EPO 方面，流向 EPO 的风电塔架专利申请主要来自美国（415件），日本（76 件）、中国（61 件）和韩国（22 件）流向欧洲的专利申请较少；与流入 EPO 的专利申请量相比，欧洲流出的数量要高于流入 EPO 的专利申请数量，流向数量较多的是 USPTO（319 件）和 CNIPA（244 件）。可见欧洲风力发电不仅有着较大市场，同样在风电塔架技术创新方面有着较大优势，目前既有风电塔架技术的输入，同时也有风电塔架技术的输出；对外发展方面，欧洲比较重视美国和中国的风力发电市场，欧洲在 USPTO 和 CNIPA 进行了较多的风电塔架技术专利布局。JPO 方面，流向 JPO 的风电塔架专利申请主要来自美国（111 件），中国（23 件）、韩国（21 件）、欧洲（75 件）流向日本的专利申请数量较少；与流向 JPO 的专利申请数量相比，日本流向其他局的专利申请数量几乎与流向日本的数量相差无几，数量由多到少依次是 USPTO（87 件）、EPO（76 件）、CNIPA（51 件）以及 KIPO（35 件）。可见日本风力发电市场较小；对外发展方面，日本在 USPTO、EPO 和 CNIPA 均进行了较多的风电塔架技术专利布局。KIPO 方面，流向 KIPO 的风电塔架专利申请数量较多的依次是美国（69 件）和欧洲（56 件）；与流向 KIPO 的专利申请量相比，韩国流向其他局的专利申请数量略少，数量由多到少依次是 USPTO（43 件）、CNIPA（35 件）、EPO（22 件）以及 JPO（21 件）。可见，相对于其他国家或地区，韩国风力发电市场较小，同时技术创新布局也较弱；对外发展方面，韩国在 USPTO、CNIPA、EPO 和 JPO 均进行了一定数量的风电塔架技术专利布局。

4.2.3　中国风电塔架技术专利申请分析

本小节主要对中国风电塔架技术专利申请趋势、专利申请类型趋势进行梳理分析，统计方法与全球相同。

4.2.3.1　中国风电塔架技术专利申请趋势

图 4-2-3 示出了中国的风电塔架技术专利申请趋势。从图中可以看出，中国风电塔架技术研究相对国外起步较晚，同样中国的风电塔架技术的专利申请出现得也较晚。基于该图示出的情况，将中国的风电塔架技术发展阶段进行如下划分。

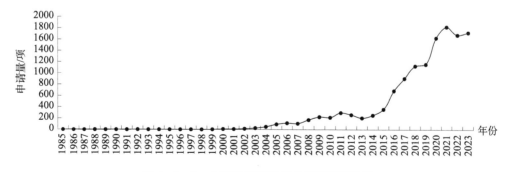

图 4-2-3　中国风电塔架技术专利申请趋势

（1）2000 年以前（初步发展阶段）

20 世纪 50 年代主要是我国风电塔架技术发展的摸索试验阶段，并未得到实际的开发和应用，但为后来的风电塔架研发提供了宝贵的经验。后来在原国家科委等有关部委的领导和协调下，我国开始组织全国力量重点对小型风力发电机进行科技攻关，促进小型风力发电机商品化，并在内蒙古等省区组织示范试验和推广应用。这一阶段风力发电机的发展主要是解决农村无电地区的电力供应问题，这种离网式小型风力发电机虽然对解决边远地区农牧渔民基本生活用电起到了重大作用，但是由于其对支撑结构也即风电塔架的要求不高，因此并未促进风电塔架技术的发展，其申请量几乎为零。20 世纪 80 年代，我国政府开始重视对大型风力发电机技术的开发和应用，并开始着手风电场的规划建设，使并网型风力发电机试点数量由少到多，规模从小到大，地域分布也逐渐扩大。这一时期我国也开始重点对中型和大型风力发电机进行科技攻关。与此同时，我国风力发电场的建设得到了迅速发展，继而用于大型风力发电机的支撑系统——塔架开始成为人们研究的热点、重点之一，风电塔架的申请量也开始向个位数进发。

（2）2001—2010 年（加速发展阶段）

21 世纪初，中国风力发电机发展迅猛：2001—2005 年，全国风力发电机装机容量平均每年以 20% 的速度递增；中国风电产业快速发展的同时，仍然存在一些风力发电机装机无法形成发电能力的问题。现有研究认为，造成风电上网难的主要因素并非技术瓶颈，而是存在政策和体制的障碍。因此我国政府采取了一系列的活动推动并网风力发电机技术的发展，并采取了比较明确的激励政策和措施来推动风力发电机的规模化发展，使风电产业规模扩大。经过上述系列活动，风力发电机技术的发展有了长足的进步，并取得了明显的经济效益和社会效益，与此同时，风电塔架申请量呈现缓慢增长的态势。同时经过多年实践，一批专业的风力发电机设计、开发建设和运行管理队伍渐渐形成，我国已基本掌握大型风力发电机的制造技术，主要零部件国内都能自己制造。伴随着整机设计、开发，风电塔架技术也逐步发展起来，申请量突破两位数，向百进军。

（3）2011—2016 年（缓慢发展阶段）

在国家政策的大力扶持下，风力发电机设备制造业进入了黄金期，制造技术和生产能力快速发展，获得了技术和生产经验的积累。随着技术的发展、生产程度的提高，风力发电机产业链逐步形成。风电产业链通常包括风力发电机零部件制造、风力发电机制造及风力发电场的运营三大环节。风力发电机产业要想向更高层次迈进，需要全产业链的共同发展。国内的风力发电机原来以低单机容量风力发电机为主，相关零部件制造技术的突破相对比较容易。随着单机容量的提高，作为风力发电机核心部件的轴承、齿轮箱和控制系统等因为具有相对高的技术壁垒，国内市场的供应仍然存在瓶颈。而叶片、塔筒等部件出现了产能过剩的现象。因此在此阶段，为了与其他配套产业和环境稳定、协调发展，风电产业开始放慢脚步，将发展速度放缓，一方面协助其他相关配套产业迎头赶上；一方面使自身从快速、规模化发展，逐步向高质量、自主创新上转变，因此风电塔架专利申请数量呈现一定程度的波动。

（4）2017 年以后（"倍速"增长阶段）

2016 年底国家能源局指出到 2020 年底之后风力发电机并网将不再提供发电补贴，因此引发风力发电机抢装热潮。产品创新与市场是密不可分的，为了抢占市场，企业需要研发出更具创新性的产品，并以知识产权的形式体现出来，故而带来的是风电塔架申请量的倍数增长。整体来看，风电产业的发展前景良好，这与以下两个因素不可分割，一是风电作为清洁能源之一，其发展享受了政策红利，如国家能源部门出台以下政策：划定重点地区新能源发电最低保障收购年利用小时数；建立风电产业检测预警机制，严格控制"弃风"严重地区各类电源建设节奏等。二是风电成本快速下降也加速了风电产业的快速发展。

4.2.3.2　中国风电塔架技术专利申请类型趋势

从检索结果中可以看出，风电塔架技术中国专利申请类型中发明和实用新型申请量相差无几，这点与风电塔架全球专利申请并不相同。另外，发明和实用新型专利申请量的整体趋势相吻合。专利权是一种私权利，是选择发明还是实用新型对其技术进行保护，其选择权全在于申请人自己。但是申请人在选择时也有诸多因素需要考虑，如：法律的硬性规定，考虑发明和实用新型的保护对象的差别；技术在业界迭代的速度，对于技术快速更新迭代的应尽可能考虑采用实用新型进行保护，反之可以考虑发明；专利申请的费用也是部分申请人会考虑的因素；对于前沿的重要技术突破，可以选择发明，也可以同时申请发明或者实用新型，等等。

从法律硬性规定、企业资质、技术迭代等角度考虑，对于结构类风电塔架技术选择发明或者实用新型均可，且从分析数据来看，塔架申请以结构为多，这也是上述专利申请类型趋势中发明、实用新型申请数量、趋势大体一致的原因所在。同时发明专利还可以保护建造方法，这也是总体数量上发明又优于实用新型的原因。

4.3　风电塔架技术专利重要申请人分析

本节主要对全球风电塔架技术专利重要申请人状况、中国风电塔架技术专利重要申请人状况以及典型创新主体的代表专利进行梳理分析，以展示风电塔架技术领域的创新主体整体概况及典型创新主体的技术发展特点。

4.3.1 全球风电塔架技术专利重要申请人分析

本小节主要对全球风电塔架技术专利重要申请人整体排名情况、代表申请人的具体申请趋势情况以及代表专利情况进行分析，以展示全球风电塔架技术领域重要申请人的创新实力概况及技术创新特点。

4.3.1.1 全球风电塔架技术专利重要申请人整体状况

图4-3-1示出了全球风电塔架技术专利申请量排名前10位的申请人，分别是乌本、西门子歌美飒、维斯塔斯、通用电气、金风科技、华能集团、三菱重工、明阳智能、英诺吉（Innogy SE）、再生动力。乌本全球申请量居首位，有1539件；西门子歌美飒、维斯塔斯紧随其后。上述三大企业的申请量均在千件以上。排名第四的通用电气申请量为911件，排名第五的金风科技申请量为588件，随后的几家公司申请量均低于500件。可见，排名前3位的申请人以绝对的优势领先，占领风电塔架领域的领先位置。以此次检索数据为基数，前3名申请人的专利申请占到申请总量的12.4%，前10位的申请人的专利申请占到申请总量的20.5%，表明风电产业专利的申请人来源相对分散，趋于多元化，之前的申请人团队掌握的绝对基数优势正在逐渐消失。在排名前10位的申请人中，中国申请人所占比例最高，有3个申请人，分别是金风科技、华能集团、明阳智能，说明我国申请人在风电塔架技术领域申请活跃，但是三个公司合并起来的申请量还不足以超过排名第三的维斯塔斯，说明我国企业与世界领先的企业相比，还存在一定的差距。其次是德国、美国，分别有2家公司，德国的2家是乌本和西门子歌美飒，美国的2家是通用电气和再生动力。

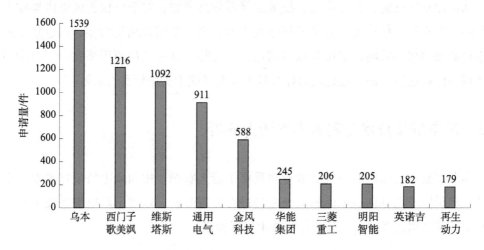

图4-3-1　全球风电塔架技术专利申请量排名前10位的申请人

为进一步展示风电塔架技术重要申请人创新趋势状况，以下选取全球风电塔架技术专利申请量排名前 5 位的申请人进行趋势对比分析（见图 4 - 3 - 2）。

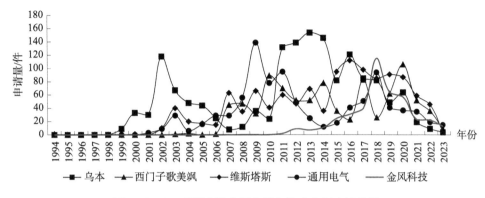

图 4 - 3 - 2　重要申请人风电塔架技术专利申请趋势

从图 4 - 3 - 2 整体来看，乌本起步较早，而后是西门子歌美飒、通用电气、维斯塔斯、金风科技。乌本、通用电气的申请量表现出较大的起伏，维斯塔斯、西门子歌美飒、金风科技的申请量表现得较为符合技术生命周期。虽然维斯塔斯在 2017 年左右申请量较之前有所下降，但是后期申请量降低并不代表其进入了技术衰退期，极大可能是其申请部分尚未公开导致的。从图 4 - 3 - 2 可以看出，2000 年之前申请量非常少，且申请人也少。国外风电巨头风电塔架技术的蓬勃发展集中在 2006 年之后，我国金风科技在 2009 年参与到风电塔架技术的研发申请中，随后经历了技术的缓慢发展期及快速发展期。2014 年之后，风电塔架技术在各个申请人之间呈现出竞相逐鹿的状态，难分高低。

从以上分析可以看出，风电塔架的核心技术主要掌握在少数申请人手中。为了更深入展示风电塔架技术的发展，下一小节将通过重点申请人的申请趋势以及重要专利技术对其进行详细介绍。

4.3.1.2　全球风电塔架技术专利代表申请人具体状况

根据全球风电塔架技术专利重要申请人梳理分析，选取乌本、西门子歌美飒、维斯塔斯、通用电气、金风科技作为全球风电塔架技术的代表申请人，通过对上述代表申请人的申请趋势以及代表专利进行展示，以分析它们在该技术领域的创新特点。

（1）乌本

图 4 - 3 - 2 示出了乌本风电塔架技术专利年申请趋势。以上数据来自两方面，一是乌本产权股份公司，二是艾劳埃斯·乌本。艾劳埃斯·乌本是乌本公司的创始人，且该公司是德国最大的风电生产商，是世界风能技术产业发展的助推先锋，其专利均

为创始人所有，故将上述两份数据合并分析（申请人统称乌本）。

从乌本年申请趋势可以看出，其涉足风电塔架技术创新时间较早，但在 2000 年之前其风电塔架技术专利申请一直处于较低水平，2002 年风电塔架技术专利申请出现一个突然的高峰，申请量达 120 件左右，随后申请量急剧下降至之前的发展水平，并于 2011—2014 年出现第二次申请高峰，随后进入波动缓慢发展阶段，2020 年之后部分专利申请可能尚未公开。据乌本的风电塔架技术专利申请总体数量在全球占据主导地位的情况来看，其在该技术领域的技术创新具有较强的影响力，并在较大程度上引领了该技术领域的全球创新趋势。

从技术发展方面来看，2000 年前乌本即关注到风电塔架技术的创新，例如 1998 年申请的德国专利 DE19816483A1 涉及一种风电设备，其包括塔架、用于塔架的机座和用于将产生的电流传输到电网的能量传输单元，该能量传输单元通常包含变压器，能量传输单元的重量由塔的基础支撑，解决了现有技术中能量传输单元和塔架相距一定距离，且都安装在地面，需要两套地基予以支撑导致安装成本增加的技术问题。该专利申请属于解决塔架附加构件安装的申请，并不是关于风电塔架主体结构的申请。

随后乌本开始着手塔架主体结构的申请。众所周知，在传统的风力涡轮机中，当输出功率为 1.0 MW 或更大时，塔架相应地又大又重。由于材料的高自重，塔架在制造过程中和/或在随后运输到风力涡轮机安装地点的过程中下垂偏转，这种偏转意味着塔端和整个塔的预期圆直径往往会从理想的圆形变为椭圆形。如果将塔的圆形直径弯成椭圆形，则塔端的法兰也弯曲，方位轴承被拉紧，并且在风力涡轮机运行一段时间后，方位轴承中会出现误差，这是非常具有破坏性的。在关注到上述相关问题后，乌本于 1999 年申请的专利 WO2000071856A1 通过在塔架内设置隔板或加强圈，使隔板或加强圈形成一个圆盘，该圆盘连接到塔内的塔壁并穿过塔解决了塔在生产或运输过程中变形的问题。虽然上述方案解决了生产或运输过程中的问题，但是风电塔架本身更多的寿命是在参与风力发电机运行过程中，因此如何延长风电塔架使用时的寿命是乌本更为关注的问题。2000 年申请的专利 DE10031683A1 涉及一种用于风力涡轮机的预应力混凝土塔和风力涡轮机，其使用了预应力混凝土。尽管这比常规的混凝土塔成本高，但它具有很高的刚性和强度。众所周知，预应力混凝土结构考虑到了混凝土抗拉强度低但抗压强度高的事实，因此，在通常由钢制成的绳状张紧元件的帮助下，该结构被预紧至为了防止混凝土中的拉力至少部分地补偿，在一定程度上施加了压力到混凝土上。在随后的时间里，乌本的风电塔架专利申请都围绕着预应力混凝土结构，不断对其提出改进的方案。直到 2004 年乌本研究团队开始关注造成塔架损伤的因素并设计相关监测手段，如 CN1505735A 涉及一种控制风电设备的方法，在这种方法中，提供了可以用于监测风电设备的塔架的振动的装置，用于监测塔架振动的装置对振动行程和/或在塔架上部塔架偏离其静止位置的绝对偏离量进行监测，并且在所述的控制装置中对那些利用所述的用于监测塔架振动的装置所确定出的数值进行处理，如果振动和/或塔架的绝对偏离量超过预定的第一极限值，那么就改变风电设备或风电设备的一些部分的操作管理。上述申请均是围绕着风电塔架结构进行的。2005 年申请的专利 CN1934320A 涉及一种建造塔架的方法和风力设备，该方法包括以下步骤：构建一个预定宽度和高度的环形模壳，并填充预定量的流体灌浆材料；一旦所述灌浆材料固化并将所述模壳移除后，在已固化的灌浆材料的表面上放置调平环，且在所述调平环上放置下塔架部分并使之连接到该调平环。随后的申请中，以上述申请为基础进行改进，并涉及塔架结构的方方面面。

由上述分析可以看出，乌本作为风电塔架技术的重要申请人，其专利申请不仅涉及塔架结构，还涉及提高塔架强度、寿命等的监测控制手段，以及塔架内安装的相关附件结构和改进。

（2）西门子歌美飒

西门子歌美飒风电塔架技术专利年申请量数据来自三方面，一是西门子，二是歌美飒，三是西门子歌美飒。两家公司并购前，西门子和歌美飒分别以 7.5% 和 5.9% 的占比位居全球风电累积装机总量的第四、第五位。但西门子和歌美飒加在一起占有 13.4% 的全球份额，反超维斯塔斯成为新的全球第一。

西门子歌美飒风电塔架技术申请量位居全球第二。该公司关注到风电塔架技术的时间较晚，其风电塔架技术自开始申请专利就处于波浪式发展中，且在 2020 年突破百件申请的大关，申请量近 110 件。2020 年之后申请出现逐步下降的趋势，这可能与部分专利申请尚未公开有关。

从技术发展方面来看，其第一件专利 DE10334637A1 申请于 2003 年，且该申请并不是由于该公司意识到塔架自身的问题，而是其发现带有相应控制和调节软件的变速涡轮机不能保证长期提供恒定能量水平的电能，且较容易发生短路行为。一旦发生网络短路，风力涡轮机通常会被立即从网络上断开并关闭，这意味着不再有电力供应。为了网络运营商的利益，它们发现在发生短路的情况下，还可以选择使用储能设备来驱动必要的短路电流，从而安全地断开发生故障的网络并触发保护设备。塔架内部中空结构引起了西门子歌美飒的关注，其将储能装置及相关配套控制设备放置于塔架内部。该专利申请同乌本的第一件专利申请相同，都是解决塔架附加构件安装的申请，并不是关于塔架主体结构的申请。

与乌本的研究路径相同，西门子歌美飒在针对风电塔架附加构件申请专利后也开始着手风电塔架本体结构的申请。与乌本不同的是，西门子歌美飒针对风电塔架结构的研究并不是预应力混凝土结构，而是格构式结构。2003 年申请的专利 CN1842632A

涉及一种用于风能设备的塔柱，它包括一个安装在塔柱上的机器吊舱和一个可绕一条基本上水平的轴线旋转地安装在机器吊舱上的转子，转子具有至少一个转子叶片，塔柱包括一个设计为管状的上部塔段，它在一个过渡区域内与一个设计为格构式塔柱的下部塔段连接，其中，格构塔柱具有至少三根角杆，在这里，上部塔段构成整个塔柱的至少1/6，下部塔段在过渡区域下方的横截面大于上部塔段的横截面；并且，过渡区域设计为使得下部塔段的横截面力流优化地与上部塔段的横截面相匹配。之所以申请该结构，是因为其认为这种被称为壳式结构的结构形式是最简单和最经济的塔柱结构。西门子歌美飒由此创造了塔架结构的一种新的造型。

对于风电塔架，不同材质所制造的结构有其自身的优缺点，是另一种结构所无法替代或弥补的。也许正是考虑到这一点，西门子歌美飒将混凝土塔架和格构式塔架相结合并于2003年申请专利DE10339438A1，该专利涉及一种用于风能设备的塔柱，它包括一个安装在塔柱上的机器吊舱和一个可绕一条基本上水平的轴线旋转地安装在机器吊舱上的转子，转子具有至少一个转子叶片，塔柱包括一个设计为管状的上部塔段，它在一个过渡区域内与一个设计为格构塔柱的下部塔段连接，其中，格构塔柱具有至少三根角杆，在这里，上部塔段构成整个塔柱的至少1/6，下部塔段在过渡区域下方的横截面大于上部塔段的横截面；并且，过渡区域设计为使得下部塔段的横截面力流优化地与上部塔段的横截面相匹配。上述风电塔架既满足了简单、经济的要求，又解决了运输的困扰。

对于既有结构，一旦安装投入使用，如何延长其使用寿命则是所有风电塔架研究者所要关注的问题。也正是从这一点出发，西门子歌美飒2006年申请的专利CN101151459A，主要涉及一种防止涡流效应的工具，三个波纹管以螺旋方式从塔架的上端展开，仅覆盖塔架的上部。沿着所述塔架描绘波纹管的螺旋线的螺距由绳索固定，并在转弯时将其固定。该设计主要是因为塔架在暴露于流体循环的结构中会产生涡流，并以振动的形式表现出来，当振动与塔架的固有频率一致时，会放大到危及塔架本身的程度。从该申请可以看出，西门子歌美飒开始着眼于塔架使用过程中的相关问题。

（3）维斯塔斯

从图4-3-2所示的维斯塔斯风电塔架技术专利年申请量趋势可以看出，该公司申请量整体上呈现出波浪式发展的态势，且在波浪式发展的过程中逐步增长，并在2016年达到顶峰，申请量在110件左右，虽然顶峰申请量与西门子歌美飒大致相同，但其顶峰出现时间要早于西门子歌美飒。

从技术发展的角度来看，维斯塔斯是最早意识到塔架安装使用后由于振动等影响其使用寿命进而提出相关专利申请的公司。其1999年申请的专利AU5208800A涉及一种风力发电机的振荡阻尼，在沿竖直方向截取的塔架的中部设置第二振动阻尼装置，原因在于在风力涡轮机的第二自然弯曲模式下，风力涡轮机的塔架大体上像固定的那样起作用。由于重量集中在上端，因此在上端和下端处于不平衡状态。因此，振荡的幅度在塔架的中部附近具有最大值，并且阻尼装置应位于最大振幅的位置附近。之所以提出该申请是维斯塔斯认为通过改变风电塔架的固有频率来减少振荡不能解决主要的问题。但是塔架本身强度的提高、附件设备的安装、塔架的组装维修等都是申请人不可错过的研究点，维斯塔斯也不例外。其 2002 年申请的专利 EP1472458A1 涉及在风力涡轮机塔架中安装元件的方法、风塔悬挂单元、可相互附加构件的系统，属于塔架附加构件的相关申请。其中风电塔架附加构件通过磁吸引力部分或完全附接到风力涡轮机塔架上。由此可以解决尤其是诸如梯子、缆索等塔架内部部件通过焊接或螺栓连接削弱塔架结构后又通过采取相对昂贵的预防措施来补偿的问题。维斯塔斯提出此类申请的时间介于乌本和西门子歌美飒之间，但是都属于相同时期的研究。

维斯塔斯在对风电塔架附加构件进行申请关注后，也开始关注风电塔架本身的结构、安装运输等方面的问题。2003 年申请的专利 CN1759242A 涉及一种用于风力发电机的钢塔，其包括多个圆柱或锥形塔部分，它的至少更宽的部分再分割成两个或多个伸长的壳段，这些壳段通过例如由螺栓拧紧在一起的垂直凸缘组合为完整的塔部分，所述壳也分别提供有上部和下部水平凸缘，以允许塔部分彼此在另一个上互连。通过以上将塔部分继续细分为片状解决了更大容量的风车以及由此产生的需要建造更大尺寸的塔部分所带来的的限制。同年申请的专利 CN1764782A 涉及一种利用工作平台检修风轮机的外部部件例如风轮机叶片和塔架的方法。该方法包括以下步骤：利用缆绳及缆绳卷绕装置将工作平台提升至使用位置，利用保持装置将工作平台保持在风轮机塔架的侧面。该专利申请关注到塔架所处的周边环境以及周边环境给风电塔架所带来的损伤，其属于塔架使用过程中所面对的问题。

对于投入使用的风电塔架如何实现监测，维斯塔斯与乌本提出相关申请的时间相同，但是其关注时间晚于乌本。其 2006 年申请的专利 CN101484699A 涉及一种风力发电机，该风力发电机包括具有至少一个风轮机叶片的风轮机转子、风轮机塔架和控制装置，该控制装置用于建立风轮机的振荡控制，且其特征在于，塔架包括载荷改变装置，以用于根据来自控制装置的值优化塔架的本征频率。该专利还公开了用于改变风轮机的塔架的本征频率的控制系统和方法。

在随后的申请中，维斯塔斯混杂着塔架结构改进、附加构件安装配置以及塔架控制等方面的申请。

（4）通用电气

从图 4 - 3 - 2 所示的通用电气风电塔架技术专利午申请量趋势可以看出，该公司的风电塔架技术专利申请量也曾出现过辉煌时刻，2009 年呈现出爆发式增长态势且迅速达到顶峰，随后又迅速跌落至之前的较低水平，在 2018 年再次出现一个小高峰，但并未超越过去的高光时刻。这可能与通用电气受到当时全球风电塔架主流创新趋势的影响有关，这也从侧面说明通用电气在风电塔架技术创新领域是跟随者，而非领导者。

从技术发展方面来看，通用电气的前期申请与前几位申请人的前期申请不同，通用电气前期并未关注塔架附加构件以及塔架本身，其将更多关注放在塔架连接上。其 2001 年申请的专利 DE10152018A1 涉及一种用于生产风电厂的塔架的组件布置。在风力涡轮机的组装过程中进行的连续部件之间的接触，因为接触表面至少部分地被覆盖并且因此至少不能从内部检查，且当连续的零件由于零件的公差而仅在安装在其轴向端部的法兰的内边缘区域内相互重叠时，如果没有其他措施，则无法通过内部目视检查确定这种缺陷。该发明的部件布置中，提供测试通道以消除该缺陷，这允许优选地目视检查接触表面，以便还能发现隐藏的缺陷。2003 年申请的专利 EP1616066A1 涉及一种用于风力发电机塔架的两个相邻的管状段的周壁部分的基本不间断连接的方法，包括以下步骤：布置第一管状段和第二管状段，其凸缘彼此面对，并且所述凸缘中的所述孔彼此对准；通过延伸穿过所述凸缘中的所述对准孔的预紧固螺钉连接所述管状段；至少在所述接触凸缘的位置处，在管状段的与凸缘相对的一侧中形成预定宽度的凹口。至少一个插入部分插入到所述凹口中，所述插入部分的宽度基本上等于所述凹口的宽度，从而使所述管状段的所述周壁部分基本不间断地连接。该方法避免了在具有特定宽度的凹槽的特定位置上搜索具有所需厚度的插入件所花费的时间。

随着对风电塔架连接技术的逐步深入完善，与前述申请人不同的是，通用电气在对风电塔架结构件等的性能提高改进并提出专利申请之前首先关注到风力发电机所产生的噪声对环境的污染。2003 年申请的专利 EP1533521A1 涉及一种降低噪声排放的风力发电机塔架。为了减少具有塔架的风力发电机的声辐射，该风电塔架具有带有内侧和外侧的塔架壁，加强层平坦地连接到塔架壁，该加强层由至少一层的铝构成，碳纤维增强塑料应用于内侧和/或外侧。另外，可以在加强层和塔架壁之间设置阻尼层。加强层可以由两个或更多个碳纤维增强塑料层和间隔元件组成，该间隔元件布置在塑料层之间并且有助于进一步增强。2005 年通用电气同时对海上和陆上风电塔架结构提出专利申请，CN1940186A 涉及打入支承离岸风涡轮的单柱桩的系统和方法，该方法包括如下步骤：将一圆筒环形单柱桩打入到海床内，该单柱桩具有一个从环绕其纵轴线的周面上径向延伸出来的第一凸缘部，其中该凸缘部被构形来支承一风涡轮塔；及将该风涡轮塔直接安装在该单柱桩上，其中该风涡轮至少部分地由该单柱桩的凸缘部支承。CN101016887A 涉及一种风力涡轮机组件塔及其构造方法（陆上塔架结构），塔包括：

沿着所述塔的长度限定的纵向轴线；包括三个第一腿部的第一塔区段，所述三个第一腿部的每个第一腿部沿着所述第一腿部的长度偏离所述纵向轴线，并且至少一个支承构件连接所述三个第一腿部的相邻的第一腿部；连接到所述第一塔区段上的第二塔区段，所述第二塔区段包括三个第二腿部，所述三个第二腿部的每个第二腿部大致平行于所述纵向轴线延伸，以及穿过所述第二塔区段限定的通道。

虽然通用电气前期和前述申请人关注点不太相同，但是对于塔架监控的申请时间与前述申请人却较为接近。2005 年申请的专利 CN101029626A 涉及一种抑制风力涡轮机塔架位移的系统和方法，通过把第一杆和水箱中的一个连接到风力涡轮机塔架内的多个表面上来对风力涡轮机塔架的振动频率进行控制。但是通用电气对塔架内附加构件的申请时间晚于前述申请人，其该类申请是在 2005 年提出。如 CN1971037A 涉及风力涡轮的塔段以及在塔中布置风力涡轮的操作部件的方法，在塔段的内侧设置有至少一个用于支撑至少一个平台的支撑件组，可以通过下放所述至少一个平台的方式将其从上方插入塔段中，直到平台支撑在支撑件上为止。根据该发明的塔段包括多个支撑件组，从而可以在塔段内的不同高度处安装多个平台。

从以上技术发展过程可以看出，在 2008 年前通用电气关注到了风电塔架相关申请的方方面面，在提出某方面申请的基础上形成相关方面的专利群，进而形成 2008 年的申请高峰；随后在未发现新的技术方面的前提下，申请也较难再次突破，进而呈现出缓慢发展的现象。

（5）金风科技

如图 4-3-2 所示，从其年申请趋势可以看出，金风科技进军风电塔架技术领域较晚，在国外风电塔架技术已经比较成熟的情况下，2009—2010 年金风科技刚刚出现零星申请，处于缓慢发展的状态，其年申请量基本在个位数。2011—2014 年经过缓慢的发展，申请量有所增加。2015—2018 年其经历快速发展时期，申请量大幅增加，到 2018 年达到了高峰，年申请量达近 120 件，这与国家的政策支持、国内良好的发展环境密不可分。此后 2019 年申请量出现回落，这可能与部分申请尚未公开有一定的关系。

从风电塔架技术发展的角度来看，由于发展较晚，在提出相关专利申请之前有较多国外的优秀经验可以参考借鉴，因此金风科技在提出专利申请之初，关于风电塔架的申请就涉及了塔架附加构件、塔架本身结构以及海上基础等。如 2010 年申请的专利 CN201747535U 涉及一种风力发电机的塔筒，该塔筒包括塔筒主体、塔筒爬梯、分瓣式壳体、平台、平台支架。塔筒主体固定在基础平台上，与基础平台之间用螺栓进行连接。塔筒主体根据风电设备的需要设计相应的长度和段数，塔筒主体之间亦通过螺栓连接。分瓣式壳体之间相互连接，壳体与塔架主体相连的一端通过连接法兰连接，壳体的另一端与塔架基础平台相连接。平台及平台支架放置在分瓣式壳体内部，且固定在基础平台上。柜体设备固定在平台上，并通过电缆与风电设备连接，以保证柜体设备的有效使用。从以上公开内容可以看出，该申请属于复合申请的类型，不仅结构上涉及分片塔段连接，还涉及塔架内部附加构件的连接安装等。2011 年申请的专利US20140345510A1 涉及海上风力发电机浮动的移动抑制装置以及用于海上风力发电机的浮动基座，包括运动抑制装置。运动抑制装置被安装成围绕浮动基础并且被构造成减小海上风力涡轮机的整体运动幅度，运动抑制装置包括至少一个环形稳定板，所述环形稳定板附接到所述漂浮基础并水平地围绕所述漂浮基础布置；所述稳定板设置有多个鳍片稳定器，所述鳍片稳定器包括第一组鳍片稳定器并且所述第一组鳍片稳定器竖直地围绕所述浮动基础布置并且彼此间隔开。用于漂浮式海上风力涡轮机的运动抑制装置可以有效地抑制漂浮式风力涡轮机的运动并且成本较低。该申请不单纯是海上支撑结构，而且考虑了其稳定性。

从以上摘取的专利申请可以看出，金风科技站在国外优秀申请人申请的基础上进行研发和改进，不仅延续了前面的优秀技术，还在该技术的基础上进行了自主创新和改进。

4.3.2　中国风电塔架技术专利重要申请人分析

本小节主要对中国风电塔架技术专利重要申请人整体排名情况、专利申请人类别情况以及重要申请人专利情况进行分析，以展示中国风电塔架技术领域重要申请人概况及技术创新特点。

图 4-3-3 示出了中国风电塔架技术专利申请申请人排名情况。由该图可以看出，排名前列的申请人分别是金风科技、华能集团、通用电气、中国电建、明阳智能、天津大学、重庆大学、维斯塔斯、国电联合动力、浙江运达。其中国外风电塔架重要创新主体通用电气、维斯塔斯排名均较为靠前，说明这些创新主体对中国风电市场较为重视。该图还进一步示出了各申请人的专利类型状况。可以看出国内创新主体有关风电塔架的专利申请中发明专利和实用新型专利均有涉及，且实用新型占比不可忽视，几乎不涉及发明 PCT 申请。而国外创新主体在我国的申请几乎不太考虑实用新型，且维斯塔斯的申请几乎全部为 PCT 申请。

对于国内创新主体来说，除金风科技外，华能集团是国内比较领先的风力发电机企业，其占有风力发电机资源规模持续放大，初步形成了东北、华东、蒙西、华北、新疆及南方六大风力发电机基地，已成为国内风力发电机产业建设的主力军。而中国电建的申请则以海上风力发电机为主。虽然国内风力发电机技术已经有所突破，但对于成熟的风电塔架的研发还较少，专利布局比较空缺，还需要加大研究投入力度。

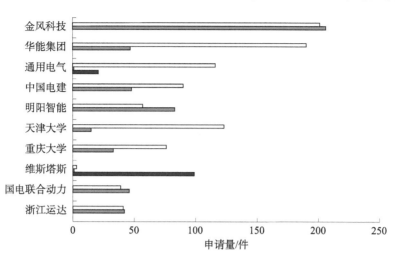

图 4-3-3 中国风电塔架技术专利申请申请人排名情况

中国风电塔架技术专利申请人主要为企业，其申请量占到了申请总量的 72.25%；其次是个人申请，其申请量占到申请总量的 15.38%；国内也有较多大专院校对风电塔架技术进行了研究，其申请量占比达到了 10.48%；最后是科研单位、机关团体。而个人的申请基本上是对风电塔架结构方面的研究，且多涉及中小型风电塔架技术。对于企业类申请人，国外的风电巨头与本土申请人不分伯仲。我国风电企业通过引进消化吸收和再创新，掌握了关键核心技术，其中有不少是我国的企业因地制宜，根据国内资源和产业配套情况提出的一些新思路和方法，体现出我国在风电塔架技术路线方面已经开始具备一定的自主创新能力。从个人在风电塔架技术中的参与程度来看，风电塔架技术门槛低，易入，但是高质量的申请压力还是落在龙头企业身上。我国开展风力发电机技术研发已有 40 多年的历史，早期主要由科研机构和大专院校进行样机研究和试制，从某种程度上来说，科研机构、大专院校对风电塔架技术的参与在一定程度上促进了其发展。

4.4 风电塔架专利技术申请趋势以及发展路线

本节针对风电塔架技术进一步进行分析，主要从塔架材质角度出发，对其技术发展路线进行分析，分别对钢管塔技术、混凝土塔技术以及钢-混凝土塔技术从各自技术的发展、演变以及迭代情况进行介绍。

风电塔架技术专利申请始于 19 世纪末期，直到今天仍然在不断地发展进步。

图 4 - 4 - 1 是风电塔架专利技术发展路线图。从该图中可以看出，在风力发电机技术萌芽的早期，人们更倾向于将风力发电机安装在现有部件上作为其支撑。如 1976 年申请的专利 FR2371586A1 将风力发电机安装在桅杆上，桅杆由混凝土基座保持；风力发电机具有带有推进器叶片的叶轮，该推进器叶片承载在轴上，该轴支撑在管中的轴承中，该管法兰连接到增速齿轮箱。箱体的低速齿轮直接安装在叶轮轴上。齿轮箱的壳体具有通过防振安装件和支架附接到支撑杆顶部上的板的臂。板承载在轴承上，并且可以围绕竖直轴线旋转，从而带动发电机组件。发电机直接法兰连接到齿轮箱，并且高速齿轮固定到发电机的轴延伸部。1990 年申请的专利 GB9024500D0 中风力涡轮机能够安装在现有的工业烟囱、混凝土塔或类似结构上。风力涡轮机包括安装在转子臂上的两个垂直对齐的叶片，用于围绕烟囱、塔架等的纵向轴线旋转，转子臂由固定到烟囱、塔架等的外周的环形结构支撑，并且在其径向最内端包括跟踪装置，该跟踪装置与环形支撑结构的互补跟踪装置配合，以使转子臂和叶片能够在风压的影响下围绕烟囱、塔架等旋转；以及由一个或每个转子臂承载的驱动装置，其可连接到位于烟囱、塔架等内或延伸到烟囱、塔架等的一个或多个发电机的传动装置。从上述描述可以看出，以上支撑部件并非风电所专有，而是借鉴或直接使用了现有的部件，所用材质既有钢也有混凝土。

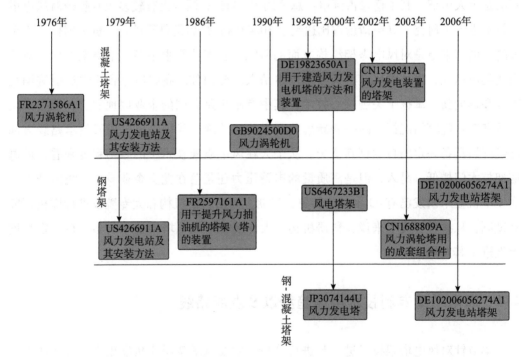

图 4 - 4 - 1 风电塔架专利技术发展路线

到 1979 年开始出现真正属于风力发电机系统自己的塔架专利申请。1979 年申请的专利 US4266911A 记载了一种风电厂，包括：风电系统，风电系统包括动力室，动力室具有可由风旋转的叶片，承载所述动力室的塔架，塔架构造成使得其具有在动力系统的较低临界振动频率和较高临界振动频率之间的较低固有振动频率，并且塔架构造成使得其具有高于动力系统的较高临界振动频率的较高固有振动频率，以及支撑塔架的拉线装置。塔架具有加强混凝土结构或是钢结构的。但是单独立柱式结构其稳定性需要通过拉线来提高，在大风情况下仍然存在安全隐患，于是在 1986 年开始出现非单立柱式的塔架，也被称为格构式塔架。1987 年申请的专利 FR2597161A1 记载了一种用于提升泵浦风力涡轮机塔架的装置，该装置包括具有两个固定系统的小尺寸支柱：第一固定系统，位于支柱的基部，允许将支柱固定到塔架的顶部：第二固定系统，位于支柱的顶部，允许将风力涡轮机头部固定到支柱。该支柱是钢管。

　　随着对发电效率的追求，风电塔架越来越高，这给制造和运输均带来了巨大的压力，因此在 1998 年首次提出了对于采用混凝土材质制造的风电塔架分段、分片式构造的构思。1999 年申请的专利 DE19823650A1 记载了一种塔架施工设备，该塔架施工设备包括内壳区段和外壳区段，每个内壳区段和外壳区段包括多个扇区。优选特征：受拉构件在给定的混凝土凝固时间之后围绕其圆周引入在内壳和外壳之间，并永久地张紧在地面上。内壳环段和外壳环段在特定点处彼此强制连接。一个壳体部分的环形加强件和纵向加强件通过金属丝或夹具连接到下一个壳体部分的环形加强件和纵向加强件。间隔件保持壳体之间的恒定距离。凸缘使得外壳和内壳的各个壳扇区能够同轴对准。壳环扇区的邻接边缘具有面向内的凸出部、肩部、支撑件或轮廓，使得它们能够通过 3 米长的扣钩可靠地连接。内壳的每个区段在外侧上具有平行或螺旋形加强件。内壳和外壳可以与结构一起保留或被移除。与混凝土材质塔筒发展路径相似，钢材质的塔架在后期也出现了分段结构，如 2002 年申请的专利 US6467233B1 记载了风塔被设计成支撑风力涡轮发电机。底部和上部优选地由钢制成，例如冷轧钢，但是也可以使用其他合适的金属，例如铝或金属合金。风塔的底部区段和上部区段优选地由多个环构成，每个环具有与区段中的其他环相同的外径。

　　与钢材质分段式塔架同时期还出现了组合式塔架——钢－混凝土材质的塔架。在钢制塔中，在发电运用风速范围内通常固有振动频率处于与发电机引起共振的范围，因此需要减振装置。另外，钢制塔的噪声大也是一个问题。为了在保证抗腐蚀效果的基础上满足减振和降低噪声的需求，2000 年首次提出了钢材质与混凝土材质混合的风电塔架专利申请。2000 年申请的专利 JP3074144U 记载了一种风电塔，塔下部由 PC 或 PRC 制构件构成，其上部由钢制构件构成。通过利用 PC 或 PRC 构件制作风电塔，成为耐久的构造物，消除了由雨、海风、波浪引起的腐蚀问题。另外，在使用 PC 或 PRC 制构件的风电塔中，与钢制的塔相比，能够提高固有频率，容易使其处于引起共振现象的强制频率范围外，因此不需要减振装置。另外，与钢制塔相比，混凝土塔能够大幅抑制噪声。

随着技术的发展，人们关注到在制造分段式混凝土塔架时，在放置一个塔段以后，在所述塔段的顶侧涂放黏结材料，然后在设置好下个塔段以后硬化所述黏结材料。接着再在刚才放置的塔段上铺设黏结材料，如此反复进行。但是，在一些条件下，如在寒冷的季节建塔架时，就会随着黏结材料出现一种问题，如室外温度很低，不能够硬化黏结材料或者硬化持续时间很长，进而延迟塔架的建立。为了加快由相互摞放设置的塔段组成、在塔段之间设有黏结材料的塔架的构建，2001年申请的专利CN1599841A记载了在以相互摞放的关系布置的塔段的至少一侧设有加热模块，并且所述加热模块优选地含有简单的加热丝、PCT电阻丝，或者还可以是钢丝（电焊丝），从而在所述的塔段的上部区域达到所要求的加热效果，并且随之作用于黏结材料。

众所周知，风电塔架是风电场中花费最高的部件之一。当风电塔架包括数个塔段且按不同的高度进行设计时，这样对所需工程而言较为费钱。为了节约成本，2003年申请的专利CN1688809A记载了高度在一最小值和一最大值之间的塔，特别是风力涡轮塔用的成套组合件包括：具有预定长度的钢管制成的第一圆锥塔段和第二圆锥塔段，及长度可在预定的最小值和最大值之间选用的钢管制成的第一圆筒塔段。其中第一圆筒塔段的长度可被这样制定，即使它适合该塔在其最小高度和其最大高度之间的所需高度，最小高度为第一和第二圆锥塔段的预定长度与第一圆筒塔段的最小长度之和，而最大高度为第一和第二圆锥塔段的预定长度与第一圆筒塔段的最大长度之和。

随着技术的不断发展，各种组合式塔架也逐渐出现。2006年申请的专利DE102006056274A1记载了一种风力涡轮机的塔架，塔架具有下部和管状塔架的上部，下部呈具有至少三个角部支腿的格构塔架的形式，管状塔架具有大致圆形的横截面，在过渡区域中，下部的上连接区域特别是上侧借助于过渡体连接到上部的上连接区域特别是下侧，过渡体以截头圆锥形壳体的方式构造，拐角腿部突出到过渡区域中，并且在下部的上连接区域和上部的下连接区域之间的过渡区域中至少部分地连接到截头圆锥形壳体，过渡区域中的角腿的一个或多个横截面在与截头圆锥形壳体连接的截面和/或区域中基本上不变。但是在该专利文献中并未提及管状塔架的上部所用材料。通过对前面专利申请文件的梳理不难看出，所谓管状塔架既可以采用钢材质，也可以采用混凝土材质。在之后的专利申请中，研究人员还在不断研究钢、混凝土材质塔架在连接、稳定性、抗震等方面的优缺点并进行不断的改进。

4.5 小 结

风电塔架占风力发电机的成本比重将近20%，塔架过重不仅会导致风力发电机的运输成本增加，还会给安装等带来困难，同时也会使海上风电塔架的支撑基础和漂浮装置的建造难度增大。因此塔架存在一系列影响着风力发电机整体机组发展的问题，因而受到了风力发电机创新主体的青睐，在此情况下风电塔架技术也得到了长足的发展。

通过分析可知，全球风电塔架技术专利申请趋势方面，2000 年以前该技术领域专利申请量一直处于较低状态，在 2000 年以后才呈现出大幅增长的态势，整体而言大致经过了初步发展阶段、加速发展阶段、调整阶段以及再次发展阶段。从全球风电塔架技术主要国家或地区申请趋势来看，2004 年以前申请主要集中在欧洲和美国，2004 年以后中国风电塔架技术专利申请上升趋势明显。结合中国风电塔架技术专利申请趋势来看，中国在风电塔架技术领域的起步较晚，但中国风电产业从 2004 年后得到快速的发展，随着中国风力发电机从业者加大对风电塔架技术的创新投入，使得 2004 年以后的申请呈现出较快增长态势。

重要申请人方面，全球风电塔架技术专利申请量排名前列的均是传统的风电产业巨头（通用电气、维斯塔斯、西门子歌美飒等），而这些产业巨头在风电塔架技术专利申请及技术创新方面也呈现出一定特点：除通用电气外，其申请均满足以风电塔架附加构件为切入，随后考虑塔架本体结构强度，进而考虑性能优化的控制方面的研究。通用电气优于其他创新主体的方面在于其考虑了塔架对环境的影响，而维斯塔斯则关注环境对风电塔架的影响。这也从侧面反映出不同的申请人都有各自不同的关注点。上述风力发电机产业巨头都在风电塔架技术的多个方面进行了创新布局保护。中国风电塔架技术的代表企业是金风科技，其在该技术领域的专利申请趋势是中国风电塔架技术的整体缩影，从趋势来看起步较晚，且整体申请量相较于以上产业巨头而言也较少，在技术发展方面从前期的风电塔架的辅助装置创新逐渐向塔架核心控制技术发展，体现了从跟随到追赶再到突破的技术创新节奏。

第 5 章　风力发电变桨距技术专利分析

随着风力发电技术的发展，定桨距失速调节型风力发电机的缺点越来越凸显，风力发电变桨距技术随之应运而生。相对于风力发电定桨距技术，风力发电变桨距可对转速进行控制，在启动性能和功率输出稳定性方面有较大提升，并减少了停车时作用于风力发电机上的荷载。

本章从以下几个方面进行分析：①对风力发电变桨距技术进行整体概述，简要介绍风力发电变桨距的基本构成、工作原理、大致分类以及发展沿革；②对风力发电变桨距技术专利态势状况、全球风力发电变桨距技术专利申请情况以及中国风力发电变桨距技术专利情况进行梳理分析，从宏观层面全面展示全球风力发电变桨距技术专利申请以及中国风力发电变桨距技术专利申请整体概况；③对全球风力发电变桨距技术专利重要申请人状况以及中国风力发电变桨距技术专利重要申请人状况进行梳理分析，以展示风力发电变桨距技术领域的创新主体整体概况并通过典型创新主体的代表专利阐释其技术发展特点；④从技术发展迭代的角度对风力发电变桨距技术进行梳理，分别对主动变桨距技术、被动变桨距技术以及最新的新兴变桨距技术的发展、演变以及迭代情况进行介绍，以全面展示风力发电变桨距技术发展脉络及各分支技术发展情况。

通过以上梳理分析，全面地展示风力发电变桨距技术创新发展现状及趋势、重要创新主体情况及特点以及各技术路线发展演进情况。

5.1　风力发电变桨距技术概述

本节主要对风力发电变桨距技术的发展历程、风力发电变桨距系统结构的基本组成以及风力发电变桨距的技术分解进行介绍，以展示风力发电变桨距技术的基本构成、工作原理、大致分类以及发展沿革，为后续的梳理分析作出准备。

5.1.1　风力发电变桨距技术简介

随着对风力发电理论技术研究的不断深入，人们开始关注风力发电机运行的稳定性以及对风能的捕获能力，与其典型相关的是风力发电机的转速控制。在自然界中，风能是一种不稳定的能源，随机变化的风速、风向使得风力发电机的效率和功率产生波动，进而使得传动力矩产生波动。对于风速的波动，当风速小时，可能无法驱动风力发电机启动；但是风速过大，会导致发电机转速过高，如果不及时控制发电机的输出转速，发电机将会有烧毁的危险。因此，人们越来越关注风力发电机的控制问题，主要包括失速控制、俯仰控制、偏航控制等。为了解决上述问题，定桨距失速调节型风力发电机应运而生。其利用桨叶翼型本身的失速特性，当风速高于额定风速时，气流的攻角增大到失速条件，进而使得桨叶表面产生气流分离，以达到降低速度的目的，使得功率得到限制。定桨距失速调节型风力发电机的优点是调节可靠，控制简单。但其存在如下缺点，桨叶作为主要部件在转动时受力过大，输出的功率不稳定，会随着风力的变化而变化。

在此基础上，风力发电变桨距控制技术应运而生，风力发电变桨距控制技术作为近年来常见的风力发电机控制技术，已经逐渐取代定桨距风力发电机控制技术。2009年，全球安装的风力发电机中有 95% 的风力发电机就采用了变桨距技术。我国也是自2009 年开始在所安装的兆瓦级风力发电机中全部采用变桨距技术。变桨距风力发电机与定桨距风力发电机相比，其能够实现变桨距调节，使得风轮机的叶片桨距随着风速的变化而进行调节，气流攻角在风速变化时可以保持在一定的合理范围内。基于这种设置，当风速过大时，通过变桨距机构的调节，调整叶片攻角，使得输出功率能够保持平稳，变桨距风力发电机的起动风速相对定桨距风力发电机的起动风速较低，停机时的冲击也相对缓和。相对于定桨距风力发电机，变桨距风力发电机在风速较大时，其叶片、塔架等部件受到的冲击小，通过变桨距调节可对转速进行控制，进而在启动性能和功率输出稳定性方面有较大提升；另外，还减小了停车时作用于风力发电机上的荷载。

图 5-1-1 是现有常见的变桨距系统结构。现有常见变桨距系统一般设置在轮毂中，包括变桨轴承、驱动装置、传动装置等部分，当然还具有变桨锁定装置，一般包括自动锁定和机械手动锁定两套装置。如该图所示，变桨距系统主要是用来控制叶片的桨距角，当风力发电机启动时，通过变桨距系统的调节，可以获得足够的启动转矩。在运行过程中，可以通过变桨距系统的调节，使得叶片根据风速、输出功率、转速等相应信号控制桨距角相应的变化，最终使得风力发电机的输出功率维持在额定功率附近。当遇到大风等情况时，变桨距系统可执行收桨动作，进而避免风轮超速发生飞车事故。

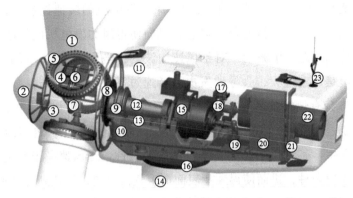

①叶片　⑤叶片轴承　⑨主轴轴承座　⑬偏航电机　⑰高速轴刹车　㉑提升机
②导流罩　⑥变距控制柜　⑩机舱底盘　⑭塔架　　⑱联轴器　　㉒发电机
③轮毂　　⑦变距电机　　⑪机舱罩　　⑮齿轮箱　⑲液压站　　㉓风速风向仪
④变距电源　⑧风轮锁定盘　⑫主轴　　⑯偏航轴承　⑳主控柜

图 5 – 1 – 1　风力发电装置变桨距系统结构

5.1.2　风力发电变桨距技术分解

现代大型风力发电机变桨距技术按照变桨距方式不同，可以分为主动变桨距技术和被动变桨距技术两大类。主动变桨距技术是风力发电机自身主动发出的动作，其相应地配置有控制系统，控制系统根据外界风速的变化或者输出功率的需要控制相应的部件进行动作，改变叶片的迎角实现变桨距。被动变桨距技术主要是根据风力发电机外界环境参数被动作出反应，其一般是当风速过大时，靠风力发电机自身的离心作用改变叶片的迎角进而改变迎风面积，减小捕获风能的量。目前被动变桨距技术主要有利用离心重锤进行变桨距的技术以及利用离心弹簧弹力实现被动变桨距等。

人们在最初研究风力发电技术的时候，注意到当风速过大时需要对风力发电装置进行控制，但早期的控制主要是采用机械的被动变桨距，即利用弹簧或者离心力等实现变桨距。后来随着技术的成熟，设计人员逐渐从理论设计方面实现对叶片的失速控制，当时主要是失速定桨距式风力发电机。而失速定桨距式风力发电机存在一定的缺陷，后变速变桨距风力发电机逐渐代替失速定桨距式风力发电机。主动变桨距控制是当风速过大时，通过将叶片的部分或者全部相对于叶片轴方向进行旋转以减小攻角，此方式减小了升力系数。变桨距系统的动作必须快速，以便将作用在风轮上的瞬时过大的能量限制在额定范围内。基于叶片控制方式的不同及变桨距驱动方式的不同可以对变桨距控制技术进行不同分类。

主动变桨距调节系统有不同的分类方式，按照叶片控制方式不同可进行以下分类：

①每个叶片独立控制的桨距驱动系统，通过独立的液压驱动缸驱动叶片进行调节；②用一个驱动器驱动所有叶片系统，通常是通过三脚架与驱动器连接，三脚架的三个连杆分别通过每个叶片深入轮毂内的悬臂曲柄来驱动叶片调节。其中，每个叶片独立控制的桨距驱动系统具有控制灵活的优点，缺点是需要非常精确地控制每个叶片的桨距角，以免出现不可接受的桨距角度差异。按照驱动源不同可以进行以下分类：液压式变桨距系统和电动式变桨距系统。液压式变桨距系统通过液压泵站驱动油缸执行变桨距调节。电动式变桨距系统通过电动机、减速器及齿轮进行变桨距调节。从功能上来看，二者大致相当；从结构上来看，液压式变桨距系统结构相对简单。近年来，随着变频技术和永磁同步电机技术的发展，大型风力发电机一般采用电动式变桨距控制技术，通过电动式变桨距控制技术可以独立对桨叶进行变距控制，通过独立桨叶变距控制，不但具有普通叶轮整体变距控制的优点，同时可以解决垂直高度上的风速变化对风力发电机的影响，进而减轻输出转动的脉动，减少传动系统的故障率，延长风力发电机运行寿命。

5.2　风力发电变桨距技术专利申请分析

本节主要对风力发电变桨距技术专利态势状况、专利申请情况以及中国风力发电变桨距技术专利情况进行梳理分析，以从宏观层面全面展示全球风力发电变桨距技术专利申请以及中国风力发电变桨距技术专利申请整体概况。

5.2.1　风力发电变桨距技术专利申请分类号分布状况

梳理查找与风力发电变桨距专利技术相关的分类号，是确定风力发电变桨距技术专利文献范围的有效方法。首先，参考《战略性新兴产业分类与国际专利分类参照关系表（2021）（试行）》中涉及风能产业的分类号，初步根据现行 IPC 分类表，并不存在直接与风力发电变桨距技术相关的分类小组；而借助于 CPC 分类表，可以发现其中部分 F05B 2270/328 的引得码中给出了风力发电的相关分类 F05B 的分类，可以看出 F05B 中 F05B 2270/328 的分类与变桨距技术相关度比较高，但 IPC 分类中没有相关的细分。

其次，从风力发电变桨距技术的角度分析，查找补充相关分类号。从叶片的结构层面来看，风电叶片变桨距技术一般涉及风电叶片的分类号，而在风电叶片中，实质上有水平轴叶片和垂直轴叶片，也即一般涉及 F03D 1/00 和 F03D 3/00 的分类号。进一步从结构角度扩展，船舶同样有驱动的螺旋桨，其与风电叶片的桨类似，桨叶的安装与风电叶片的安装存在相似之处，都有流体力学的相应运用，因此船舶领域的螺旋桨分类号 B63H 也可能涉及风力发电变桨距技术。另外，风力发电变桨距的结构涉及变桨的主轴、液压或者电动的传动等，可能会给出相应传动的分类号，也即 F16C、F16H。进一步地，就技术层面分析而言，风电叶片技术一部分来源于飞机叶片的螺旋桨，因此除了风力发电领域分类号之外，风力发电变桨距技术还可能分在飞机螺旋桨的分类号下，也即 B64C。当然二者技术并不完全相同，仅仅是可能为了减阻等变换角度，飞机螺旋桨并不存在应对发电功率的变桨距控制和调节。再进一步地，从技术层面的控制角度分析，风力发电变桨距技术在风力发电领域一般涉及针对风力发电机的控制，或者对整个风力发电场的控制，其分入 F03D7。这个分类号是针对各种风力发电机控制的分类，其囊括范围较广。具体而言，对风力发电机的控制一般是对强风情况或者是对输出功率的调节，因此一般涉及对输出电能的控制，也即 H02J、H02P。

最后，从后期维护角度分析，风力发电变桨距技术还涉及检测信号的准确性、后期运行维护、故障检测等，因此可能与检测领域相关，可给出 G 部的分类号。

通过以上分析，确定出与风力发电变桨距技术相关的全部分类号，结合相关关键词，共同构成检索本章相关专利文献数据的基本要素。本章采用分类号（F03D、H02J 3/38、H02J 3/44、H02J 3/46、H02J 3/48、H02J 3/50）与中文关键词（变桨、桨距、螺距、节距）、英文关键词（pitch）相结合的方式，检索截至 2023 年 12 月公开的风力发电变桨距技术专利申请，得出检索结果。

表 5-2-1 示出了风力发电变桨距技术专利申请分类号分布状况。从该表中可以看出，风力发电变桨距技术专利分类集中在 F 部，其次是 H 部、B 部、G 部，其他如 A 部、C 部、E 部占少量文献。实质上，由于风力发电变桨距技术属于叶片技术的一种，因此一般会给出叶片相关的分类。这就能够充分说明其分类集中在 F 部的原因。至于 H 部，由于 H 部涉及发电，而叶片变桨距一般与发电相关，因此部分文献可能涉及 H 部的发电。B 部主要涉及叶片运输或者有相关领域例如飞机螺旋桨、船舶螺旋桨等相应的变桨距技术，G 部一般会有叶片变桨距控制技术的检测等。

表 5-2-1　风力发电变桨距技术专利申请分类号分布状况　　　（单位：件）

部	数量	小类	数量	大组	数量
F	16319	F03D	15560	F03D	1883
H	1413	H02J	890	F03D	1071
B	445	H02P	280	F03D	255
G	443	F03B	184	F03D	981
E	27	B64C	150	F03D	424

部	数量	小类	数量	大组	数量
C	17	F16C	116	F03D	8975
A	7	F16H	110	F03D	714
D	1	H02K	96	F03D	991
		F01D	92	H02J 3/00	806
		B63H	81	H02P 9/00	233

　　进一步从风力发电变桨距技术小类分布情况来看，小类主要集中在 F 部，而在 F 部中，又以 F03D 的小类专利申请最多。H 部的专利申请基本上集中于 H02J 小类中，其次是 H02P。由于风力发电变桨距技术主要是叶片变桨距，在一定程度上与流体叶片、飞机螺旋桨或者船舶螺旋桨可能存在技术交叉，因此有可能会在上述领域有相关技术，涉及 F03B、B64C、B63H 小类。

　　进一步从风力发电变桨距技术专利申请大组排名情况来看，具体地，在 F03D 小类下涉及如下相关大组：F03D 1/00、F03D 3/00、F03D 7/00、F03D 9/00、F03D 11/00、F03D 13/00、F03D 17/00、F03D 80/00。

　　风力发电变桨距技术分类主要集中在 F03D 7/00、F03D 1/00、F03D 11/00 大组中，其中又以 F03D 7/00 的专利申请数量最多，其占总申请量的 57.39%；其次为 F03D 1/00，其占总申请量的 12.56%。

　　经过相应的分类号和关键词检索，检索结果的分类号分布情况与检索之前分类号梳理情况基本一致：F03D 占据绝大多数，占比达到 88.62%；其次是 H02J，占比为5.07%；其他分类占比较少。而检索结果与前期梳理结果还存在差异，即还存在小类F01D。F01D 指的是非变容式机器或发动机，如汽轮机。因为汽轮机等实质上也存在叶轮，其安装相应地也存在角度，因此与风力发电叶片可能存在技术交叉。

　　从上述整体的检索结果分析而言，基本与在分类表中查找到的分类号吻合。但也存在其他分类，例如关于叶片运输、制造的分类。

5.2.2　全球风力发电变桨距技术专利申请分析

　　本小节主要对全球风力发电变桨距技术专利申请趋势、专利申请类型趋势、各时期专利申请状况、主要申请国家或地区申请对比状况以及专利申请五局流向状况进行梳理分析，以展示全球风力发电变桨距技术发展趋势、各时期专利申请趋势特点以及全球风力发电变桨距技术主要国家或地区状况等。

5.2.2.1 全球风力发电变桨距技术专利申请趋势分析

图 5-2-1 示出了全球风力发电变桨距技术专利申请趋势。

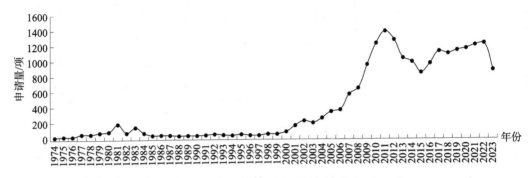

图 5-2-1 全球风力发电变桨距技术专利申请趋势

由该图分析可知，全球风力发电变桨距技术的专利申请可以分为四个阶段。

（1）2000 年以前（初步发展阶段）

2000 年以前，全球申请量一直处于较低水平，这一时期风力发电变桨距技术处于起步阶段。风力发电技术起源于 20 世纪末的丹麦，而当时只是小型的风力发电机，且当时世界能源较为充足，加上风力发电成本较高，其发展较为缓慢。直到 1973 年发生石油危机以后，美国、西欧等发达国家或地区为寻求替代化石燃料的能源，才开始投入大量经费，动员高科技产业，利用计算机、空气动力学、结构力学和材料科学等领域的新技术研制现代风力发电机，开创了风能利用的新时期。也正是在这个时候，研究人员开始着手对风力发电变桨距的研究，但是风力发电技术的发展由于受到成本以及政府政策的影响，并没有得到快速的发展。

（2）2001—2006 年（加速发展阶段）

到 20 世纪 90 年代后期，能源危机的加剧、温室效应、污染物的排放等，使人们对新能源的期望越来越高。此时各个国家出台了许多优惠政策，例如投资补贴、低利率贷款、规定新能源必须在电源中占有一定比例、规定最低风力发电电价、从电费中征收附加基金用于发展风力发电、减排 CO_2 奖励等。各个国家相应所采用的优惠政策有所不同：欧洲德国、丹麦、荷兰等国采用政府财政扶持、直接补贴的措施发展本国的风力发电产业；美国通过金融支持，由联邦和州政府提供信贷资助来扶持风力发电产业；印度通过鼓励外来投资和加强对外合作交流发展风力发电；日本采取的措施则是优先采购风力发电。以上多种多样的优惠政策促进了各国风力发电事业的快速发展，风力发电变桨距技术进入加速发展阶段。

（3）2007—2010 年（快速发展阶段）

2007 年后，风力发电变桨距技术全球申请量突然出现快速增长的趋势。这是因为欧盟于 2007 年提出了《2020 年气候和能源一揽子计划》，该计划明确提出要将温室气体排放量在 1990 年基础上继续降低 20%。另外一个不可忽视的因素是，我国也在"十二五"时期提出加快风力发电等新能源的建设，"十三五"时期国家要求全国风力发电并网装机容量要达到 2.1 亿千瓦。由于以上政策的提出，各国加快了从传统能源向新能源转型的步伐，而风力发电变桨距技术作为提高风力发电能源输出稳定性的重要技术也越来越受到重视，因而带动了风力发电变桨距技术在专利申请布局上的快速增长。

（4）2011 年之后（波动发展阶段）

2010 年之后，2011 年欧盟进一步提出了 2050 年减少温室气体排放量 80% ~ 95% 的长远目标，2014 年明确了 2030 年温室气体排放量在 1990 年的基础上降低 40%，并最终在 2021 年通过《欧洲气候法案》，从法律层面确保欧洲到 2050 年实现碳中和，我国由国家发改委、国家能源局发布的《关于促进新时代新能源高质量发展的实施方案》则明确，2030 年风力发电和太阳能发电总装机容量要达到 12 亿千瓦以上。但是，各国在新能源发展方向上出现了一些摇摆。对于风力发电产业来说，有利和不利的政策相互交织，导致这一时期的全球风力发电变桨距技术专利申请出现波动的态势。

总体上全球风力发电变桨距技术专利申请类型以发明为主。一方面，由于风力发电变桨距技术具有其特殊性及复杂性，在硬件方面，风力发电机控制系统工作在自然环境中面临着复杂多变的环境，自身要求就比一般系统高得多，而从技术发展类型角度来说，无论是主动变桨距技术还是被动变桨距技术，均有较高的技术含量，因而更适于采用保护力度更强的发明专利进行保护；另一方面，2000 年以后，由于我国风力发电变桨距技术的发展，为了尽快地追赶国外发展的脚步，打破国外在风力发电变桨距技术方面的垄断，我国企业更倾向于采用实用新型这种短平快的专利申请策略对技术进行保护，因而在 2000 年以后全球风力发电变桨距专利申请中实用新型一直保持着一定的占比。

5.2.2.2　全球风力发电变桨距技术各时期专利申请分析

为展示各阶段各主要国家风力发电变桨距技术发展状况，以下对风力发电变桨距技术萌芽阶段和快速发展阶段的专利申请进行对比分析。

（1）萌芽阶段的专利申请

表 5 - 2 - 2 示出了风力发电变桨距技术萌芽阶段主要国家专利申请趋势。

表 5 - 2 - 2　风力发电变桨距技术萌芽阶段主要国家专利申请趋势　　（单位：件）

国别	1988 年	1989 年	1990 年	1991 年	1992 年	1993 年	1994 年
美国	10	1	11	29	9	2	7
法国	13	0	1	0	1	0	1
日本	5	2	8	9	4	17	12
澳大利亚	2	6	1	1	0	0	0
荷兰	0	3	1	0	0	0	0
中国	2	1	2	0	0	0	0
英国	1	0	12	11	0	5	0
德国	1	1	2	0	3	3	4
丹麦	0	0	0	0	3	0	0
韩国	0	0	0	0	0	0	15

国别	1995 年	1996 年	1997 年	1998 年	1999 年	2000 年
美国	2	6	35	2	0	7
法国	5	2	3	1	0	4
日本	7	3	7	8	13	13
澳大利亚	0	2	0	0	0	0
荷兰	2	0	0	0	0	0
中国	0	0	0	3	1	0
英国	0	1	0	1	2	11
德国	14	4	6	7	28	82
丹麦	1	0	6	21	11	5
韩国	0	0	0	0	0	0

在风力发电发展初期，基本上美国的个人对风力发电变桨距技术研究较多。到1993 年以后，日本对风力发电变桨距技术的研究也渐渐发展起来。这个阶段对风力发电变桨距技术的研究比较少，主要是因为整个风力发电行业也是刚刚起步，研究关注的重点还在整体风力发电机性能，例如何能够获取更多的风能上，而并没有关注进一步的风能输入和输出的匹配问题。并且该阶段对风力发电变桨距的研究主要还是被动变桨距，通过弹簧或者离心锤等实现变桨距，关于主动变桨距技术的研究还比较少。直到1995 年之后，德国风力发电变桨距技术专利申请逐渐增长，到2000 年占到全球市场的较大份额，这是因为德国有着西门子以及 Enercon 这两大风力发电巨头存在，在风力发电发展早期其专利技术在市场中占据重要地位。因此，早期风力发电变桨距技术

主要集中在欧美等国家。亚洲国家中，日本发展风力发电相对较早，其在早期风力发电变桨距技术方面一直具有一定的话语权，但其整体申请量波动较大。

（2）快速发展阶段的专利申请

表 5－2－3 示出了风力发电变桨距技术快速发展阶段主要国家专利申请趋势。

表 5－2－3　风力发电变桨距技术快速发展阶段主要国家专利申请趋势　（单位：件）

国别	2001 年	2002 年	2003 年	2004 年	2005 年	2006 年
德国	99	19	42	99	66	72
日本	33	22	47	41	43	36
美国	29	48	58	73	119	164
丹麦	9	36	43	26	19	80
英国	0	13	13	9	8	13
法国	5	9	3	0	0	0
西班牙	6	0	0	8	19	22
中国	0	5	0	0	11	38
国别	2007 年	2008 年	2009 年	2010 年	2011 年	2012 年
德国	88	104	123	192	118	123
日本	55	65	115	205	124	85
美国	133	329	383	350	267	221
丹麦	134	83	76	128	160	73
英国	21	27	53	95	13	43
法国	0	0	0	0	0	14
西班牙	13	42	0	28	35	46
中国	60	67	113	220	285	285

可以看出，德国在风力发电变桨距技术发展早期的申请量占整个申请量的主导地位，直到 2004 年之后，这种优势相应地被美国占据了一些，这主要是因为美国通用电气公司自 2002 年收购安然公司，跻身于世界风力发电制造业之后，不久就在风力发电领域占据了相当大的一部分市场份额。而丹麦由于风力发电巨头维斯塔斯的存在，因此在风力发电市场一直占有比较稳定的份额。日本作为一个岛国，其具有较长的海岸线，因此开发海上风力发电资源是日本发展风力发电的一个巨大机会。日本风力发电技术的开发在亚洲处于领先地位，其开发较早，并且持续占有一定比例，到 2010 年达到顶峰。我国风力发电发展起步相对较晚，风力发电变桨距技术在 2005 年之前基本处

于零起步状态；直到 2006 年之后，我国风力发电变桨距技术才逐步起步，专利申请量也较低，呈现缓慢增长趋势；直到 2009 年，我国风力发电变桨距技术才有了较快发展，2010—2012 年占比达到高峰。而德国、丹麦等国家专利申请量一直保持较为稳定的水平。

在 2001 年以后的快速发展阶段，能源危机和紧缺以及环境污染的问题更为凸显，各国都在寻求一种可以替代化石燃料的无污染能源，各国的政策都向新能源例如风电开发等倾斜。

在风力发电变桨距技术快速发展的时期，美国和中国申请量处于比较靠前的位置，其中，美国风力发电变桨距专利申请量占比达到 28%，遥遥领先；中国风力发电变桨距专利申请量占比 17%。中国虽然位居第二，但整体数量与美国还存在较大的差距，美国申请总量大约是中国申请总量的 1.65 倍。德国、日本、丹麦紧随其后，占比分别为 14%、13%、12%。其余国家占比均在 10% 以下。其他专利申请主要集中在丹麦、英国、西班牙等拥有大型风力发电公司的国家。因此，快速发展阶段风力发电变桨距专利申请国家的梯队非常明显：美国处于第一梯队；中国、德国、日本、丹麦等属于第二梯队，占比均在 10% ~ 20%；而其他国家如英国、韩国、西班牙属于第三梯队，占比均在 10% 以下。

5.2.2.3 全球风力发电变桨距技术主要申请国家或地区申请对比状况分析

图 5 - 2 - 2 示出了全球风力发电变桨距技术主要国家或地区申请趋势对比情况。

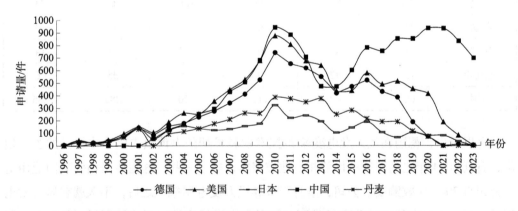

图 5 - 2 - 2 全球风力发电变桨距技术主要国家或地区申请趋势

从风力发电变桨距技术全球主要国家或地区申请趋势对比情况可以看出，变桨距技术出现较早，风力发电技术一出现人们就关注到了变桨距技术，在 1996 年以前变桨距技术专利申请数量一直处于缓慢发展阶段，但值得注意的是在 1980 年左右美国出现了一次申请高峰（图中未示出），这可能与当时的风力发电产业政策刺激有关。1998

年各风力发电大国关于风力发电变桨距技术的专利申请均呈现出快速上涨态势，在 2005 年之前除中国外各主要国家之间的增长速度或年申请量相差无几，2005 年以后美国和中国开始呈现出爆发增长的态势，其中 2010 年以后中国的年申请量超越美国、德国之后就一直保持着快速增长的态势，而其他国家在此期间则呈现波动发展的态势。

5.2.2.4　全球风力发电变桨距技术专利申请五局流向状况分析

就五局专利申请总量分析可知，风力发电变桨距技术专利申请数量最多的是 CNIPA（5617 件），第二是 USPTO（3863 件），EPO（1913 件）第三，JPO（1497 件）第四，KIPO（544 件）最少，专利申请总量反映出全球风力发电变桨距技术专利保护的布局情况，也反映出该领域创新主体对相应国家或地区的市场重视程度。

从具体流向来看，CNIPA 方面，流向 CNIPA 的风力发电变桨距专利申请主要来自美国（326 件）和欧洲（230 件）；与流向 CNIPA 的专利申请数量相比，中国流向其他局的风力发电变桨距专利申请较少，数量较多的是 USPTO（73 件）和 EPO（64 件）。可见，中国在风力发电变桨距技术创新方面目前仍是技术输入方。USPTO 方面，流向 USPTO 的风力发电变桨距专利申请主要是欧洲（325 件）和日本（129 件）；与流向 USPTO 的专利申请量相比，美国流向其他局的专利申请较多，数量较多的是 EPO（536 件）和 CNIPA（326 件）。可见美国在风力发电变桨距技术创新方面有着较大优势，目前仍是风力发电变桨距技术输出方。EPO 方面，流向 EPO 的风力发电变桨距专利申请主要来自美国（536 件）和日本（169 件），中国（64 件）和韩国（19 件）均与美国在 EPO 方面的专利布局数量有着巨大的差距。与流向 EPO 的专利申请量相比，欧洲流向其他局的专利申请也大致数量相当，数量较多的是 USPTO（325 件）和 CNIPA（230 件）。可见欧洲在风力发电变桨距技术创新方面也有着较大优势，目前既有风力发电变桨距技术的输入，同时也有风力发电变桨距技术的输出。JPO 方面，流向 JPO 的风力发电变桨距专利申请主要来自欧洲（169 件）和美国（91 件），韩国（11 件）和中国（4 件）流向 JPO 的专利申请数量较少；与流向 JPO 的专利申请量相比，日本流向其他局的专利申请数量较多，数量由多到少依次是 EPO（169 件）、USPTO（129 件）、CNIPA（84 件）以及 KIPO（70 件）。可见日本在风力发电变桨距技术创新方面有着较大的投入并向外进行了技术输出。KIPO 方面，流向 KIPO 的风力发电变桨距专利申请数量较多的依次是日本（337 件）、美国（278 件）、欧洲（211 件）和中国（82 件）；与流向 KIPO 的专利申请量相比，韩国流向其他局的专利申请数量略少，数量由多到少依次是 JPO（70 件）、USPTO（56 件）、EPO（34 件）、CNIPA（7 件）。可见，韩国在风力发电变桨距方面技术创新实力较弱，其他国家或地区在韩国的布局也较少。

5.2.3 中国风力发电变桨距技术专利申请分析

本小节主要对中国风力发电变桨距技术专利申请趋势以及专利申请类型趋势进行梳理分析。

5.2.3.1 中国风力发电变桨距技术专利申请趋势

图 5 - 2 - 3 示出了中国风力发电变桨距技术专利申请趋势。从该图中可以看出，鉴于中国风力发电变桨距技术研究相对国外起步较晚，中国风力发电变桨距技术的专利申请出现得也较晚。

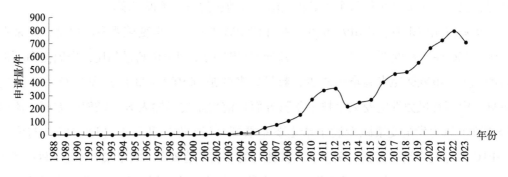

图 5 - 2 - 3 中国风力发电变桨距技术专利申请趋势

基于图 5 - 2 - 3 示出的情况，中国风力发电变桨距技术发展可分为以下几个阶段。

（1）2000 年以前（初步发展阶段）

2000 年以前中国的风力发电变桨距系统主要以购买国外的技术为主，在 1997 年国家"乘风计划"支持下，风力发电真正从科研走向市场。自 1998 年起，国外一些大型风力发电企业开始将 PCT 申请的触角伸向中国，这意味着国外风力发电企业看好中国风力发电市场前景，并开始着手进行专利布局。这一时期是中国风力发电变桨距技术专利申请的初步发展阶段，在专利申请数量方面仅有零星的专利申请，并未形成规模。

（2）2001—2010 年（加速发展阶段）

2001 年以后，兆瓦级风力发电机已经成为世界风力发电市场的主流机型，这在很大程度上刺激了国内对大型风力发电机技术的开发。随后，国内开始集中力量投入对风力发电技术的研发，特别是 2003 年之后，国家基本每年都出台关于新能源开发的政策，如 2005 年国家出台的《可再生能源法》，有效促进了国内新能源的大力发展。这一阶段风力发电变桨距技术的创新投入研究也逐渐增多，体现在风力发电变桨距技术专利申请上也呈逐渐增多的趋势。这一时期是中国风力发电变桨距技术专利申请的加速发展阶段。

（3）2011—2019 年（波动发展阶段）

2011 年以后，风力发电变桨距技术专利申请呈现出增长乏力的态势，并于 2012 年出现急剧下降的情况，在经过 2012—2015 年的低谷后，2016 年才恢复增长的态势。出现以上情况的原因是，在这一阶段政策主导了中国风力发电产业的发展，在有利和不利政策相互交织的情况下，风力发电产业的发展出现波动。风力发电变桨距专利申请趋势的波动也反映了这一时期风力发电产业的波动。这一时期是中国风力发电变桨距技术专利申请的波动发展阶段，在专利申请数量方面呈现出波动徘徊的态势。

（4）2020 年之后（平稳发展阶段）

在"双碳"目标的大背景下，中国的风力发电产业政策也逐渐进行了调整，已经建立起解决"弃风"率高的长效机制，2020 年以来风力发电新增及累计装机容量持续增长，风力发电发电量持续增长，中国已是全球最大的风力发电市场，是世界上第一个风力发电装机容量超过 200 GW 的国家。结合当前旺盛的用电需求，经济已经成为影响风力发电产业发展的核心因素，这一时期风力发电变桨距技术的发展也逐渐回归常态，体现在专利申请数量上是对前期波动态势的修复，逐渐进入平稳发展的阶段。这一时期是中国风力发电变桨距技术专利申请的平稳发展阶段，在专利申请数量方面呈现出恢复增长的态势。

5.2.3.2　中国风力发电变桨距技术专利申请类型趋势分析

总体上风力发电变桨距技术中国专利申请类型以发明为主。与风力发电变桨距全球专利申请类似，一方面，由于风力发电变桨距技术具有其特殊性及复杂性，在硬件方面，风力发电机控制系统工作在自然环境中，面临着复杂多变的环境，自身要求就比一般系统高得多，而从技术发展类型角度来说，无论是主动变桨距技术还是被动变桨距技术均有着较高的技术含量，因而更适于采用保护力度更强的发明专利进行保护；另一方面，2000 年以后，由于我国风力发电变桨距技术的发展，为了尽快地追赶国外发展的脚步，打破国外在风力发电变桨距技术方面的垄断，我国企业更倾向于采用实用新型这种短平快的专利申请策略对技术进行保护，因而在 2000 年以后风力发电变桨距专利申请中实用新型一直保持着一定的占比。

5.3　风力发电变桨距技术专利重要申请人分析

本节主要对全球风力发电变桨距技术专利重要申请人状况以及中国风力发电变桨距技术专利重要申请人状况进行梳理分析，以展示风力发电变桨距技术领域的创新主体整体概况，并通过典型创新主体的代表专利阐释其技术发展特点。

5.3.1 全球风力发电变桨距技术专利重要申请人分析

本小节主要对全球风力发电变桨距技术专利重要申请人整体排名情况、代表申请人的具体申请趋势情况以及代表专利情况进行分析，以展示全球风力发电变桨距技术领域重要申请人的创新实力概况及技术创新特点。

5.3.1.1 全球风力发电变桨距技术专利重要申请人整体状况

本小节主要对全球风力发电变桨距技术专利重要申请人进行分析，对其排名情况以及各自申请趋势对比情况进行梳理分析。

图5-3-1示出了全球风力发电变桨距技术专利申请量排名前10位的申请人，分别是通用电气、维斯塔斯、西门子歌美飒、金风科技、三菱重工、乌本、雷神科技、明阳智能、远景能源、诺德克斯。可以看出，排名前列的申请人中主要是传统的风力发电巨头，如通用电气、维斯塔斯以及西门子歌美飒。虽然中国创新主体也占有一定数量，但从专利数量上来说与排名靠前的创新主体相比仍有较大的差距，这从侧面说明了在风力发电变桨距技术领域传统风力发电巨头有着较大的先发优势，形成了较多的创新积累。

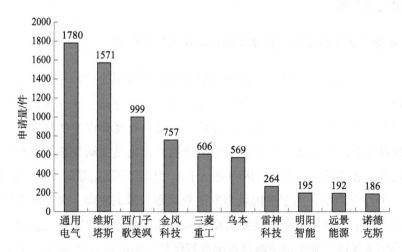

图5-3-1 全球风力发电变桨距技术专利申请量排名前10位的申请人

其中，美国通用电气近年来成为风力发电领域的领军人，通用电气在2002年5月收购安然公司，收购后接手了该公司的所有风力发电技术，大大缩短了通用电气的研发时间，因此经过大概2年的时间，通用电气在风力发电方面的申请量就有很大的提升，其中也包括风力发电变桨距技术的申请。2006年其申请量达到了一个较高的水平，主要是由于2005年底美国政府实施风力发电生产税减免政策，大大刺激了风力发电需求，同时也提高了包括通用电气在内的风力发电企业研发的积极性。

　　而对于维斯塔斯来说，1985 年其就成功研发了变桨距风力发电机，使得风力发电机叶片可以根据风况时刻微调叶片的角度，从而大大提升风力发电机的发电量。这一特性很快成为维斯塔斯的卖点。1990 年，维斯塔斯成功地研发出突破性的叶片，把重量从 3800 kg 降低到 1100 kg。1994 年，风能设备行业竞争显著，维斯塔斯更加专注研发和创新，加上风力发电变桨距技术，维斯塔斯使风能成为一种稳定、可靠的能源。1995 年，维斯塔斯海上风力发电启航，建造了全球首批海上风场。2001 年，维斯塔斯成为当时海上风力发电场风能设备的主要供货商。2004 年末，维斯塔斯和世界上另一家风力系统的领先制造商 NEG Micon 合并。一直以来的持续技术创新确保了维斯塔斯在全球风力发电技术领域的领先地位。

　　而国内企业有金风科技、明阳智能和远景能源位列申请量前 10 位。金风科技是国内最早从事风力发电行业的探路者，其经历了国内风力发电技术的起步和发展。其在 2018 年开发"独立变桨控制（IPC）技术"，并得到北京鉴衡认证中心的认证，这标志着新型独立变桨控制技术从算法原理、硬件以及保护系统设计、控制效果仿真分析及控制效果试验验证全方位得到验证，整个系统达到产业化的标准。

　　明阳智能成立于 2006 年，随着中国风力发电产业的快速发展，明阳智能也得到了快速发展，并且通过技术引进、联合开发等方式加强技术创新储备。明阳智能在进入风力发电产业时就提出了大型风力发电机战略，重点发展海上大型风力发电机，而变桨距技术对于大型风力发电机来说具有重要的意义。在此背景下，明阳智能对于变桨距技术进行重点创新研发，并参与了风力发电机变桨距系统相关标准的修订。

　　远景能源从 2009 年推出首款风力发电机开始，就掌握了自主整机技术。对于变桨距技术，从 171 米风轮直径叶片开始，远景能源对铺层进行了特殊设计，在大弯矩载荷下叶片会自动发生扭转从而改变攻角，在叶片完成"缓慢"的变桨距动作前就实现一定程度的自适应降载。

　　为进一步展示风力发电变桨距技术重要申请人创新趋势状况，以下选取全球风力发电变桨距技术专利申请量排名前六位的申请人进行趋势对比分析。

　　图 5 - 3 - 2 示出了重要申请人风力发电变桨距技术专利申请趋势。可以看出，各重要申请人的申请趋势都经历了萌芽期、缓慢增长期、快速增长期和稳定期。通用电气起步较早，而后是三菱重工、乌本、维斯塔斯、西门子歌美飒、金风科技，技术的发展基本呈现错落有致的情形。几个重要申请人的发展时代不同。国外风力发电巨头风力发电变桨距技术的蓬勃发展主要集中在 2015 年之前，通用电气和三菱重工申请高峰在 2010 年左右，2011 年以后，三菱重工专利申请量急剧下降，没有出现回升；而通用电气虽然后期申请量有相应的回升，但也无法占据绝对的领导地位。金风科技经过不断的发展，2015 年左右在该领域崭露头角，在 2018 年申请量达到顶峰，而后逐渐表

现出乏力的现象。在 2015 年之后世界风力发电变桨距技术专利申请量呈现重新分配的状态，我国在该技术领域处于领先地位。

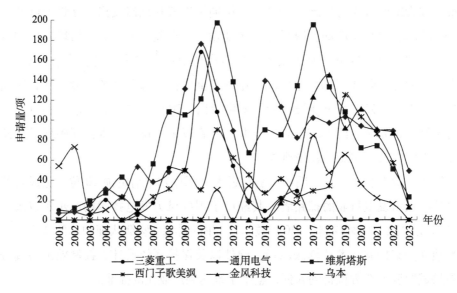

图 5-3-2　重要申请人风力发电变桨距技术专利申请趋势

5.3.1.2　全球风力发电变桨距技术专利代表申请人具体状况

根据全球风力发电变桨距技术专利重要申请人梳理分析，选取通用电气、维斯塔斯、西门子歌美飒作为全球风力发电变桨距技术的代表申请人。以下通过对上述代表申请人的申请趋势以及代表专利进行展示，以展示它们在该技术领域的创新特点。

（1）通用电气

从申请趋势方面来看，通用电气涉足风力发电变桨距技术创新时间较早，但在 2000 年之前该公司的风力发电变桨距技术专利申请一直处于较低水平，而 2000 年之后其风力发电变桨距技术专利申请则呈现出较快增长态势，并于 2010 年达到顶峰，随后进入波动阶段，但申请量仍处于高位状态，直到 2016 年后才呈现出波动下降的态势（参见图 5-3-2）。对比来看，通用电气的风力发电变桨距技术专利申请趋势与全球风力发电变桨距技术专利申请趋势较为一致，并且结合通用电气的风力发电变桨距技术专利申请总量在全球占据主导地位的情况来看，通用电气在该技术领域的技术创新具有较强的影响力，其在该技术领域的技术创新趋势较大程度上引领了该技术领域的全球创新趋势。

从技术发展方面来看，2000 年前通用电气即关注到风力发电变桨距技术的创新，例如 1997 年公开的美国专利 US5907192A，其涉及用于响应于公用电网中的电力损失而制动风力涡轮机的方法和设备，旨在解决公用电网与风力发电变桨距风力涡轮机的电力适配问题。

结合通用电气风力发电变桨距技术专利申请趋势可以看出，2010 年通用电气迎来了风力发电变桨距技术专利申请的第一个高峰。以 2009 年公开的 US20070891870A 为代表的专利关注到风力涡轮机的变桨距技术创新。该专利在中国、美国以及欧洲均进行了布局保护，可见通用电气对该专利的重视。该专利注意到，在突然的湍流阵风情况下，要降低转子非均衡性同时保持风力涡轮发电机的功率输出恒定，就要求叶片的螺旋角相对迅速地变化。在这种湍流阵风期间，负荷非均衡性以及发电机速度进而涡轮组件以及功率的振荡可能出现相当大的增加，并且可能缩短机器的寿命并且超出最大的规定功率输出水平（也称为过速限度），造成发电机跳闸并且在特定情况下风力涡轮机关闭。此外，由于风力切变效应的增大，突然的湍流阵风也可能显著地增加塔架的纵向和横向挠矩。针对上述技术问题，该专利提出了一种主动机构来控制风力涡轮机叶片的变桨距，以基于在到达转子叶片之前确定的转子前面的湍流阵风测量，通过单独地或不对称地使叶片变桨距来补偿正常操作期间的转子失衡。可见，在这段时间，通用电气较多地关注到了风力涡轮机的变桨距核心技术的创新。

经过几年的波动之后，2014 年通用电气迎来了第二个风力发电变桨距技术创新的专利申请高峰。以 US201114353612A 为代表的专利注意到，对于现有技术中的风力涡轮发电机，使用应急电池备用电源的叶片的受控变桨距是在电网电力和风力涡轮机电力发电同时损失的情况下使风力涡轮机转子减速的最有效方法，其中一些叶片桨距控制电路包括来自电池系统的直流（DC）功率，其通过转换器传输到叶片桨距驱动马达，该转换器包括直流中间电路和直流斩波器控制器，以提供可调节的直流功率来改变叶片桨距驱动马达的桨距速率。然而，这种紧急控制配置需要电池系统和转换器之间的额外布线，从而增加了安装成本。另外，叶片桨距驱动马达的正确操作取决于在电力完全损失的情况下直流斩波器控制器的可靠操作。

虽然 2016 年以后通用电气在风力发电变桨距技术方面的专利申请呈下降趋势，但其仍保持着持续创新态势。2023 年 6 月公开的专利申请 CN202211553063.0 提供了一种用于操作风力发电场的方法。具体地，在孤岛操作模式下操作串的风力涡轮，在该孤岛操作模式下，风力涡轮不与电网连接，并且相应的至少一个辅助子系统被供应以由相应的风力涡轮的功率转换系统生成的电功率；检测风力涡轮中的一个转子暴露于风力条件，在该风力条件下，转子叶片中的至少一个在当前生成的电输出功率下存在失速的风险，以及使由风力涡轮中的一个风力涡轮的功率转换系统生成的电功率增加足以供应串的其他风力涡轮中的至少一个风力涡轮的至少一个辅助子系统的电功率量。

综合来说，通用电气主要风力发电变桨距技术为电动变桨距，其可以实现同时变桨距或者单独变桨距，通过响应不同的参数例如桨距角、旋转速度、塔架偏转来控制变桨技术距以实现增加能量捕获或者减少负载的作用。

（2）维斯塔斯

从申请趋势方面来看，维斯塔斯风力发电变桨距技术专利申请趋势可以看出，该公司涉足风力发电变桨距技术创新时间较早，在该领域技术创新上具有先发优势。纵观风力发电变桨距技术发展历程，维斯塔斯早在1985年就成功研发了世界第一台变桨距风力发电机，使得风力发电机叶片可以根据风况时刻微调叶片的角度，从而大大提升风力发电机的发电量。从图5-3-2示出的维斯塔斯风力发电变桨距技术专利年申请趋势可以看出，虽然维斯塔斯的风力发电变桨距技术创新具备先发优势，但在2000年之前该公司的风力发电变桨距技术专利申请一直处于较低水平，而2000年之后则呈现出较快增长态势。与通用电气类似，该公司的风力发电变桨距专利技术申请在2011年达到顶峰，随后进入波动阶段，2018年后才呈现出波动下降的态势。对比来看，维斯塔斯与通用电气类似，其风力发电变桨距技术专利申请趋势与全球风力发电变桨距技术专利申请趋势较为一致，但总体数量略低于通用电气，维斯塔斯在该技术领域的技术创新同样具有较强的影响力，其在该技术领域的技术创新趋势较大程度上也引领了该技术领域的全球创新趋势。

从技术发展方面来看，维斯塔斯的早期重要专利US20020111921A在美国、欧洲以及澳大利亚等多个国家或地区进行了布局保护。该专利关注到之前风力涡轮机的控制方法是根据测量的参数（诸如风速、风湍流，即变化的风速等）来控制风力涡轮机叶片的桨距，以便在变化的天气条件下产生尽可能多的能量来优化风力涡轮机的操作，但是这些方法没有考虑转子表面上的风速变化（风切变）因素。该专利通过测量叶片上的机械负载，并根据测量的参数来控制风力涡轮机叶片的桨距，以在变化的天气和风条件下相对于产生的能量优化风力涡轮机的操作，从而克服上述技术问题。

维斯塔斯的风力发电变桨距技术专利申请顶峰出现在2011年，与全球顶峰大致相当，说明维斯塔斯在该技术领域的技术创新与全球主流创新趋势保持一致。在这期间的代表性专利是CN101660493A。该专利在中国、美国以及欧洲均进行了布局保护，特别是其在中国布局的专利至今仍处于授权后保护状态，专利权已维持了约10年之久，足见维斯塔斯对该项专利的重视程度。该项专利涉及用于测试桨距系统故障的桨距控制系统，用于调节运行过程中转子叶片桨距的桨距系统是风力涡轮发电机的一个基本运行部件。

虽然2018年以后维斯塔斯在风力发电变桨距技术方面的专利申请也呈下降趋势，

但其也仍保持着持续创新态势。2023 年公开的维斯塔斯的专利申请 WO2023213366A1 涉及基于风力涡轮机转子的磨损来控制风力涡轮机。该项申请为 PCT 申请。其关注的技术问题是操作条件和参数的不同组合可能对风力涡轮机变桨轴承造成不同水平的磨损，因而需要以保持转子叶片轴承寿命的方式操作风力涡轮机，即减少变桨轴承所遭受的磨损。基于该技术问题，该发明提供了一种基于风力涡轮机转子的磨损来控制风力涡轮机的方法，该方法基于检测到的风况确定用于控制风力涡轮机的控制参数，其中控制参数包括转子叶片的参考桨距角。该方法还包括将风力涡轮机操作参数与指示高于阈值磨损水平的操作参数进行对比的步骤，然后基于参考桨距角和阈值确定来控制桨距轴承。

（3）西门子歌美飒

从申请趋势方面来看，结合西门子歌美飒风力发电变桨距技术专利申请趋势可以看出，西门子歌美飒虽然整体态势上与通用电气、维斯塔斯类似，也在 2000 年后呈现出波动上升的态势，但与通用电气、维斯塔斯不同的是，西门子歌美飒的风力发电变桨距技术专利申请在 2018 年后仍然保持着较为强劲的态势。这种态势表明西门子歌美飒在该技术领域的技术创新一方面符合主流创新趋势，另一方面也呈现出其独特的创新特点。

众所周知，西门子歌美飒是通过西门子收购歌美飒而组成的，因而该公司兼具了西门子和歌美飒两家公司的长处。从技术发展方面来看，歌美飒的代表专利为 CN200780038216.5。该专利申请人为歌美飒创新技术公司，在中国、美国以及欧洲均进行了布局保护，且中国专利授权后维持了超过 10 年。该专利涉及风轮机叶片桨距系统：其关注的技术问题涉及紧急变桨距系统，现有技术中的紧急变桨距系统在紧急停止期间使用单独的执行机构旋转叶片而在正常运行时使用另一执行机构，并且在紧急情况期间使用电驱动的泵旋转叶片，在电源故障的情况下将产生致命的结果。

而西门子的代表专利是 CN200810171410.7，该专利申请人为西门子公司，在中国、美国以及欧洲均进行了布局保护。其提供了一种风力涡轮机转子叶片及可调桨距式风力涡轮机。该专利关注的技术问题是在桨距调整式风力涡轮机中，通过对转子上的转子叶片设定一个适当的桨距角来对风力涡轮机功率进行调节，但是，风力涡轮机经常会在湍流风场下运转，在这样的湍流风场以及高风速情况下运行，桨距调整式风力涡轮机可能会在转子叶片翼部的一部分上受到负升力，这种情况下涡轮机叶片上会产生与主风向相反方向的风力负载，这样会产生高偏航（yaw）力矩和倾斜（tilt）力矩作用在风力涡轮机机构上。

合并后的西门子歌美飒在风力发电变桨距技术创新方面呈现出较大的提升，代表专利是 CN202110189039.2，其申请人为西门子歌美飒。该专利关注的技术问题是风力涡轮机的变桨距控制系统中叶片的变桨距致动器被液压驱动，随着液压流体被消耗以用于变桨距致动器的移动，蓄能器中的压力下降，直到达到下限阈值。该专利的液压系统包括存储液压流体的储存器以及泵，如果蓄能器中的液压流体压力低于下限阈值且直到蓄能器中的液压流体压力超过上限阈值，该泵将液压流体从储存器供应到蓄能器，蓄能器存储由泵供应的加压液压流体并经由液压系统的输出阀将加压液压流体供应到变桨距控制缸，变桨距控制缸中的加压液压流体驱动活塞以改变叶片桨距角。该专利通过这种设置以达到解决上述技术问题的目的。

综合而言，西门子歌美飒侧重研究的风力发电变桨距技术结合了风力发电机的功率输出、疲劳或者阵风载荷等，在满足功率输出前提下进行风力发电变桨距控制，或者为了减少系统的疲劳载荷以及阵风载荷进行风力发电变桨距控制。

5.3.2 中国风力发电变桨距技术专利重要申请人分析

本小节主要对中国风力发电变桨距技术专利重要申请人整体排名情况、专利申请人类别情况以及重要申请人情况进行分析，以展示中国风力发电变桨距技术领域重要申请人概况及技术创新特点。

5.3.2.1 中国风力发电变桨距技术专利重要申请人排名情况

本小节主要对中国风力发电变桨距技术专利重要申请人排名情况以及类别情况进行梳理分析。

图5-3-3示出了中国风力发电变桨距技术专利申请申请人排名情况。由该图可以看出，排名前列的申请人分别是金风科创、维斯塔斯、明阳智能、通用电气等，其中国外风力发电重要创新主体维斯塔斯、通用电气以及三菱重工排名均较为靠前，说明这些创新主体对中国风力发电市场的重视。该图还示出了各申请人的专利申请类型状况。可以看出国内创新主体的专利申请发明专利和实用新型专利均有涉及，且均是发明占较大比例；而维斯塔斯和通用电气涉及较多的PCT申请。就具体技术而言，目前这些国外创新主体虽然在中国风力发电领域的变桨距技术方面专利布局较多，但大多数集中在对变桨距控制系统的研究，例如对风速、输出功率的响应等，采用PLC控制、模糊控制等，集中在如何实现控制的准确度上，而对于变桨距系统的机械结构研究较少，另外对于叶片变桨距技术与叶片性能本身联系不多，例如变桨距对叶片表面空气动力学（例如升力、阻力、载荷等）的影响，这些研究目前还存在一定的专利缺口。

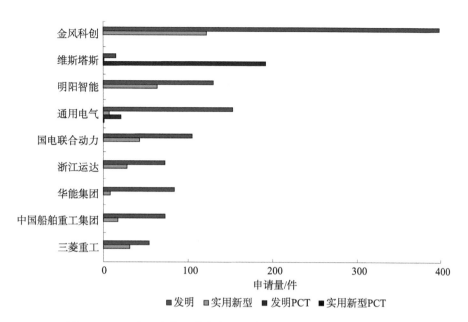

图 5 - 3 - 3 中国变桨距技术专利申请人排名及申请类型分布情况

对于国内创新主体来说，金风科创作为国内风力发电产业的龙头企业，其在变桨距技术方面也具有较大的创新领先优势。凭借变桨距技术上的优势，金风科创能够对现有风力发电机进行技术升级改造，这种升级改造既能充分利用原有塔架资源，又能大幅提升风能利用效率。除金风科创外，国内另一个创新主体代表是明阳智能，其创新重点侧重于变桨距的控制技术，通过优化变桨距的控制技术，风力发电机能够满足不同运行时期和不同风况下对控制性能的不同需求。

从中国变桨距技术专利申请人类别情况来看，申请人主要为企业，其申请量占到了申请总量的 78.33%；其次是大专院校，国内有较多高校对风力发电变桨距技术进行了研究，申请量占比达到了 13.14%；最后是个人和其他科研单位。而个人的申请基本上是对被动变桨距方面的研究，关于企业申请人，许多是来自国外的风力发电巨头，例如通用电气、维斯塔斯、三菱重工等。国内的申请人只占据了一半左右的申请量，并且国内申请人多是个人，并没有形成一定的研究体系和研究团队，其申请涉及的也大都是小型风力发电机上的被动变桨距，对大型风力发电机的变桨距技术研究并没有过多涉及。国内形成团队研究的主要是金风科技以及明阳智能。

5.3.2.2 中国风力发电变桨距技术专利重要申请人具体情况

（1）金风科创

根据中国风力发电变桨距技术专利重要申请人梳理分析，金风科技是中国创新主体在该技术领域的代表。因此，以下通过对金风科创的申请趋势以及代表专利进行介绍，以展示其在该技术领域的创新特点。

从申请趋势来看，金风科创进军风力发电变桨距技术领域较晚，2015 年之前金风科创在变桨距技术领域的申请较少；2015—2018 年其经历了快速发展时期，申请量大幅增加，到 2018 年达到了高峰，年申请量达到 145 件，并在此后几年内呈现高位震荡态势。

在风力发电变桨距技术创新方面，2018 年 11 月 13 日，金风科创获得国内权威认证机构北京鉴衡认证中心颁发的"独立变桨控制（IPC）技术"认证，这是国内首次对独立变桨控制功能的全面技术认证，对先进控制技术赋能风力发电机具有重要意义。一直以来，传统的独立变桨距技术可显著降低风力发电机气动不平衡带来的疲劳载荷，但在产业化应用上，也面临一定掣肘。金风科创研发团队经过多年努力，从原理出发对独立变桨距进行了重新定义，开发出的新型独立变桨距控制系统在实现疲劳载荷控制需求的基础上对变桨距系统载荷几乎不产生影响，同时可有效降低极端风切变、极端相干阵风、极端风向改变等极端风况下风力发电机载荷，增大叶片与塔架间净空，为开发更大风轮直径风力发电机开辟新的产业化核心基础技术发展方向。2014 年以来，金风科创在变桨距技术方面一直有较多的专利申请，也说明其投入大量的资源对风力发电变桨距技术进行了研究。

从技术发展方面来看，金风科创早期的代表专利 CN2736554U 是实用新型专利。该公司更倾向于采用审查程序较为便捷的实用新型专利对早期风力发电变桨距技术创新成果进行保护，在初步进入已经发展相对成熟的技术领域时这种策略显然是较为明智的。该专利涉及一种变桨距控制装置，其关注的技术问题是现有技术中的变桨距控制器一般由桨叶迎风位置检测传感器、位置调节器、变桨距执行机构和液压伺服机构等组成，其缺点是液压装置漏油无法避免，造成一定的污染。该专利采用了由整流器、储能装置和逆变器组成的电源，由于储能装置为电池或电容，尤其采用电容储能时，直流逆变，不仅可避免漏油，无污染、免润滑，并且重量比电池轻了 50%，寿命可达 100 万次，有效解决了现有技术中存在的污染问题。该专利关注到了风力发电变桨距装置的电源问题，但并未涉及风力发电变桨距核心技术。

金风科创在风力发电变桨距技术专利申请高峰期的代表专利是 CN109555651B。该专利涉及风力发电变桨距系统的传动装置，金风科创围绕该技术布局了多件专利申请，目前多数已处于授权后保护状态，可见该技术是金风科创这一时期的风力发电变桨距代表技术。该专利关注的技术问题是现有技术风力发电变桨距系统一般通过传动带进行变桨距，其中传动装置的张紧轮虽然能够满足传动带包角要求，但无法调节牵引部件局部受力集中的问题。

金风科创在风力发电变桨距技术领域截至 2023 年底最新的代表专利申请是

CN117167205A。该项申请涉及风力发电机变桨距系统的异常检测方法、控制器及风力发电机，其关注的技术问题是当变桨距系统发生异常时，除了会导致叶轮气动不平衡，影响发电机转速稳定，还可能会导致风力发电机产生一定的振动，三叶片角度发生偏差，一般表征变桨距系统的器件发生了某种早期故障，诸如刹车阀早期磨损、变桨驱动器输出异常、速度命令输出模块异常等，因此，在风力发电机运行过程中，需要实时检测叶片角度偏差及其变化情况。为解决上述技术问题，该专利通过获取三支叶片在各个采样时刻的桨距角，对三支叶片在同一采样时刻的桨距角两两作差，获取每两支叶片的桨距角之差，基于获取的每两支叶片的桨距角之差，计算反映每两支叶片的桨距角之差的分布特性的数值统计量；基于所述数值统计量，确定风力发电机变桨距系统是否发生异常。通过这种设置，风力发电机变桨距系统能够准确实时地对变桨距系统三个叶片的角度情况进行监测，及时检测出变桨距系统的早期异常或故障，保障风力发电机稳定、安全地运行。

综上可见，金风科创不仅关注了变桨距系统的结构，也关注了变桨距的控制方法，其近年来在变桨距方面进行了大量的专利布局。但由于金风科创进军变桨距技术领域较晚，国外技术已经成熟，想要在风力发电变桨距技术领域有所突破，还需要进一步加大研发力量。此外，找到技术突破点和技术空白点对于进一步布局风力发电变桨距技术，在竞争激烈的技术领域占领一席之地也是重要的途径。

（2）明阳智能

根据中国风力发电变桨距技术专利重要申请人梳理分析，明阳智能是除金风科技之外，中国创新主体在该技术领域的另一代表。因此，以下对明阳智能的申请趋势以及代表专利进行介绍，以展示其在该技术领域的创新特点。

从申请趋势来看，与金风科创类似，明阳智能进军风力发电变桨距技术领域也比较晚，2009 年左右明阳智能才刚刚出现零星申请，随后的缓慢发展过程一直持续到2017 年，其年申请量基本在 10 件以下；2018—2022 年进入了快速发展期，这一时期明阳智能关于风力发电变桨距技术的专利申请呈现整体增长的态势，并于 2022 年达到高峰。

从技术发展方面来看，明阳智能早期的代表专利 CN201433851Y 是实用新型专利。与金风科技创新保护策略类似，早期该公司也倾向于采用审查程序较为便捷的实用新型专利对风力发电变桨距技术创新成果进行保护。该专利涉及一种风力发电机新型变桨距装置，其关注的技术问题是：现有技术中的风力发电机主要采用步进电机带动伞齿轮来实现变桨距，变桨距功率调节不完全依靠叶片的气动特性，还依靠改变叶片相匹配的叶片攻角来调节，在高风速时可选择桨距优化功率输出，然而步进电机带动伞齿轮没有自锁性，无法实现最佳桨距优化功率输出及稳定输出，在高风速时经常输出不稳定。针对上述问题，该专利采用阿基米德螺线转动槽的结构，能够实现任意角度自锁，不论风速高低，都可选择驱动电机旋转调整叶片角度，保证优化功率输出。该专利具有结构简单、制造成本低、便于维护等特点。该专利关注到了风力发电变桨距装置的变桨距传动问题，但并未涉及风力发电变桨距控制等核心技术。

明阳智能在风力发电变桨距技术专利申请快速发展期的代表专利是 CN108180111A。该专利涉及一种风力发电机组基于叶根载荷与塔架载荷的降载控制方法。该专利已处于授权后保护状态，且被引证次数达到十余次，可见该专利是明阳智能这一时期的风力发电变桨距代表性技术。该专利关注的技术问题是：现有技术通常是通过叶根载荷传感器采集的叶根载荷，通过塔顶和塔底载荷传感器采集的塔顶载荷与塔底载荷，用于机组安全运行状态的检测，当载荷超过安全保护值的时候，一般采取停机顺桨，保障机组的安全。然而，尚没有通过这些载荷信号有效地降低机组运行载荷的方法。该专利通过采用基于叶根载荷及塔架载荷，反馈控制发电机的转速及扭矩，降低机组运行极限载荷。采用该专利的柔性降载控制方法，可以在不停机的情况下，最大限度降低机组运行载荷。这一时期，明阳智能关于风力发电变桨距的创新已经逐渐深入，在风力发电变桨距控制核心技术方面也实现了创新突破。

明阳智能在风力发电变桨距技术领域截至 2023 年底最新的代表专利申请是 CN116928022A。该专利涉及基于 IPC 独立变桨距技术的两叶片风机分级模糊控制方法，其关注的技术问题是：独立变桨距技术的载荷控制策略，进而提高系统的可靠性以及延长大型风电机组的使用寿命。详细来说，独立变桨距技术是解决叶轮不平衡的有效手段，现有技术中基于坐标变换的独立变桨距技术因其可对载荷进行反馈控制而被广泛研究和使用，该方法主要应用多坐标变换的方法，对大型风电机组进行多变量耦合，对控制系统进行部分解耦，将旋转坐标系下的控制状态参数转变为固定坐标状态进行换算，以此实现多个控制环的解耦控制，但是多闭环控制系统中的 PI 控制器参数难以整定，同时大型风力发电机组的非线性特征也影响了控制效果。此外，亦有线性二次高斯函数对功率与载荷的最优控制，设计兼顾鲁棒性与稳定性的独立变桨距控制器，但是由于风力发电机强非线性和风速风向的随机性导致系统更加复杂，实际机组的精确模型更加难以建立。针对上述问题，该专利利用模糊算法对 PID 控制进行优化，以风力发电机的功率偏差和功率偏差变化率为输入，实现 PID 参数的自适应调整，进而输出桨距角。该方法中的受力变桨距模糊控制器根据测量载荷的变化与载荷变化率以及模糊控制规则，确定不同载荷情况下的桨距角变化量，与 PID 控制输出的桨距角叠加作为单个叶片的变桨距给定值，同时使用功率模糊控制器使功率输出稳定，从而实现各个变桨距系统的独立变桨距动作，减小风机的输出功率波动。通过该发明的变桨距控制，能够有效改善大型两叶片风电机组疲劳载荷过大以及功率波动的问题。

　　综上可见，明阳智能通过早期变桨距系统的结构创新，逐渐进入变桨距技术的创新领域，并且随着创新的逐步深入，对于变桨距的核心控制技术也形成了较多的创新成果。

5.4　风力发电变桨距专利技术发展路线

　　本节从技术发展迭代的角度对风力发电变桨距技术进行梳理，分别对主动变桨距技术、被动变桨距技术以及新兴变桨距技术从各技术分支的发展、演变以及迭代情况进行介绍，以展示各技术分支发展情况。

　　风力发电变桨距技术专利申请始于 20 世纪 70 年代，一直到今天仍然在不断地发展进步。图 5 - 4 - 1 是风力发电变桨距技术的发展路线图。从该图中可以看出，在风力发电技术萌芽的早期，研究人员对风力发电变桨距技术的研究主要集中在被动变桨距方面。最初叶片变桨距比较简单，叶片可转动地安装在叶片主轴上，当风速过大时，叶片可以跟随叶片轴转动，以改变叶片桨距角实现被动变桨距。

　　早在 1974 年法国专利申请 FR2288877A1 就公开了叶片可转动地安装在转轴上实现被动变桨距的技术。该专利公开了用于风力发电机的自调节螺旋桨，自调节螺旋桨包括至少两个叶片，至少两个叶片固定在基本水平的中心旋转轴上，至少两个叶片由围绕竖直轴枢转安装的结构承载，并且至少两个叶片由用于通过结构的枢转保持中心旋转轴平行于风向的装置驱动，每个叶片能够围绕垂直于中心旋转轴的径向轴定向，每个叶片包括多个元件，多个元件围绕径向轴枢转安装，并且每个元件经受与由风引起的扭矩相反的回复扭矩，回复扭矩取决于元件的倾斜度及其相对于中心旋转轴线的径向距离。该专利的螺旋桨，可以在无人看管的情况下运行，因为叶片自身变形以适应风速，并且当风速过大时，叶片可以顺桨，或者当风速实际上为零时，叶片可以返回到垂直于旋转轴线的平面中，因而该专利的螺旋桨特别适合连接到配电网络的异步电动机—发电机。由于螺旋桨是自调节的，因此可以整个地区分布大量的风力涡轮机，每个风力涡轮机根据其位置进行调节，以便叶片具有最佳的形状，以适应该位置的正常风速。以这种方式安装的所有风力涡轮机将能够以与水力发电相同的方式向总电网输送电力，总电网将以与水力发电相同的方式容纳风力涡轮机，由风力涡轮机产生的能量取决于每个位置的风速。该专利公开的风力涡轮机解决了同时使用大量风力涡轮机而导致的能量产生的不规则性问题。

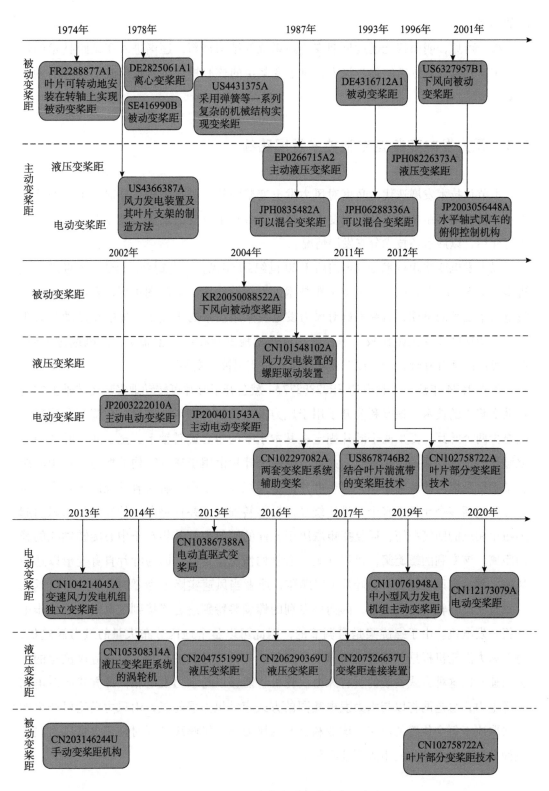

图 5 - 4 - 1 风力发电变桨距技术发展路线

　　直到 1978 年，由德国的奥格斯堡 – 纽伦堡机器制造公司申请的专利 DE2825061A1 提出了离心式变桨距技术。该专利提出了一种具有可变桨距叶片的风力发电机，该风力发电机的液压系统由两个相互连接的液压缸组成，其活塞分别通过一个偏心轮与各个叶片连接，在这种情况下，为了风力补偿，设置用于功率调节的支承位置的悬挂，叶片至少成对地通过直接的液压耦合相互连接，使得叶片可以反向旋转，在穿越不同风流的区域时，在引起力矩平衡的情况下实现迎角扭转。因此，根据该发明的装置，转子轮毂是以环绕的方式进行摆动支承，并且叶片以本身已知的方式可转动地安装在轮毂上。因此这种悬挂基本上相当于叶轮的简单基本结构，其具体作用是避免出现由于不同的空气流量引起的运转不稳定。离心式变桨距技术由于机械结构比最初变桨距的结构更为精准，变桨距的效果也大大提高，并且被动变桨距技术也被广泛应用于下风向风力发电装置，其在较低的成本下实现变桨距，这无疑是比较受欢迎的。

　　在这个时期也出现了主动变桨距形式的电动变桨距技术，如美国专利申请 US4366387A 公开的风力发电机装置。该风力发电机装置具有转子，转子具有至少一个转子叶片，叶片包括：翼形件，翼形件相对于转子的旋转平面构造并设置成使得离心力在叶片旋转时作用在叶片上，以在叶片上产生扭转力，扭转力倾向于改变叶片围绕纵向叶片轴线的桨距；还包括与叶片相关联的桨距固定装置，用于防止扭转力改变叶片桨距，直到扭转力超过取决于叶片的旋转速度的预定值为止，并且当超过预定值时允许扭转力改变叶片桨距，其中预定值对应于转子的正常速度，并且其中桨距固定装置包括弹簧偏置装置，该弹簧偏置装置在除了超过正常速度之外的所有时间固定桨距。但该时期的主动变桨距技术尚处在萌芽时期，相关的控制技术并没有相应地得到发展，因此这个时期的主动变桨距技术并不成熟。

　　随着 1987 年主动液压变桨距技术的提出，其以独特的技术优势使得液压变桨距技术在 2000 年以前都占据着比较重要的位置。与被动变桨距相比，其变桨距更具主动性，控制结构也能使变桨角度更加精确。这一时期液压变桨距成为变桨距技术的主流。主动液压变桨距的代表专利申请是 EP0266715A2，其提供了一种风力涡轮机桨距控制桨毂，其中液压管线同轴地穿过转子驱动轴朝向齿轮箱延伸，并且经由旋转接头连接到气动加压蓄能器和安装在偏航滑架中的其他部件。该系统以四种不同的模式操作：A. 加压启动；B. 在负载下进行顺桨倾斜动作；C. 卸载时进行与顺桨相反的倾斜动作；D. 快速顺桨动作（命令关闭）。当通电时，关闭阀关闭并且电动泵被激活以将系统充注到操作压力。气体弹簧压力和流体体积在蓄能器中平衡，并且气缸完全缩回到起始位置。当达到操作压力时，泵经由压力开关停用。泵将根据需要打开以维持由压力开关范围规定的系统压力。然而，当泵关闭时，止回阀将其与液压系统隔离。在模式 B 中，在涡轮机操作期间，当风速增加时，增加离心泵的力矩使得活塞杆能够被拉出气缸。从缸体排出的流体将经由液压管线被吸收到蓄能器中，该液压管线包括放气器、快速断开器、延伸穿过涡轮轴和旋转接头的液压管线、止回阀和减速器。流体体积的增加将增加蓄能器中的气体弹簧压力以及系统压力。蓄能器的尺寸被设计成吸收与最大系统压力相关联的体积。从气缸流到蓄能器的流体倾向于使转子叶片进行顺桨动作。在模式 C 中，液压流体流在相反的方向上。当叶片上的变桨力矩由于风速的减小而减小时，由蓄能器中的气体弹簧提供控制力以使致动器返回到运行位置。当弹簧朝向其平衡模式移回时，流体经由包括阀而不是止回阀的相同液压路径从蓄能器移位到致动器。模式 B 和 C 将在涡轮机运行期间频繁发生。由于通过流动摩擦和致动器摩擦存储能量的损失，泵将根据需要通电以保持系统压力。模式 D 通过使电磁阀断电而将液压流体排放到贮存器来实现。来自气缸的流体通过离心泵的顺桨力矩经由止回阀通过电磁阀被倾倒到贮存器，来自蓄能器的流体也被引导到贮存器。因此，该专利的风力涡轮机桨距控制桨毂借助于可靠的动态机械系统来控制可变桨距风力涡轮机中的输出扭矩，该动态机械系统用于根据由于风载荷和离心输入引起的叶片力矩自动控制叶片的桨距。

1993 年左右，人们发现液压变桨距技术虽然比较稳定，但存在输送油比较困难及大量油路容易造成漏油的缺陷。人们逐渐地开始采用电动变桨去替代液压变桨距。2001 年日本专利申请 JP2003056448A 公开了一种水平轴型风车的桨距控制机构，当水平轴型风车的桨距控制系统异常时，解除对应的叶片绕桨距轴的旋转限制，水平轴型风车的桨距控制机构包括转子，转子旋转自如地支承于机舱，转子与各叶片对应地配设于各轮毂内，独立地可变控制对应的各叶片桨距，桨距限制机构将各叶片的桨距可变范围分别限制在全顺桨位置与全平位置之间，桨距施力机构对各叶片分别向全顺桨位置侧施力。通过与各叶片对应地在轮毂内设置对叶片的桨距进行可变控制的桨距可变机构，从而不需要复杂的连杆机构等，而且运转时在桨距可变机构的桨距控制系统发生异常时，通过解除叶片的绕桨距轴的旋转约束，从而叶片被桨距施力机构向全顺桨位置侧施力，进而将桨距限制机构保持在全顺桨位置而有效地避免转子的过度旋转，能够确保安全性。进而，在利用桨叶施力单元对各叶片向全顺桨位置侧施力，且在桨叶可变单元的桨叶控制系统发生异常时，解除叶片的绕桨叶轴的旋转约束，利用桨叶限制单元将各叶片保持在全顺桨位置，因此在轮毂内不需要用于控制各桨叶可变单元的控制装置及电池等，能够得到轮毂内的结构简化及轻量化，并且能够期待制造成本的削减。另外，随着结构的简化及轻量化，维护变得容易，运行成本降低。

虽然电动变桨距技术有诸多的优点，但液压变桨距技术在这一时期因起步较早仍呈现出一定发展态势。美国专利 US6327957B1 公开了一种具有柔性可变桨距叶片的顺风式风力发电装置，包括被支撑用于风驱动偏航运动的涡轮机头，涡轮机头包括被支撑用于围绕横向于偏航运动轴线的轴线旋转的驱动轴，驱动轴具有横向固定到其上的轮毂，柔性翼梁横向于驱动轴附接到轮毂并从轮毂的相对端延伸；一对相对设置的柔性叶片，每个叶片具有带有开口的根部肋，翼梁的一部分通过该开口自由地延伸到叶片的中空部分中，以通过球形接头附接到叶片的中间部分，根部肋具有俯仰枢轴，该俯仰枢轴包括附接到根部肋并可滑动地延伸到附接到毂的球形接头中的短轴，以及叶片俯仰改变机构，该叶片俯仰改变机构连接到根部肋，以用于改变叶片围绕短轴的轴线的俯仰。在没有适当操作条件的情况下，叶片通过共同变桨机构变桨到失速位置。风力涡轮机的机舱罩限定通过头部的气流路径，并且机舱罩内的气流响应装置控制共同桨距机构，以根据预定的气流条件将叶片置于失速位置或运行位置，反向锥形防止装置限制叶片反向锥形的能力。该专利的柔性可变节距叶片的顺风式风力发电装置避免键槽、花键和导杆的使用，制造和维护更简单，成本降低，并且结合了一种独特的机构，用于在条件不适合风力涡轮机的运行时确保转子叶片变桨到失速位置。

虽然直到今天液压变桨距和电动变桨距两种方式也都在使用，但是 2000 年之后风力发电变桨距技术多采用电动变桨距，电动变桨距技术很好地解决了液压变桨距漏油的问题，也逐渐成为一种趋势。日本专利申请 JP2003222070A 公开的风车包括：竖立设置于规定的设置位置的塔架，安装于该塔架的机舱，以能够相对于该机舱旋转的方式安装于该机舱的旋转头，以叶片间距可变的方式安装于该旋转头的多个叶片，接受外部电力的供给来设定叶片间距的叶片间距设定单元，以及在不获得外部电力的供给情况下向降低叶片所受到的风压的方向变更叶片间距的叶片间距恢复单元。其中，刀片间距恢复装置使刀片羽化，叶片间距顺桨是指使安装于旋转头的叶片的间距与风的朝向平行的状态。另外，该风车具备与叶片连接的旋转轴以及对旋转轴施加从叶片间距设定单元输出的第一驱动力和从叶片间距恢复单元输出的第二驱动力的传递单元。也就是说，该风车能够将从两个轴输入的驱动力从一个轴输出。并且，该风车还具备配设在与叶片连接的旋转轴上的减速器，通过该减速器，能够增大相对于第一驱动力以及第二驱动力的旋转的减速比。这里的刀片间距恢复装置包括弹性构件，该弹性构件在减小由刀片接收的风压的方向上向刀片施加驱动力。该专利的叶片间距可变机构不会发生漏油等故障，即使在发生停电时也能够可靠地变更叶片间距。

然而近年来，人们逐渐关注到叶片表面的空气流动状态与变桨距之间的关联，根据叶片表面湍流带的状态实现变桨距也是变桨距技术的发展方向。美国专利US8162590B2 公开的桨距控制式风轮机包括一个或多个湍流发生条带，条带安放在叶片的表面上，湍流发生条带和叶片表面的至少一个接合区域完全或部分地覆盖有密封装置。这样设置的原因是风轮机叶片的外表面处于非常恶劣的环境，用于将气流搅动到一定程度的湍流发生条带很容易从叶片上剥落，这仅仅是因为风速高或者因为灰尘、雨等逐渐进入条带与叶片表面之间的接合部。在此情况下，为湍流发生条带和叶片表面之间的接合部设置密封物是有利的，因为由此可防止风带动该接合部以及将条带撕掉，同时可防止灰尘、水等进入该接合部而损坏叶片上的条带，进而确保条带在风轮机叶片的整个使用寿命期间保持就位并较长时间地维持其功能。

对于另外一个方向的研究热点，人们研究发现，单纯的变桨距技术并没有考虑到叶片本身的空气动力学性能，例如对于叶片变桨距，其实叶片的根部对叶片本身升力作用并不大，因此整体叶片变桨距会增大变桨距的扭矩，变桨距系统的载荷也比较大。因此人们开始考虑是否可以实现叶片的部分变桨距，这样既能减小变桨距扭矩降低载荷，又能达到变桨距的效果。于是叶片部分变桨距技术在近年来开始兴起，并且运行效果较好。其中具有代表性的是拥有自主研发团队的国内公司远景能源。该公司围绕风力发电变桨距技术申请了多项专利，实现叶片部分变桨距的技术，这也为国内变桨距技术自主研发打开了一个突破口，具有比较深远的意义。其代表专利申请如CN102758722A公开了一种风力涡轮机和风力涡轮机叶片，该叶片包括：内叶片段，在俯仰连接位连接于内叶片段的外叶片段，外叶片段相对于内叶片段俯仰。其中，内叶片段包括用于具有第一空气动力学型面的失速控制的空气动力学叶片的第一叶型，该第一空气动力学型面在面向俯仰连接位的端部具有第一最大升力系数和第一弦长；外叶片段包括用于具有第二空气动力学型面的俯仰控制的空气动力学叶片的第二叶型，该第二空气动力学型面在面向俯仰连接位的端部具有第二最大升力系数和第二弦长；叶片包括不连续部，该不连续部在第一叶型和第二叶型之间的俯仰连接位处。该风力涡轮机叶片具有设计为失速控制运转的内叶片段和设计为俯仰控制运转的外叶片段，不同片段的叶型不同，使得叶片有效运转，同时提供对风力涡轮机的控制，以有效减小叶片根部力矩。外叶片段可被俯仰脱离风，由于外叶片段而减小根部力矩，同时增加内叶片段的功率捕获，使其维持额定功率输出。

2010年以后电动变桨距技术领域仍旧保持着持续的创新，其创新方向更侧重于电动变桨距的控制技术方面。专利申请CN104214045A是变速风力发电机独立变桨距技术的代表，其涉及一种双馈式变速变桨距风力发电机的独立变桨距控制方法。该专利通过对转速偏差采用前馈控制来补偿风速测量误差，无须测量多位置的风速变化，可避免增加额外的成本，相较于纯反馈控制具有控制精度高、响应速度快的特点；使用带通滤波器对叶片根部载荷输入量进行滤波处理，能同时将特定频率范围内的信号去除低频漂移和抑制高频扰动；可以产生一个反映风轮位置状态的方位角补偿信号，使风力发电机在不同风速下保持期望输出桨距角的准确性。

近年来的电动变桨距技术创新还关注到不同场景下适用的风力发电机。代表专利申请CN110761948A涉及一种中小型风力发电机主动变桨距调节装置。该专利注意到中小型风力机基本采用的都是定桨距结构，对于大风情况下功率的控制不能有效地实现，而现有技术中变桨距调节机构由于机构的复杂性以及成本的原因都不适用于中小型风力机变桨距调节。该专利通过伺服电机正反转动，驱动蜗轮蜗杆减速箱对推拉杆施加轴向推力或拉力，以达到改变传动杆行程的目的；传动杆将轴向力通过同步盘传递到与之相连的三个均匀分布的齿条，当同步盘带动齿条移动时与齿条啮合的三个齿轮随之转动，而齿轮固定安装在叶片根部，随着齿轮的转动三个叶片也随之转动，所以叶片可由伺服电机控制做周向转动，以达到同步改变三个叶片桨距角的目的，从而控制输出功率，保护风力发电机的安全运行。通过以上设置，该变桨距调节装置同时具有结构简单、成本低、维护方便、环境适应能力较强的优点。

2010 年以后液压变桨距技术的代表技术专利申请是 CN105308314A。该专利关注液压系统的安全性以及冷却问题，其液压系统包括被完全容纳在涡轮机的鼻部区域中的第一液压系统和第二冗余液压系统。在按预定操作安排进行操作期间，第一液压系统和第二液压系统都可以被用到。另外，第一液压系统和第二液压系统中的每个还可包括减压阀，用于限制因涡轮机叶片上的动态负载而作用在液压系统上的背压，所有叶片的桨距都利用共同的线性 – 旋转致动机构被同时改变；为了辅助进行冷却，第一液压系统和第二液压系统的液压贮液器可附接到所述鼻部外壳的前壁，翅片可设置于鼻部外壳前端的外部，用于增强热提取。该专利具有变桨距系统小型化以及可靠性高的优点。

2010 年以后被动变桨距技术的创新虽然占比不高，但仍不断有创新技术专利提出，其代表专利申请是 CN102758722A。该专利关注的技术问题是：现有技术中被动变桨距风力涡轮机包括多个具有可相对于彼此俯仰的内叶片段和外叶片段，对于这些部分变桨距风力涡轮机叶片，它们具有沿着叶片连续变化的空气动力学型面，当外片段未俯仰时，部分变桨叶片呈现单一的连续叶型，并且在高风力状况下，外叶片段可顺桨，以减少极端载荷，然而，部分变桨叶片在正常运转中，持续经受大量的疲劳载荷。为解决此问题，该专利提供的部分变桨距风力涡轮机的叶片具有设计为失速控制运转的内叶片段和设计为俯仰控制运转的外叶片段，不同片段的叶型不同，使得叶片有效运转，同时提供对风力涡轮机的控制，以有效减小叶片根部力矩，外叶片段可被俯仰脱离风，由于外叶片段而减小根部力矩，同时增加内叶片段的功率捕获，使其维持额定功率输出。

5.5　小　结

风力发电变桨距技术相对于风力发电定桨距技术在启动性能和功率输出稳定性等

方面均有较大的提升，因而受到了风力发电创新主体的青睐，在此情况下风力发电变桨距技术也得到了长足的发展。

通过分析可知，全球变桨距技术专利申请趋势方面，在 2000 年以前该技术领域专利申请一直处于较低状态，在 2000 年以后才呈现出大幅增长的态势，整体而言大致经过了初步发展阶段、加速发展阶段、快速发展阶段以及波动发展阶段。从全球风力发电变桨距技术主要国家或地区申请趋势来看，2005 年以前申请主要集中在欧洲、日本及美国，2005 年以后中国、美国风力发电变桨距技术专利申请呈现爆发态势，但 2010 年后中国年申请量上升趋势明显。结合中国风力发电变桨距技术专利申请趋势来看，中国在风力发电变桨距技术领域的起步较晚，但中国风力发电产业从 2005 年后得到快速的发展，随着中国风力发电从业者加大对风力发电变桨距技术的创新投入，2005 年以后的申请呈现出较快增长态势。

重要申请人方面，全球风力发电变桨距技术专利申请量排名前列的均是传统的风力发电产业巨头（如通用电气、维斯塔斯、西门子歌美飒等），而这些产业巨头在风力发电变桨距技术专利申请及技术创新方面也呈现出一定特点：通用电气作为风力发电变桨距技术专利申请第一位的创新主体，其在该领域的专利申请趋势主导着全球的专利申请趋势，其在风力发电变桨距技术的多个方面均有创新布局保护；维斯塔斯作为风力发电变桨距技术的先驱，其申请量也有较多的积累，其也在风力发电变桨距技术的多个方面均有创新布局保护；西门子歌美飒继承了西门子和歌美飒两家公司的风力发电变桨距技术，同时具有上述两家公司的创新特点；三菱重工的风力发电变桨距技术专利申请趋势呈现出独特的节奏，结合其申请量可以看出其是风力发达变桨距技术创新的跟随者而非主导者，技术发展方面其更关注变桨距风力发电机的控制。中国风力发电变桨距技术创新主体的代表是金风科技，其在该技术领域的专利申请趋势是中国风力发电变桨距技术的整体缩影，从趋势来看起步较晚，且整体申请量相较于以上产业巨头而言也较少，在技术发展方面从前期的变桨距风力发电机的辅助装置创新逐渐向变桨距核心控制技术发展，体现了从跟随到追赶再到突破的技术创新节奏。

技术发展路线方面，结合风力发电变桨距技术的历史发展来看，其从被动变桨距逐渐演变为主动变桨距，并且独立变桨距逐步替代统一变桨距，但不排除的是被动变桨距技术在小型风力发电机以及垂直轴风力发电机领域还具有一定的应用市场。并且目前液压变桨距技术与电动变桨距技术基本处于并行阶段，但由于液压系统对液压油的要求以及系统的防泄漏要求等，未来电动变桨距技术可能将占据变桨距技术的主流市场。而随着变桨距技术的越加成熟，风力发电场对变桨距稳定性要求越来越高，如何实现冗余变桨距以及变桨距系统的控制与功率输出的配合也是目前技术研发的热门方向。

第6章　风力发电机涡流发生器专利分析

随着风力发电技术的发展，提高风能利用率，降低发电成本成为产业越来越关注的目标，也是一个非常具有研究价值的课题。若要提高风力发电机的发电效率，就要改善翼型表面的流动状态，抑制翼型表面边界层的分离，进而提高翼型的气动性能。因此，控制叶片流动分离成为风电气动性能研究领域的热门问题之一，而涡流发生器作为一种控制叶片翼型表面边界层分离的有效措施，已在实际工程中进行了应用。

本章通过以下几方面的梳理分析，全面地展示风力发电机涡流发生器技术创新发展现状及趋势、重要创新主体情况及特点，以及各技术路线发展演进情况：

①对风力发电机涡流发生器技术进行整体概述，以展示涡流发生器的基本构成、工作原理、大致分类以及发展沿革；②对风力发电机涡流发生器技术专利态势状况、全球和中国相关专利申请情况进行梳理分析，以从宏观层面展示全球以及中国风力发电机涡流发生器技术专利申请整体概况；③分别对全球和中国重要申请人状况进行梳理分析，以展示风力发电机涡流发生器创新主体整体概况并通过典型创新主体的代表专利阐释其技术发展特点；④分别针对水平轴技术、垂直轴技术以及涡流发生器安装部位的差异性从各技术分支的发展、演变以及迭代情况方面进行介绍，以全面展示各技术分支发展情况。

6.1　风力发电机涡流发生器技术概述

本节主要对风力发电机涡流发生器技术的发展历程、涡流发生器的基本结构组成以及涡流发生器的技术分解进行介绍，为后续的梳理分析做好准备。

6.1.1　涡流发生器技术简介

风力发电的主体是风力发电机，风力发电机是将风能转化为电能的机械装置。对于风力发电机而言，风轮是风力发电机吸收风能的主要部件。风轮通常是由三个叶片组成的，叶片的气动效率对叶片的风能转换能力有决定性的影响。

叶片是由一系列不同的横截面轮廓组成的，这些横截面轮廓叫作翼型。翼型是构成风力发电机叶片的基本元素。因此,风力发电机组发电效率的高低很大一部分因素取决于翼型。对于翼型最主要的考量因素在于其气动性能指标,而叶片表面的流动分离对翼型气动性能的影响较大。如图 6 - 1 - 1 所示,根据翼型的构造特点可知,由于翼型表面的摩擦力作用,空气动能损失,因此翼型表面流速逐渐降低。越靠近翼型表面,流体微团受到的摩擦力越大,空气速度下降得也就越剧烈。在翼型后缘 S 点处,靠近翼型表面的流体微团由于摩擦损耗其动能几乎为零,因此其流速也基本为零。但 M 点之后翼型表面压强仍持续增加,增大的压强导致附近流体出现逆流现象,即边界层流动发生分离。

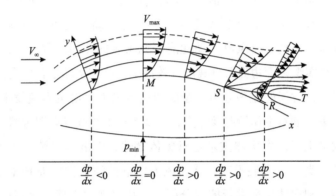

图 6 - 1 - 1 翼型表面流动分离过程

现有提高翼型气动性能的方法主要有两种。一种是开发新的风力机翼型,改变叶片的外形以改善其气动性能。该方法投资成本较高,研发周期长。另一种方法是在原有的叶片上设置附加措施控制翼型表面气流的流动分离,提高翼型升力和减小阻力。该方法开发费用低,周期短,易于实现,是提高风能利用率和发电效率的有效方法。而涡流发生器便是目前最为有效控制叶片翼型表面边界层分离的附加措施。

涡流发生器应用可以追溯到20 世纪40 年代,起初用于机翼,用于控制飞机机体出现的不利气流分离现象。机体的气流分离,会让升力系数降低,阻力系数剧增,从而引起机体提前失速。目前该技术在航空领域已经成熟运用。近年来涡流发生器在风力发电叶片边界层分离控制中也取得了很好的效果,将其安装于风力发电机叶片叶根到叶中区域的吸力面,可实现抑制流动分离、增加叶片输出功率的目的。涡流发生器的形状、安装位置及分布密度是影响风力发电机叶片性能的关键因素,同时涡流发生器的材质、与叶片的连接强度以及准确的安装条件是增加风力发电机叶片出功的有效保障。

6.1.2　涡流发生器技术分解

笔者通过对涡流发生器的相关专利文献进行检索、梳理、标引，对涡流发生器作如下技术分解：按风力发电机的类型，分为两个一级分支，分别是水平轴和垂直轴；并且继续基于涡流发生器在风力发电机上的不同安装部位，分为三个二级分支，分别是位于导风装置、位于叶片、位于塔筒；进一步地，针对涡流发生器的主要安装部位——叶片，分为六个三级分支，分别是叶尖、叶根、前缘、后缘、表面、前后缘。

6.2　风力发电机涡流发生器专利申请分析

本节主要对风力发电机涡流发生器技术专利态势状况、全球和中国相关专利情况进行梳理分析，从宏观层面全面展示全球以及中国风力发电机涡流发生器技术专利申请整体概况。

6.2.1　风力发电机涡流发生器专利申请分类号分布状况

风力发电机涡流发生器技术专利分析基于 IPC 确定专利文献范围，以下根据 IPC 分类表的部、小类、大组来梳理风力发电机涡流发生器技术的专利态势分布。

风力发电机涡流发生器技术在 IPC 分类表中的 8 个部均有涉及。表 6 - 2 - 1 显示了风力发电机涡流发生器技术在 IPC 分类表中各个部的分布状况。可以看出，风力发电机涡流发生器技术专利分类集中在 F 部，其次是 B 部和 H 部，而 E、G、A、C、D 各部占少量文献。

表 6 - 2 - 1　风力发电机涡流发生器技术专利申请 IPC 分类号分布状况　（单位：件）

部	数量	小类	数量	大组	数量
F	4786	F03D	4378	F03D 1/00	1904
B	257	F03B	106	F03D 11/00	298
H	227	H02J	104	F03D 13/00	202
E	70	B64C	64	F03D 17/00	54
G	29	F01D	51	F03D 3/00	624
A	16	H02K	46	F03D 5/00	115
C	16	F03G	40	F03D 7/00	377

部	数量	小类	数量	大组	数量
D	2	B63H	39	F03D 80/00	274
		F15D	39	F03D 9/00	489
		B63B	33	H02J 3/00	94

由于风力发电机涡流发生器技术实质上属于叶片技术的一种，因此一般会给出叶片相关的分类，这就能够充分说明其分类集中在 F 部的原因。B 部主要涉及相关领域例如飞机、船舶使用的叶片等相应的技术。由于 H 部涉及发电，而叶片涡流发生器一般与发电相关，因此该领域部分文献也涉及 H 部的发电。

进一步从叶片风力发电机涡流发生器技术的小类分布情况来看，小类主要集中在 F 部，而在 F 部中，又以 F03D 小类的专利申请最多。H 部的专利技术基本上集中于 H02J 小类中。可见风力发电机涡流发生器技术的专利技术在 F 部中，且以 F03D 小类为主，并且 H 部也是重要专利技术领域，专利主要分布于 H02J 中。另外，风力发电机涡流发生器技术在一定程度上可能与流体叶片、飞机螺旋桨或者船舶螺旋桨存在交叉，因此，有可能会在上述领域有风力发电机涡流发生器相关技术，涉及 F03B、B64C、B63H 小类。

进一步从风力发电机涡流发生器技术专利申请大组排名情况来看，具体地，在 F03D 小类下，风力发电机涡流发生器技术分类主要集中在 F03D 1/00、F03D 3/00、F03D 9/00 的分类大组中，其中又以 F03D 1/00 的专利数量最多，其次为 F03D 3/00。其中 F03D 1/00 为风力发电机转子的分类号，实质上风力发电机涡流发生器技术指的便是转子的一部分叶片的相应技术，因此风力发电机涡流发生器专利技术在这个分类大组下呈现较为集中的趋势。

6.2.2　全球风力发电机涡流发生器技术专利申请分析

本小节主要对全球风力发电机涡流发生器技术专利申请趋势、专利申请类型趋势、各时期专利申请状况、主要申请国家或地区申请对比状况以及专利申请五局流向状况进行梳理分析，以展示全球风力发电机涡流发生器技术发展趋势、各时期专利申请趋势特点以及技术主要国家或地区状况等。

6.2.2.1　全球风力发电机涡流发生器技术专利申请趋势分析

图 6-2-1 示出了全球风力发电机涡流发生器技术专利申请趋势。全球风力发电

机涡流发生器技术专利申请可以分为五个阶段。需要说明的是，2023—2024 年，申请量呈现降低态势，这与发明专利申请公开时间滞后有关，2023 年的部分发明专利申请还处于未公开和未收录状态，故越接近检索截止日的年份，其统计数据受上述公开因素的影响程度越大，临近年限数据仅供参考。

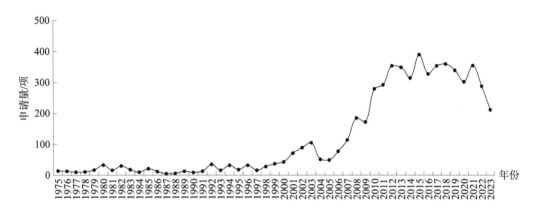

图 6 - 2 - 1　全球风力发电机涡流发生器技术专利申请趋势

（1）1974 年以前（萌芽阶段）

全球涉及涡流发生器的专利最早出现在 1919 年，但在 1966 年以前，相关的专利申请量一直较低，年申请量基本在 5 件以下；20 世纪 60 ~ 70 年代后，相关的专利申请量才有小幅增长，该技术处于萌芽期，由于该阶段文献量较少且时间跨度较长，因此图中未呈现相关数据。

（2）1975—2000 年（初步发展阶段）

1975 年至 2000 年左右，涡流发生器技术有了一定发展，尤其是 20 世纪 80 年代后，年申请量可达到 20 ~ 50 件，该技术处于初步发展阶段。

（3）2001—2005 年（缓慢发展阶段）

直到 20 世纪 90 年代后期，随着风能等绿色、无污染的可再生能源的利用越来越受到全球的重视，涡流发生器技术也随着风力发电技术受到了更多的关注和探索。2001—2005 年，全球主要风力发电企业对涡流发生器的探索热情继续提升，该技术进入了缓慢发展阶段。

（4）2006—2012 年（高速发展阶段）

这一阶段，风力发电效率的进一步提升成为业内关注的焦点，而作为影响风力发电效率的关键技术，涡流发生器技术进入高速发展阶段，专利申请量直线上升。

（5）2013—2023 年（平稳成熟阶段）

这一阶段，由于全球主要国家风力发电机组装机容量飞速增长、政府扶持力度加大等原因，全球主要风力发电巨头也纷纷加大了对丁技术研发的投入，涡流发生器技术进入相对平稳的技术成熟阶段，年申请量基本稳定在 600 件左右。

值得注意的是，总体上全球风力发电机涡流发生器技术专利申请类型以发明为主，一方面，由于风力发电机涡流发生器技术具有流体动力学方面的特殊性及复杂性，因此，涡流发生器以及叶片翼型的设计需要一定的研发成本，创新主体基于投资成本、研发周期等因素以及风力发电机涡流发生器技术具有的较高技术含量和经济利益，更适于采用保护类型更强的发明专利进行保护；另一方面，2000 年以后，由于我国风力发电机涡流发生器技术的发展，为了尽快地追赶国外发展的脚步，打破国外在风力发电机涡流发生器技术方面的垄断，我国企业更倾向于采用实用新型这种短平快的专利申请策略对技术进行保护，因而在 2000 年以后全球风力发电机涡流发生器专利申请中实用新型一直保持着一定占比。

6.2.2.2　全球风力发电机涡流发生器技术各时期专利申请状况分析

为展示各阶段各国风力发电机涡流发生器技术的发展状况，本小节对风力发电机涡流发生器技术的技术积累阶段（包含萌芽阶段、初步发展阶段、缓慢发展阶段）的专利申请以及技术爆发阶段（包含高速发展阶段、平稳成熟阶段）的专利申请进行对比分析。

（1）技术积累阶段的专利申请

如表 6-2-2 所示，在风力发电机涡流发生器技术发展初期，相关技术研究主要集中在以德国、美国为代表的欧美发达国家。20 世纪 90 年代后，相关技术在德国出现快速增长；2001 年以后，美国反超德国成为风力发电机涡流发生器技术的主要专利输出国。但总体来看，这一阶段整个风力发电产业处于起步阶段，虽然行业内已经关注到了风力发电机的发电效率提升问题，但风力发电机涡流发生器技术的专利年申请量还比较少，相关研究处于技术探索和积累阶段。

表 6-2-2　风力发电机涡流发生器技术积累阶段主要国家专利申请趋势　（单位：件）

国别	1975 年	1976 年	1977 年	1978 年	1979 年	1980 年	1981 年	1982 年	1983 年	1984 年
德国	1	2	2	1	5	4	3	18	8	1
日本	0	0	1	1	4	1	1	0	1	0
丹麦	0	1	0	0	0	0	0	0	0	0
法国	0	0	1	2	0	1	0	1	2	2
美国	11	2	5	3	4	9	1	2	3	1
中国	0	0	0	0	0	0	1	1	0	0
英国	1	5	0	1	0	1	0	3	1	3

续表

国别	1985 年	1986 年	1988 年	1989 年	1990 年	1991 年	1992 年	1993 年	1994 年	1995 年
德国	1	3	0	0	0	4	18	12	3	6
日本	5	0	0	1	1	1	1	2	1	1
丹麦	0	0	0	0	0	0	0	0	0	1
法国	2	0	0	0	0	0	0	1	0	1
美国	1	0	1	2	2	0	2	0	9	2
中国	1	1	1	1	0	0	0	0	1	0
英国	7	1	1	5	0	0	3	0	0	1

国别	1996 年	1997 年	1998 年	1999 年	2000 年	2001 年	2002 年	2003 年	2004 年	2005 年
德国	17	3	8	13	12	7	14	7	5	4
日本	1	5	6	5	6	10	10	8	5	0
丹麦	0	0	0	2	1	8	12	20	5	5
法国	3	0	0	0	0	0	3	0	0	0
美国	1	5	1	0	0	11	18	26	6	8
中国	2	0	0	1	1	0	2	3	3	7
英国	0	1	0	0	0	0	0	0	0	2

注：1987 年所列国家申请量均为 0。

（2）技术爆发阶段的专利申请

如表 6 - 2 - 3 所示，从专利年申请总量上看，自 2006 年起，风力发电机涡流发生器技术就开始进入高速发展阶段。2006—2012 年，全球风力发电机涡流发生器技术专利年申请总量持续升高。其中，美国仍然位于全球风力发电机涡流发生器技术专利申请量第一位；但这一阶段以中国、日本、韩国为代表的亚洲国家逐渐在风力发电机涡流发生器技术上有所突破，专利年申请量也在逐年攀升，尤其是在"双碳"背景下，中国相关风能研究、风力发电机组的建设逐渐形成规模，风力发电机效率提升研究以及风力发电机涡流发生器技术研究形成了一定的热度，中国成为全球风力发电机涡流发生器技术专利申请量第二大国。

表 6 - 2 - 3 风力发电机涡流发生器技术爆发阶段主要国家专利申请趋势 （单位：件）

国别	2006 年	2007 年	2008 年	2009 年	2010 年	2011 年	2012 年	2013 年	2014 年
德国	5	11	11	11	22	17	11	70	56
丹麦	9	0	17	14	11	20	12	7	11

国别	2006 年	2007 年	2008 年	2009 年	2010 年	2011 年	2012 年	2013 年	2014 年
美国	24	19	37	36	78	94	82	78	56
韩国	2	6	13	23	23	21	25	38	21
日本	6	0	17	6	9	0	0	5	9
中国	0	13	24	25	33	36	50	44	33
英国	0	4	8	9	15	0	23	7	0
国别	2015 年	2016 年	2017 年	2018 年	2019 年	2020 年	2021 年	2022 年	2023 年
德国	80	28	42	34	32	20	9	5	4
丹麦	10	6	8	19	11	9	8	1	0
美国	74	42	21	31	28	23	26	9	17
韩国	10	16	11	15	9	13	13	5	2
日本	18	24	14	21	0	8	12	0	0
中国	90	92	114	182	138	144	169	181	159
英国	13	19	0	0	6	0	35	6	2

2013—2023 年，风力发电机涡流发生器技术全球专利年申请量一直处于平稳高位，风力发电机涡流发生器技术的研究也日渐成熟。这一时期，虽然以美国、德国为代表的欧美发达国家仍保有较高的专利申请量，但整体处于下降趋势；反观中国，基于技术的后发优势，年专利申请量处于平稳增长的趋势，并且成为全球风力发电机涡流发生器技术专利申请量第一大国。

（3）技术爆发阶段申请量的国别分布状况

在 2006 年以后的技术爆发阶段，能源危机和紧缺以及环境污染的问题更为凸显，各国都在寻求一种可以替代化石燃料的无污染能源，各国的政策都向新能源例如风能开发等倾斜。

在风力发电机涡流发生器技术迅速发展时期，美国和中国申请量处于比较靠前的位置，其中中国风力发电机涡流发生器技术专利申请量基于近 20 年的高速增长达到 30.89%，遥遥领先，位居全球第一。美国基于相关技术的原始积累，其风力发电机涡流发生器技术专利申请量占比 17.73%，位居全球第二。德国作为老牌工业国家，其风力发电机涡流发生器技术专利申请量占比 12.29%。中国、美国、德国三国的风力发电机涡流发生器技术专利申请总量超过了全球专利申请总量的 60%。而韩国、日本、丹麦和英国紧随其后，申请量分别占比 5.55%、4.86%、4.46% 和 4.33%；剩余其他国家占比均在 4% 以下。因此，风力发电机涡流发生器技术爆发阶段涡流发生器相关专利申请国家的梯队非常明显，中国处于第一梯队，占比超过 30%；美国、德国作为风力发电机涡流发生器研发最早的国家之一，仍具有较大的占比，处于第二梯队；韩国、日本、丹麦和英国处于第三梯队，占比均在 5% 左右。

6.2.2.3　全球风力发电机涡流发生器技术主要申请国家或地区申请对比状况分析

图 6 - 2 - 2 示出了全球风力发电机涡流发生器技术主要国家或地区申请趋势对比情况。可以看出，2004 年以前风力发电机涡流发生器技术专利申请趋势各个国家或地区相差无几，2006 年以后中国的风力发电机涡流发生器技术专利申请出现急剧增长的态势。从全球占比情况可以看出，风力发电机涡流发生器技术专利申请占比较高的为中国、美国及德国。原因是，一方面，随着我国风力发电产业的发展，本土风力发电企业开始进行自主创新并逐步加强创新，因而本土企业的专利申请数量逐渐增多；另一方面，国外风力发电企业也均看好中国风力发电产业前景，纷纷在中国进行专利申请布局，这也进一步促进了中国的风力发电机涡流发生器技术专利申请逐年增多。

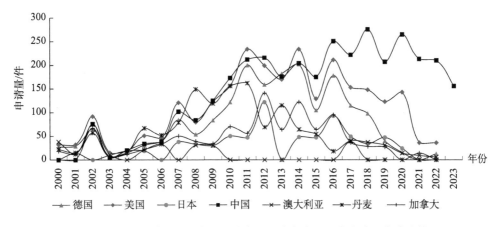

图 6 - 2 - 2　全球风力发电机涡流发生器技术主要国家或地区申请趋势

6.2.2.4　全球风力发电机涡流发生器技术专利申请五局流向状况分析

从五局流向状况可以看出，欧洲、美国及中国是风力发电技术较大市场，其专利流向量较大，但中国在专利布局方面相对较弱，对国外市场的布局与欧洲和美国还存在较大的差距。欧洲向其他局流向专利申请数较多，其中流向 CNIPA 达到了 119 件，流向 USPTO 102 件，流向 JPO 18 件，流向 KIPO 11 件。可见中国和美国是欧洲比较重视的风力发电市场。美国向 EPO 布局了 105 件专利申请，向 CNIPA 布局了 80 件专利申请，向 JPO 布局了 21 件专利申请，向 KIPO 布局了 11 件专利申请。可见欧洲和中国是美国比较重视的风力发电市场。中国向其他局也有专利布局，向 EPO 布局了 13 件专利，向 USPTO 布局了 18 件专利申请，向 JPO 布局了 1 件专利，未向 KIPO 布局。日本向 USPTO 布局了 27 件专利申请，向 EPO 布局了 23 件专利，向 KIPO 布局了 4 件专利申请，向 CNIPA 布局了 10 件专利申请。韩国向 USPTO 布局了 13 件专利申请，向 EPO 布局了 4 件专利，向 JPO 布局了 9 件专利申请，向 CNIPA 布局了 4 件专利申请。由此可见，风力发电机涡流发生器技术的专利流向大致与风力发电技术整体技术流向相同，在风力发电机涡流发生器技术方面美国、欧洲在中国的专利布局较多，中国虽然申请量较多，但对外的专利布局较少。总体来说，在风力发电机涡流发生器技术方面，欧美仍然是技术输出的主要地区，中国虽然专利申请数量较多，但技术输出情况较少。这也是我国风力发电机涡流发生器技术存在一定阻力的原因所在。

6.2.3　中国风力发电机涡流发生器技术专利申请分析

图 6-2-3 示出了中国风力发电机涡流发生器技术专利申请趋势。根据申请量及其增长趋势，中国风力发电机涡流发生器技术专利申请大致可以分为三个阶段。

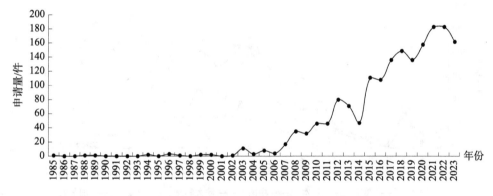

图 6-2-3　中国风力发电机涡流发生器技术专利申请趋势

（1）萌芽期（1985—2008 年）

相较于国外，国内关于涡流发生器的研究开始较晚，相关的风力发电机技术主要掌握在国外风力发电巨头手中，在此阶段国内主要是制造或者进口，对于技术研发投入基本为零。

（2）缓慢发展期（2009—2014 年）

随着新能源发电越来越受到人们的关注，以及政府政策导向，国内风力发电安装制造等越来越趋于平稳。这一阶段国内相关风力发电企业以及一些高校开始了对风力发电技术的研发，专利申请有了缓慢的增长。

（3）快速发展期（2015—2022 年）

这个阶段，国内风力发电技术处于稳步增长阶段，科研投入的进一步加大使得风力发电机涡流发生器技术领域专利申请量得到了迅猛提升。国内企业也开始注重自主知识产权的研发，对技术的专利布局也有了更深的认识。

同时值得注意的是，总体上风力发电机涡流发生器技术中国专利申请类型也以发明为主，但由于我国风力发电机涡流发生器技术的发展，为了尽快地追赶国外发展的脚步，打破国外在风力发电机涡流发生器技术方面的垄断，我国企业也会采用实用新型这种短平快的专利申请策略对技术进行保护，因而我国风力发电机涡流发生器专利申请中实用新型一直保持着一定的占比。

6.3　风力发电机涡流发生器技术专利重要申请人分析

本节主要对全球风力发电机涡流发生器技术专利重要申请人状况以及中国风力发电机涡流发生器技术专利重要申请人状况进行梳理分析，以展示风力发电机涡流发生器技术领域的创新主体整体概况并通过典型创新主体的代表专利阐释其技术发展特点。

6.3.1　全球风力发电机涡流发生器技术专利重要申请人分析

本小节主要对全球风力发电机涡流发生器技术专利重要申请人整体排名情况、代表申请人的具体申请趋势情况以及代表专利情况进行分析，以展示全球风力发电机涡流发生器技术领域重要申请人的创新实力概况及技术创新特点。

6.3.1.1　全球风力发电机涡流发生器技术专利重要申请人整体状况

本小节主要对全球风力发电机涡流发生器技术专利重要申请人进行分析，对其排名情况以及各自申请趋势对比情况进行梳理分析。

图 6 - 3 - 1 示出了全球风力发电机涡流发生器技术专利重要申请人排名情况，该图中可以看出，排名前列的申请人分别是西门子歌美飒、LM、乌本、通用电气、维斯塔斯、金风科技、三菱重工、再生动力、远景能源。可以看出，排名前列的申请人中主要是传统的风力发电巨头，如西门子歌美飒、通用电气以及维斯塔斯。虽然中国创新主体也占有一定数量，但从专利申请数量上来说与排名靠前的创新主体相比仍有较大的差距，这从侧面说明在风力发电机涡流发生器技术领域，传统风力发电巨头有着较大的先发优势，形成了较多的创新积累。

就整体排名而言，西门子歌美飒以 424 件申请量排名第一。西门子在全球风力发电市场占有较大份额，其活跃于中国海上风力发电市场，并且在并购全球最具实力的陆上风机制造商歌美飒成立西门子歌美飒后，专利技术版图进一步扩大。

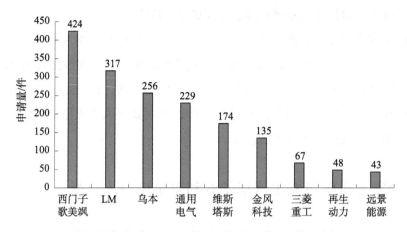

图6-3-1 全球风力发电机涡流发生器技术专利重要申请人申请量排名

金风科技是目前国内风力发电领域的领头羊，是中国成立最早、自主研发能力最强的风力发电设备研发及制造企业之一。金风科技在技术研发方面一直投入较大的人力物力，在中国是拥有自主知识产权最多的企业之一。

为进一步展示风力发电机涡流发生器技术重要申请人创新趋势状况，选取全球风力发电机涡流发生器技术专利申请量排名前5位的申请人近十几年的趋势（如图6-3-2所示）进行对比分析。

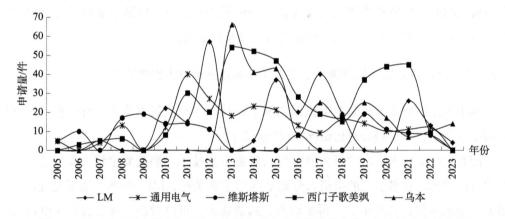

图6-3-2 全球风力发电机涡流发生器技术专利申请量排名前5位申请人申请趋势

从整体来看，排名前5位申请人的专利申请趋势都经历了萌芽期、缓慢增长期、快速增长期和稳定期。西门子歌美飒和通用电气两家公司均在20世纪60~70年代起步，起步较早，而后其余三家公司也逐渐出现专利申请。维斯塔斯于2005年后率先进入技术快速增长期，但于2009年后出现波动下行趋势，年专利申请量保持在20件以内。与此同时，自2010年起，西门子歌美飒、通用电气、LM、乌本均出现了申请量的快速增长。并且在近 10 年各公司技术的发展基本呈现错落有致的情景，而西门子歌美飒凭借着后程发力，逐渐成为风力发电机涡流发生器技术的龙头。

基于上述分析可见，在全球范围内风力发电机涡流发生器技术主要掌握在欧美企业手中，我国在该技术领域处于相对落后的位置。

6.3.1.2　全球风力发电机涡流发生器技术专利代表申请人具体状况

根据全球风力发电机涡流发生器技术专利重要申请人梳理分析，选取西门子歌美飒、LM、乌本、通用电气、维斯塔斯作为全球风力发电机涡流发生器技术的代表申请人，通过对上述代表申请人的申请趋势以及代表专利进行分析，以展示它们在该技术领域的创新特点。

（1）西门子歌美飒

西门子歌美飒在风力发电机涡流发生器技术领域虽然起步较早，但直至 2010 年后才出现申请量的快速增长，并且 2012—2018 年的年专利申请量一直处于较为稳定状态，除 2015 年前后出现了一定程度的下降外，其余年份年专利申请量大致在 30 件以上。这种态势表明西门子歌美飒在风力发电机涡流发生器领域的技术创新符合主流创新趋势。但近几年其专利申请量又出现了一定程度的下降，表明其后续的创新热情有一定下降。

众所周知，西门子歌美飒是通过西门子收购歌美飒而组成的，因而该公司兼具了西门子和歌美飒两家公司的长处。从技术发展方面来看，歌美飒的代表专利为 CN101324218B，其在中国、美国以及欧洲均进行了布局保护，且中国专利授权后维持了超过 10 年。该专利涉及经空气动力学优化的风轮机叶片，其关注的技术问题涉及降低风力涡轮机叶片产生的噪声。现有技术中在风力涡轮机运行期间产生的噪声严重制约到风力涡轮机中的功率产生，噪声产生的原因主要是由于边界层与拖尾边缘之间的相互作用致使风力涡轮机上的湍流边界层产生噪声，而边界层中湍流的各向异性、变化和长度范围影响机翼产生的噪声。该项技术问题可通过提供包括至少一个叶片的风力涡轮机实现，所述叶片的空气动力外形具有前导边缘、拖尾边缘和在前导边缘与拖尾边缘之间的吸入侧和压力侧，其中，叶片包括放置在吸入侧的由改变边界层噪声频谱的元件构成的抗噪声装置。

西门子的代表专利申请是 CN107795435A。该专利在中国、美国以及欧洲均进行了布局保护。该专利申请涉及用于控制风力涡轮机转子的旋转速度的方法和布置，其关注的技术问题涉及如何通过叶片调节转子的旋转速度。现有技术中用于调节叶片的空气流的装置包含设置有腔的扰流器。扰流器安装到叶片表面，并且可通过呈现不同的形式来改变绕叶片的空气流。当扰流器处于激活形式时，空气流被改变，因为扰流器不再跟随着叶片的轮廓，并且产生不连续性或至少改变了叶片的外形，以这样的方式使得空气流条件改变。该项技术提供了控制风力涡轮机转子的旋转速度的方法，其中风力涡轮机具有转子，所述转子具有连接在其上的叶片，至少一个叶片包括叶片外形改变设备，根据转子或发电机的实际旋转速度与基准旋转速度的旋转速度偏差来改变叶片外形。其中所述叶片外形改变设备包含能够调整的扰流器，尤其安装在所述叶片的吸力表面上，所述扰流器尤其能通过如下方式被调整：将流体供给到腔或软管中或从腔或软管取走流体，从而调整所述扰流器从所述叶片的周围吸力表面突出的程度。

合并后的西门子歌美飒在风力发电机涡流发生器技术创新方面呈现出较大的增长，代表专利申请是 CN113167239A。该专利申请在中国、美国以及欧洲均进行了布局保护。该专利申请涉及用于风力涡轮机叶片的可适应扰流器，关注的技术问题是如何简化现有扰流器的部件结构。现有技术中可适应扰流器包括多个部件，这些部件需要在制造期间以麻烦的方式组装。因此，可需要一种用于风力涡轮机叶片的可适应扰流器和一种风力涡轮机叶片，其中，可适应扰流器具有简单的配置、良好的可靠性、更少的部件，并且可以以简单的方式配置，例如通过挤压制造的配置。该项技术提供了一种用于风力涡轮机叶片的可适应扰流器，该可适应扰流器包括柔性主体，该柔性主体包括：外表面和内表面，该外表面暴露于空气流，该内表面将腔体限制（尤其包封）成利用流体充胀到不同水平［例如，以用于使扰流器适于不同空气动力（例如，空气流影响）性能］，其中暴露于空气流的表面的形状在将腔体充胀到不同水平时改变。

综合而言，西门子歌美飒侧重研究的风力发电机涡流发生器技术结合了风力发电机的功率输出、叶片设计、噪声影响等因素，通过优化叶片的制造工艺，提升涡流发生器在风力发电机叶片的作用效果，在实现增加叶片输出功率的前提下，尽可能降低风力发电机的运行噪声。

（2）LM

从图 6-3-2 中 LM 的年申请趋势可以看出，该公司涡流发生器年专利申请量在2010 年首次达到第一次高峰，为 22 件；随后在 2011 年出现了较大幅度的下降，并于2012 年上升达到第二次高峰，年专利申请为 57 件；从 2013 年开始年专利申请量一直保持一定波动态势，年专利申请量基本稳定在 16 件左右。

下文从技术发展方面重点选取其高峰期的代表专利进行展示。其中一件代表专利是 CN102720631B。该专利在中国、美国以及欧洲均进行了布局保护。该专利涉及具有锥形部段的涡流发生器装置，关注的技术问题是简化涡流发生器在风力涡轮机叶片表面的安装。现有技术中当在风力涡轮机叶片上安置涡流发生器时，需要在叶片中铣出凹部，涡流发生器的底座板被嵌入凹部中，使得底座板的顶部表面基本上与叶片表面齐平。然而，这种附连方法进展缓慢，并且出于结构的原因可能也不希望在叶片的表面铣出凹部。因此，人们期望将涡流发生器直接安装在风力涡轮机叶片表面上。该项技术提供了一种用于安装在风力涡轮机叶片上的涡流发生器装置，其包括底座，当被安装在风力涡轮机叶片的外部上时，所述底座具有：内侧，其用于附连在诸如所述风力涡轮机叶片的外部等表面上，以及外侧，其背离所述风力涡轮机叶片的外部。该涡流发生器装置设置有基本垂直于所述底座从所述外侧突出的至少一个第一翼片，其中所述翼片包括前缘侧和后缘侧，所述前缘侧用于最接近所述风力涡轮机叶片的前缘地设置，所述后缘侧用于最接近所述风力涡轮机叶片的后缘地设置，并且其中所述翼片包括离所述翼片的所述前缘侧最近地设置的前缘部分，其朝向所述翼片的所述前缘侧成锥形，其中，所述翼片还包括离所述翼片的所述后缘侧最近地设置的后缘部分，其朝向所述翼片的所述后缘侧成锥形，以及所述翼片朝向所述翼片的顶部部分成锥形。

另一件代表专利是 CN110177933B。该专利在中国、美国以及欧洲均进行了布局保护。该专利涉及建造分段的或模块化的风力涡轮机叶片，关注的技术问题是如何优化大型的分段的或模块化的风力涡轮机叶片。现有技术中大型的分段的或模块化的风力涡轮机叶片需要较为准确且限定明确的组装厂和方法，以确保所组装的风力涡轮机叶片的必需强度，这就需要确保风力涡轮机转子中的风力涡轮机叶片的分段的接头的精确以及强度。该项技术提供了建造分段的或模块化的风力涡轮机叶片的方法，所述方法包括以下步骤：将所述风力涡轮机叶片的至少两个叶片段以及用于联结叶片段的移动工厂运输到风力涡轮机现场处或邻近风力涡轮机现场的位置，将所述叶片段定位，使两个叶片段端部彼此面对并支撑在所述移动工厂中的平台上，在用于调平所述平台的位置处相对于地面移动所述平台，将所述叶片段端部相对于彼此对齐，并且通过在所述叶片段端部处的连接区域中联结叶片段来建造所述分段的或模块化的风力涡轮机叶片。

综合而言，LM 侧重研究的风力发电机涡流发生器技术主要集中在叶片的整体设计上，并关注涡流发生器在叶片的安装部位的合理化选择，同时特别针对大型风力发电机叶片的安装和组装也开展了相应的研究优化，重点利用风力发电机整机组装工厂实现大型风力发电机叶片的分段化或模块化的组装。

（3）乌本

从图 6 - 3 - 2 中乌本的年申请趋势可以看出，该公司涡流发生器相关专利在 2007 年申请量仅有 5 件，在 2013 年达到最高的 66 件，随后开始波动式下降，在 2016 年到达最低点的 8 件后有所反弹，后面一直保持一定波动，但年专利申请量也基本稳定在 16 件左右。

下文从技术发展方面重点选取其高峰期的代表专利进行展示。其中一件代表专利是 CN104870808B。该专利在中国、美国以及欧洲均进行了布局保护。该专利涉及带有后缘的转子叶片的风能设施，关注的技术问题是优化转子叶片的后缘设计以提升风能设施的效率。现有技术中为了风能设施的效率，一个或多个转子叶片的设计是重要的方面。除了转子叶片的基础的基本轮廓，转子叶片后缘也对于转子叶片的性能具有影响。该项技术提供了一种用于计算风能设施的气动的转子叶片的后缘的方法，其中转子叶片相对于转子具有径向位置，转子叶片具有局部的、与相对于转子的径向位置相关的叶片轮廓并且后缘具有带有多个锯齿的成锯齿状的伸展，其中每个锯齿具有锯齿高度和锯齿宽度，并且锯齿高度和/或锯齿宽度其径向位置和/或其径向位置的局部的叶片轮廓来计算。在噪声不增加的情况下，进一步提高转子叶片的效率。

另一件代表专利申请是 CN111742137B。该专利申请在中国、美国以及欧洲均进行了布局保护。该专利申请涉及风能设施转子叶片，关注的技术问题是在降低噪声排放的同时改进具有至少一个部分钝的后缘的转子叶片的性能。现有技术中经常使用具有薄的板状轮廓和大的叶片深度的转子叶片，以提升效率，这需要在内部区域中使用具有至少部分钝的后缘的转子叶片。然而，该种转子叶片由于较小的叶片深度，在钝的后缘的区域中升力功率降低，并且在该区域中还会形成涡流，引起空气阻力增大和噪声排放增大。该项技术提供一种风能设施转子叶片，所述转子叶片具有：前缘和钝的后缘，在前缘和后缘之间的吸力侧和压力侧，其中所述吸力侧在空气环流时产生剪切层，所述前缘、钝的后缘、吸力侧和压力侧形成参考系统，在所述参考系统中所述前缘设置在后缘的前方，而所述吸力侧设置在压力侧的上方，并且其中在所述参考系统中，弦线方向从前缘伸展到后缘，设置导流板，所述导流板设置在转子叶片的钝的后缘上。其中所述导流板具有：根部边缘，其中所述根部边缘在所述后缘上，尤其沿着所述后缘设置在吸力侧到后缘中的过渡部的下方；末端边缘，其中所述末端边缘形成自由边缘；在根部边缘和末端边缘之间的面，其中所述面在根部边缘和末端边缘之间具有至少一个弯曲的部分，并且所述面的至少一部分位于由吸力侧产生的剪切层中。该项技术通过将导流板设置在吸力侧到后缘中的过渡部下方，减小了转子叶片的阻力和噪声。同时，通过导流板的弯曲和设置，改进转子叶片在导流板区域中的升力。通过以上设置能够在减少噪声排放的同时改进具有钝的后缘的转子叶片的性能。

综合而言，乌本侧重研究的风力发电机涡流发生器技术与西门子歌美飒类似，主要集中在风力发电机的功率输出、叶片设计、噪声影响等方面，其力求通过优化叶片的制造工艺，提升涡流发生器在风力发电机叶片的作用效果，在实现增加叶片输出功率的前提下，尽可能降低风力发电机的运行噪声。

（4）通用电气

从图 6-3-2 中通用电气的年申请趋势可以看出，该公司涡流发生器相关专利申请起步较早，从 2005 年开始有一定量的专利申请，直至 2008 年首次达到第一次高峰

（13 件），并于 2011 年达到最高的 40 件，随后出现了一定下降，并呈现平稳波动，但 2012—2023 年平均专利申请量基本稳定在 15 件左右。

下文从技术发展方面重点选取其高峰期的代表专利进行展示。其中一件代表专利是 CN102278288B。该专利在中国、美国以及欧洲均进行了布局保护。该专利涉及具有空气动力学表面构型的涡轮叶片，关注的技术问题是提升涡流发生器的可控性。现有技术中为了在风力涡轮的正常运行期间增加能量转换效率，主要通过在叶片表面上增加微坑、凸出或其他结构来改变风力涡轮叶片的空气动力学特性，即涡流发生器。目前已知的涡流发生器分为静态式和动态式。该项技术提供了一种带有可控的空气动力学涡旋元件的风力涡轮叶片。所述叶片包括：吸力侧表面和压力侧表面；形成于所述吸力侧表面或所述压力侧表面中的至少一个上的多个动态涡旋元件，以及，所述涡旋元件可激活到相对于所述表面的中性面向内凹进的第一缩进位置或相对于所述表面的所述中性面向外凸出的第二伸出位置中的任一个。

另一件代表专利是 CN102562491B。该专利在中国、美国以及欧洲均进行了布局保护。该专利涉及用于架设在水体中的风力涡轮机，关注的技术问题是如何减小架设在水体中的风力涡轮机的振动。现有技术中风力涡轮机常常被安装在陆地上，在近些年，海上风力涡轮机场地（位于水体中的场地）吸引了越来越多的关注。该项技术提供一种风力涡轮机以及操作架设在水体中的风力涡轮机的方法。所述方法包括：在运行期间测量风力涡轮机的振动；识别所述测得的振动中的至少一个周期性分量，其中所述周期性分量与所述水体和所述风力涡轮机的相互作用相关联，以及，操作所述风力涡轮机的至少一个控制器使得水致振动减小。

综合而言，通用电气对于风力发电机涡流发生器的结构优化方面的研究与西门子歌美飒、LM、乌本相似，其除关注了通过优化叶片的制造工艺、提升涡流发生器在风力发电机的输出功率外，还特别关注了涡流发生器的可控性研究。同时，通用电气公司还重点关注了海上风力发电机组的建设与稳定性能的研究，力求通过优化设计减少水体对于风力发电机的影响。

（5）维斯塔斯

从图 6-3-2 中维斯塔斯的年申请趋势可以看出，该公司涡流发生器相关专利申请起步也较早，2005 年的专利申请量与通用电气相同，均为 5 件，2008—2012 年平均专利申请量基本稳定在 15 件左右，2013—2018 年间除 2016 年专利申请量为 8 件外，其余年份均无专利申请量，而 2019 年又出现了 19 件的专利申请量，之后波动式下降。整体而言，维斯塔斯相较于前四家公司，其在风力发电机涡流发生器领域的技术创新相对较弱。

下文从技术发展方面重点选取其高峰期的代表专利进行展示。其中一件代表专利是 CN102165185B。该专利在中国、美国以及欧洲均进行了布局保护。该专利涉及具有由气动致动器致动的用于改变叶片的空气动力表面或形状的装置，关注的技术问题是优化叶片涡流发生器的结构。现有技术中为了使装置达到调节风轮机的功率，要求空气动力表面改变装置能够快速且重复操作，因此能量消耗相当大。已知系统的运行速度以及机械稳定性都较差。该项技术提供了一种具有用于改变叶片的空气动力表面或形状的装置的风轮机叶片。这些装置的位置和运动被气动致动器控制，所述气动控制器由来自压力室的压力致动，该压力室通过控制致动的阀系统与致动器连接。该阀系统又被控制单元操作，该控制单元通过信号通信通路将控制信号传输至阀系统。通信通路可以包括使用液体或气体的动力连接装置或压力管。在一个实施方式中，使用分子量低于 28.9 kg/kmol（因此分子量比空气低）的气体，由此增加从控制单元输送的压力信号的速度并由此增加空气动力装置的操作速度。

另一件代表专利是 CN112703314B。该专利在中国、美国以及欧洲均进行了布局保护。该专利涉及具有带空气动力学特性的叶片承载结构的风力涡轮机，关注的技术问题是如何提高风力涡轮机转子的扫掠区域的利用。现有技术中风力涡轮机类型的叶片承载结构通常不具有有利的空气动力学特性，因此其并不有助于风力涡轮机的能量转换。然而，它占据转子的扫掠区域的一部分，并且因此由叶片承载结构占据的区域可以被认为是扫掠区域的不活动部分。该项技术提供一种风力涡轮机，所述风力涡轮机包括：塔架；经由偏航系统安装在所述塔架上的机舱；以可旋转的方式安装在所述机舱上的轮毂，所述轮毂包括叶片承载结构，以及经由铰链连接到所述叶片承载结构的一个或多个风力涡轮机叶片，每个风力涡轮机叶片由此被布置成相对于所述叶片承载结构在最小枢转角和最大枢转角之间进行枢转运动，其中，所述叶片承载结构设置有一个或多个元件，所述一个或多个元件被构造成通过增大所述叶片承载结构的升力和/或减小所述叶片承载结构的阻力来改进所述叶片承载结构的表面的空气动力学特性，并且其中，所述升力的增大和/或阻力的减小作为所述叶片承载结构与来风之间的迎角的函数而变化。

综合而言，维斯塔斯与通用电气类似，在研究风力发电机涡流发生器技术时重点针对涡流发生器的可控性，并聚焦了涡流发生器的动、静态快速调节。同时其还结合了转子的扫掠区域的利用情况，关注了特种风力涡轮机发电功率提升的相关问题。

6.3.2 中国风力发电机涡流发生器技术专利重要申请人分析

本小节主要对中国风力发电机涡流发生器技术专利重要申请人整体排名情况、专利申请人类别情况以及重要申请人专利情况进行分析，以展示中国风力发电机涡流发生器技术领域重要申请人概况及技术创新特点。

6.3.2.1　中国风力发电机涡流发生器技术专利申请重要申请人排名情况

本小节主要对中国风力发电机涡流发生器技术专利重要申请人进行分析,对其排名情况以及中国风力发电机涡流发生器技术专利申请人类别情况进行梳理分析。

图 6 - 3 - 3 示出了中国风力发电机涡流发生器技术专利申请重要申请人排名情况。由该图中可以看出,排名前列的申请人分别是西门子歌美飒、金风科技、明阳智能、乌本、通用电气、华能集团、维斯塔斯、河海大学、上海理工大学等,其中国外风力发电重要创新主体西门子歌美飒、通用电气以及维斯塔斯均较为靠前,说明这些创新主体对中国风力发电市场的重视。该图还进一步示出了各申请人的专利类型状况,可以看出国内创新主体的专利申请发明专利和实用新型专利均有涉及,且均是发明占较大比例,而西门子歌美飒、维斯塔斯和通用电气涉及较多的 PCT 申请。可见,目前这些国外创新主体在中国风力发电领域的风力发电机涡流发生器技术方面专利布局较多。

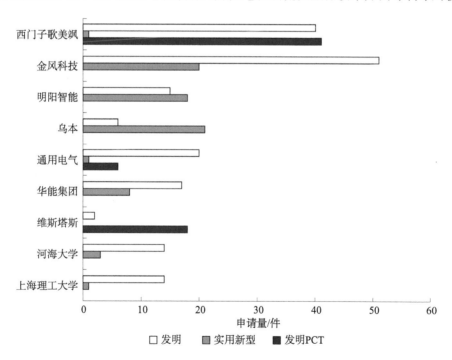

图 6 - 3 - 3　中国风力发电机涡流发生器技术专利申请重要申请人排名情况

对于国内创新主体来说,除以金风科技、明阳智能为代表的国内比较领先的风力发电企业外,国内知名高校,如河海大学、上海理工大学等也已经纷纷开展了对风力发电机涡流发生器技术的研究。

从中国风力发电机涡流发生器技术专利申请人类别情况可以看出,申请人主要为企业，其申请量占到了申请总量的 60.72%，基本上是大型风力发电企业；其次是大专院校，国内有较多高校对风力发电机涡流发生器技术进行了研究，这类申请人的申请量占比达到了 19.76%；最后是个人申请和其他科研单位。对于企业申请人，许多是来自国外的风力发电巨头，例如西门子歌美飒、通用电气以及维斯塔斯等，而国内的申请人只占据了 40% 左右的申请量，并且国内申请人多是个人申请，并没有形成一定的研究体系和研究团队，其申请涉及的也大多是小型风力发电机上的涡流发生器，对大型风力发电机的风力发电机涡流发生器技术研究并没有过多涉及。而国内形成团队研究的主要是金风科技、明阳智能。

6.3.2.2 中国风力发电机涡流发生器技术专利申请重要申请人具体情况

根据对中国风力发电机涡流发生器技术专利重要申请人梳理分析发现，金风科技是中国创新主体在该技术领域的代表。下文通过对金风科技的申请趋势以及代表专利进行展示，以分析其在该技术领域的创新特点。

图 6-3-4 示出了金风科技风力发电机涡流发生器技术专利申请趋势。从申请趋势来看，金风科技进军风力发电机涡流发生器技术领域较晚，在国外风力发电机涡流发生器已经比较成熟的情况下，2009 年，金风科技刚刚出现零星申请，缓慢的发展一直持续到 2014 年左右，其年申请量基本在 3 件以下；而 2015—2016 年，申请量有所增加，2015 年、2016 年申请量分别为 8 件和 7 件；2018 年金风科技迎来了爆发，申请量大幅增加，年专利申请量达到 51 件。此后两年大幅回落，2021 年后又逐渐出现了上扬趋势。

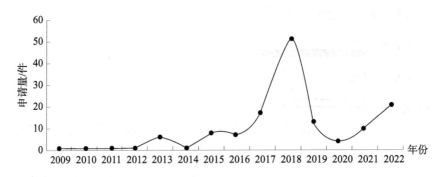

图 6-3-4 金风科技风力发电机涡流发生器技术专利申请趋势

从技术发展方面来看，金风科技早期的代表专利 CN201554598U 是实用新型专利。该公司更倾向于采用审查程序较为便捷的实用新型专利对早期创新成果进行保护，在初步进入已经发展相对成熟的技术领域阶段这种策略显然是较为明智的。该专利涉及一种可拆卸式涡流发生器，关注的技术问题是一般定桨距风力发电机组叶片使用的涡流发生器是由叶片厂家出厂时在叶片上配套安装，或者针对不带涡流发生器的叶片后期在风力发电场人为再安装上涡流发生器。通常这类涡流发生器和叶片表面黏结固定后就不容易拆除。为了解决上述问题，该项技术提供了一种可拆卸式涡流发生器，包括翅片和底板，其中翅片上有压片和弹片开口，底板上有插口和弹片。安装时将翅片对应放在底板上，将底板的弹片上方位置压住，缓慢推动翅片，确保将翅片上与底板插口对应的压片完全推入插口内，此时底板上的弹片正对翅片上的弹片开口，弹片随即弹起，使之锁定避免底板和翅片前后移动；同时，翅片上的压片和底板上对应位置处压紧保证了这两个部件上下方向固定可靠。可在叶片上沿叶根至叶尖方向安装若干个涡流发生器。反之，当需要拆除涡流发生器的时候，同理将翅片从底板上退出拆除。翅片和底板也可通过铆钉连接，其中翅片、底板相对应位置设有开孔，安装时用铆钉将翅片和底板在开孔处固定；当需要拆除涡流发生器时，拆除铆钉后翅片和底板随即分开。

金风科技在专利申请高峰的代表专利是 CN107387334B。该专利在中国、美国以及欧洲均进行了布局保护，目前多数专利已处于授权后保护状态，可见该技术是金风科技这一时期的风力发电机涡流发生器代表技术。该专利涉及抑制风力发电装备塔筒振动的浮动体设备，关注的技术问题是现有技术中空气流的风速会变化，如果将塔筒外壁缠绕设置的螺旋线的特征参数加工为根据空气流的风速变化而变化，则相应的制造成本、维护成本会大幅增加。该专利通过设置抑制围护结构振动的浮动体设备，由于浮动体上下浮动，除了破坏塔筒外表面的气流边界层，实际上对附近流场的上、下段均进行了扰乱破坏，由此打乱了浮动体附近上风向气流的相关性。上风向气流的相关性被破坏后，浮动体和其他位置气流旋涡脱落频率的一致性相应地被打乱，从而使得它们共同作用削弱，降低或阻止了塔筒外表面边界层绕流脱体时涡激共振的响应，也就阻止了塔筒涡激诱发的振动。浮动体设备包括环绕围护结构的浮动体，以及能够激发所述浮动体上下浮动的激发装置；所述激发装置包括连接所述浮动体以使其不脱离所述围护结构的系绳。

金风科技截至检索截止日最新的代表专利申请是 CN116696651A。该专利申请涉及一种应用于风力发电机叶片的抑振装置，关注的技术问题是现有的风力发电机组在将叶片吊装组装完成后、并网工作之前存在一定的闲置时间，此时由于风力发电机组的叶片为不等弦长结构体、叶片的各横截面存在扭角等原因，经常出现叶片遭受风流动引起的涡流脱落、诱发颤振的问题，进而可能形成破坏性的振动，导致叶片受损、使用寿命下降。为解决上述技术问题，该专利申请提供了一种抑振装置，其包括：载体，包括定位部以及连接部，两个以上定位部沿第一方向间隔分布，相邻两个定位部通过连接部连接，载体能够通过定位部连接于叶片本体；扰流组件，设置于载体，扰流组件包括多个扰流部，每个扰流部分别与连接部连接。该抑振装置具有良好的扰流作用，且制造成本低、装卸简便。

综上，金风科技不仅关注了涡流发生器的结构优化，也关注了风力发电机整机的性能提升，其近年来在风力发电机涡流发生器方面作了大量的专利布局。但由于金风科技进军风力发电机涡流发生器技术领域较晚，国外技术已经成熟，想要在风力发电机涡流发生器技术领域有所突破还需要进一步加大研发力量。此外，找到技术突破点和技术空白点，对于进一步布局风力发电机涡流发生器技术专利，在竞争激烈的技术领域占领一席之地也是重要的途径。

6.4 风力发电机涡流发生器技术申请趋势以及发展路线

本节从技术发展迭代的角度对风力发电机涡流发生器技术进行梳理，分别对水平轴风力发电机上的涡流发生器、垂直轴风力发电机上的涡流发生器以及涡流发生器在风力发电机上的不同安装部位各技术分支的发展、演变以及迭代情况进行介绍，以展示各技术分支发展情况。

6.4.1 风力发电机涡流发生器各技术分支申请趋势

6.4.1.1 各技术分支申请趋势

就一级技术分支而言，领域内申请人主要还是侧重研究水平轴风力发电机，由于垂直轴风力发电装置本身发电效率的原因，其整体申请量也远远少于水平轴风力发电机。而涡流发生器技术可以同时运用于水平轴和垂直轴风力发电机的专利申请也是非常少的。因此对于涡流发生器技术的发展更应该关注其在水平轴风力发电机上的技术。另外，从申请趋势来看，如图 6-4-1 所示，三个技术分支的发展趋势基本相同：2000 年以前，技术刚刚起步，其专利申请量较少；2000 年之后，技术迅猛发展，专利申请量稳步提升，尤其对于水平轴风力发电机上涡流发生器应用的专利申请量上升较快。2019 年之后，专利申请量直线下降是因为部分专利申请尚未公开的原因。

如图 6-4-2 所示，对于二级技术分支而言，涡流发生器安装在叶片上的申请量是最多的。这主要是因为，叶片是风力发电机的重要捕风部件，其关系到发电功率的大小和发电效率的高低。涡流发生器安装在叶片上能够改善叶片周围的气流分离，提高叶片的气动性能从而增大风力发电的发电总功率和发电效率；并且随着风力发电场越来越多，周边环境对其运行环境的要求越来越高，风力发电机运行噪声影响越来越受到研发人员的重视。而在叶片尾缘等部位安装锯齿形涡流发生器能够显著降低运行噪声，因此关于叶片涡流发生器的专利申请量较多。涡流发生器设置在塔筒上的申请量处于第二位。这是因为近年来随着风力发电机输出功率的要求越来越高，塔筒高度也在不断打破记录，而高塔筒必然带来振动等事件，严重振动可能会引起塔筒倒塌，因此塔筒抑振是刻不容缓的。塔筒振动和塔筒周围气流变化有着密切的关联，于是研发人员在塔筒上安装涡流发生器改善周围气流变化从而抑制塔筒振动，这方面的专利申请量就增长起来。涡流发生器安装在导风装置和其他部件上的申请量较少。其中其他部件主要有机舱和轮毂等，均用于改善风力发电机周围的气流稳定性。

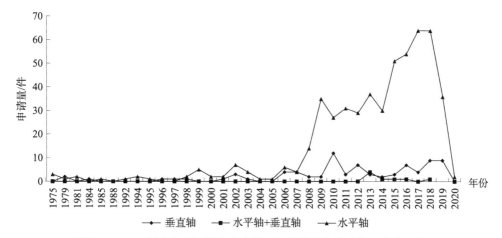

图 6 - 4 - 1　风力发电机涡流发生器一级技术分支全球专利申请趋势

注：图中未显示年份的申请量为 0。

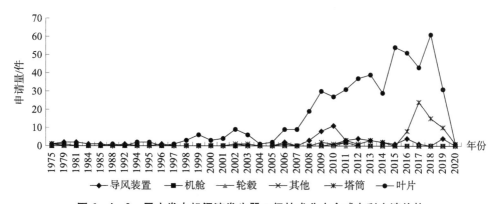

图 6 - 4 - 2　风力发电机涡流发生器二级技术分支全球专利申请趋势

注：图中未显示年份的申请量为 0。

　　如图 6 - 4 - 3 所示，就涡流发生器在叶片上的安装位置而言，首先在叶片表面的申请量居多，其次是后缘，再次是叶尖，最后是叶根、前缘等部位。风轮运转时，叶片表面容易引起气流分离，导致风轮捕风能量降低，因此在叶片表面加装涡流发生器是控制气流分离的有效方法，其相当于向边界层内注入新的涡流能量，保持边界层速度型的饱满，增加升力阻止分离，增加风轮的功率输出。叶片后缘加装涡流发生器主要是因为，在叶片运转期间，叶片后缘与湍流边界层中的湍流相互作用产生噪声，而噪声也是在使用风力涡轮机来产生功率方面的主要约束，因为噪声可打扰位于附近的居民区中的人，基于此，设置在后缘的涡流发生器的专利申请量也占据一定部分。另外，叶尖设置涡流发生器是为了防止叶尖涡的产生，其他部件设置涡流发生器均是为了提高叶片的空气动力学性能，以提高输出功率。

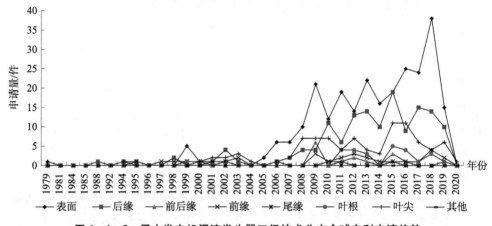

图6-4-3　风力发电机涡流发生器三级技术分支全球专利申请趋势

注：图中未显示年份的申请量为0。

6.4.1.2　重要申请人申请趋势

针对上述重点技术分支，选取行业中具有代表性的四家外国企业通用电气、西门子歌美飒、Enercon、维斯塔斯以及中国代表企业金风科技作为重要申请人，对其申请进行分析，主要包括相应的整体申请趋势和各个技术分支的申请情况，从而反映出各重要申请人在风力发电机涡流发生器技术方面的整体实力和研发侧重点。

从申请量趋势可以看出，通用电气对于该项技术研发较早，专利申请量在早期已经达到了高峰，近年来一直处于平稳发展状态。维斯塔斯的发展紧跟通用电气之后，其该项技术专利申请高峰出现也较早，但近年来的专利申请量已经持续下降，近两年几乎没有该方面的专利申请。西门子歌美飒的专利申请高峰出现较晚，大约在2014年，近年来申请量也有所下降。Enercon对该项技术专利申请量不多，在2013年专利申请迎来小高峰。国内的金风科技，对该项技术研发起步较晚，在2017年申请量最大，目前处于平稳发展时期。

重要申请人的研发侧重点也均是在水平轴风力发电机气动性能提升方面，对于垂直轴风力发电机涡流发生器仅国内金风科技有极少量的专利，说明对于水平轴风力发电机涡流发生器的研究仍是主流趋势。

对于导风装置、塔筒、叶片这几个部件上安装涡流发生器的研究对比也比较明显，主要集中在叶片气动性能的提升上，说明近阶段风力发电机提高功率输出仍然需要进一步优化。至于导风装置或塔筒上涡流发生器的安装，其实质上也是影响风力发电机功率输出的一方面因素，只不过叶片对输出功率的影响更大一些。随着技术的发展和成熟，相信这两个方面的研究也会逐渐发展起来，从各个角度提升功率输出总量。

就涡流发生器安装部位而言，通用电气、西门子歌美飒、维斯塔斯、Enercon 的研发重点均在于叶片，而西门子歌美飒在导风装置、塔筒等方面都有涉及，可见西门子歌美飒专利布局比较全面；通用电气在塔筒方面有少量涉及；国内金风科技研发主要侧重点在于塔筒，叶片也有涉及。

对于叶片上设置涡流发生器而言，重要申请人的研发重点在于叶片表面和后缘，其专利申请量达到了绝大多数；其次是叶尖和前后缘均设置的申请量。其中，通用电气和西门子歌美飒是安装于上述几个部件的涡流发生器专利申请均涉及，其专利布局较为全面；维斯塔斯涉及涡流发生器安装于表面、后缘、前后缘和叶尖部位；Enercon涉及涡流发生器安装于表面、后缘、前缘和叶尖；而金风科技涉及涡流发生器安装于表面、后缘和叶尖。

6.4.2　风力发电机涡流发生器各技术分支发展路线

风力发电机涡流发生器专利申请始于 20 世纪 20 年代，一直到今天仍然在不断地发展进步。本小节重点针对涡流发生器在风力发电机叶片上的不同安装部位各技术分支的发展、演变以及迭代情况进行介绍，以展示各技术分支发展情况。

6.4.2.1　导风装置上涡流发生器技术发展路线

最早在 1977 年，美国专利申请 US4047832A 就公开了在水平轴风力发电机导风装置上设置相应的涡流发生器。该项技术提供了一种在风力涡轮机前面设置的漩涡发生器，漩涡发生器上面设置有涡流凹陷，风流经上述装置后在风力涡轮机前面形成漩涡，提高流动到风轮表面的风速，从而提升其气动性能进行发电或者输出动能。可见，当时业内已经关注到了通过涡流发生器提升发电效能的可行性。随后经过 20 年的发展，风力发电机涡流发生器技术不断优化，2000 年后出现了一批对于涡流发生器优化的专利申请。例如美国专利申请 US20070041823A1，其通过在整个导流罩表面设置螺旋凹槽，同时上述设置的导流罩也可以用作可旋转发电的装置，通过凹槽的设计防止气流的边界层分离，提升旋转的气动性能和发电效率。专利申请 WO2009063599A1 在导风罩上外表面设置凸起的环状涡流发生器，防止导风罩表面的气流分离。美国专利申请 US2011037268A1 在导风罩内部表面设置导风叶片，在起到导风作用的同时能够防止气流到达风轮时出现流动表面分离而降低风轮捕风效率。美国专利申请 US2012175882A1 通过在导流装置上开口，从而进行气流收集，防止气流在风轮后方形成气流分离，相当于射孔的作用。

从上面的分析可以看出，对于导风装置进行涡流处理的方式一般是在导流罩内部或者外部设置涡流发生器部件，或者在导风罩表面开孔，或者对导风罩本身外形作一定的改进，例如设置有凹槽的结构。而美国已成为相关技术研发的中心。

2012 年之后的几年时间，对于导风装置上设置涡流发生器的研究并没有实质性的进展。综上，对导风装置进行涡流发生器安装的专利申请量实质上处于较低水平。这归咎于导风罩表面气流是否分离实质上对风力涡轮机捕风效率的影响并不是特别大，并且在叶片等其他部件上安装涡流发生器仍处于研究热点的情况下，这方面的研究也必然处于空缺地带。

6.4.2.2 塔筒上涡流发生器技术发展路线

在风冲击塔筒时会在塔筒背面产生涡流，该涡流以振动形式出现在流体环流影响的构造上，由此在这些场合可能会出现振动与塔筒的自然频率一致的情况，进而放大结构的振动以致危及塔筒本身。在塔筒上设置涡流发生器可有效改善这一情况。最早明确表明业内对这一情况认识的专利申请是 1979 年公开的美国专利申请 US4180369A，其在塔筒自身上设置螺旋形刚性金属条。在随后的几年内也陆续出现过类似的专利申请，但上述专利申请存在一个共性即均考虑到了涡流共振的问题，但忽略了部件剥落等带来的风险、对塔筒的损害以及再次安装的难度等问题。因此随着技术的发展，逐渐出现了可分离的涡流发生器，如在 2006 年申请的 WO2006106162A1 专利申请首次考虑了相关问题，提出了可分离、临时使用的涡流发生器。该涡流发生器由波纹管和固定波纹管的锚定系统组成，在使用时可从风力发电机涡轮机塔筒的上部放下波纹管从而使波纹管螺旋形地延伸，不使用时通过锚定系统将波纹管拉起；但该方案的缺点在于需要较多操作人员或者提升系统。基于节省人力物力的考量，衍生出了一种如 2009 年申请的韩国专利申请 KR20110045711A 的技术，该专利申请通过螺纹连接的方式将涡流发生器固定至塔筒上。虽然其节省了人力物力，但对于中空圆柱的塔筒而言，采用螺纹连接的方式存在一定的困难，于是此阶段的风力发电研发人员将研究重点放在如何将可拆卸涡流发生器固定在塔筒上。连接困难的问题更加激发了风力发电研发人员的研究热情，于是出现了多种新的涡流发生器。其一是自带涡流发生器的塔筒，如2011 年申请的中国专利 CN202023701U，其将塔架筒体的横截面外圈的形状设计为多边形或凹凸不光滑曲线，该多棱柱筒体或凹凸外表面筒体在减弱涡流效应的基础上，还能够有效地减小阻力和减小风力发电机组基础承受的弯矩。其二是同年的美国专利申请 US2011215587A1 通过带电线圈缠绕在塔筒外表面的方式，在满足减弱涡流效应的同时还能通过带电线圈发出的热改变气流在筒体外壁的边界层，进一步减弱涡流效应，其效果要明显优于仅仅单独设计缠绕部件的方式。虽然有了各种涡流发生器，但针对塔筒的涡流发生器的技术并未就此停止。人们发现仅单独安装效果并不是很理想，这跟气流流动不定性等有很大的关系，于是人们将目光转向涡流发生器在塔筒的安装方式上，衍生出了横向波浪形、折线形、横竖混合等（如 2012 年的中国专利申请 CN103423098A、2013 年的韩国专利申请 KR20150031795A）以及塔筒部分部段安装部分部段不安装（如 2014 年的中国专利申请 CN104454392A）等安装方式。技术的发展总是遵循先整体后细节、先有后精的规律，塔筒涡流发生器也不例外。2013—2016 年，人们将注意力全部集中在涡流发生器的安装、结构形状等方面研究。直至 2017 年，其方式再获创新，出现了采用气流喷射的方式影响塔筒表面气流，如 2017 年的中国专利申请 CN107461304A。2019 年出现了外设能对气流冲击产生缓冲作用的套筒结构，当将该套筒用于塔筒时流体介质沿着圆周方向流动，使得振动动能分配给沿途的各个减振结构，通过这种方式实现能量的吸收、分散和消耗。当然，自 1979 年至今，技术发展中有倒退有反复是正常的，符合事物发展的过程。

6.4.2.3　叶片上涡流发生器技术发展路线

涡流发生器是一种能够有效抑制边界层分离的气动附件，其应用可以追溯到 20 世纪 40 年代，将其安装于风力发电叶片叶根到叶中区域的吸力面，可实现抑制气流分离、增加叶片输出功率的目的。随着技术的不断发展，涡流发生器又根据在叶片上设置位置的不同，分为叶尖型、叶根型、后缘型以及表面型。图 6-4-4 示出了叶片上涡流发生器专利技术发展路线。下文将分别按照叶尖型、叶根型、后缘型以及表面型梳理其各技术分支发展路线。

（1）叶尖型

最早在叶尖设置涡流发生器的专利申请出现在为 2001 年的德国专利申请 DE10126814A1，其在叶尖设置涡流发生器用于降噪和获得更宽的翼型表面，提升发电效率。2004 年上海交通大学的中国专利申请 CN1563707A 中也提出了带有叶尖小翼的水平轴风力发电机，其小翼采用与风轮叶片相同的升力型叶型，安装于叶片的顶端，以改变风力发电机叶尖的环量分布，减小诱导阻力。为达到补充叶尖上的压力的目的，

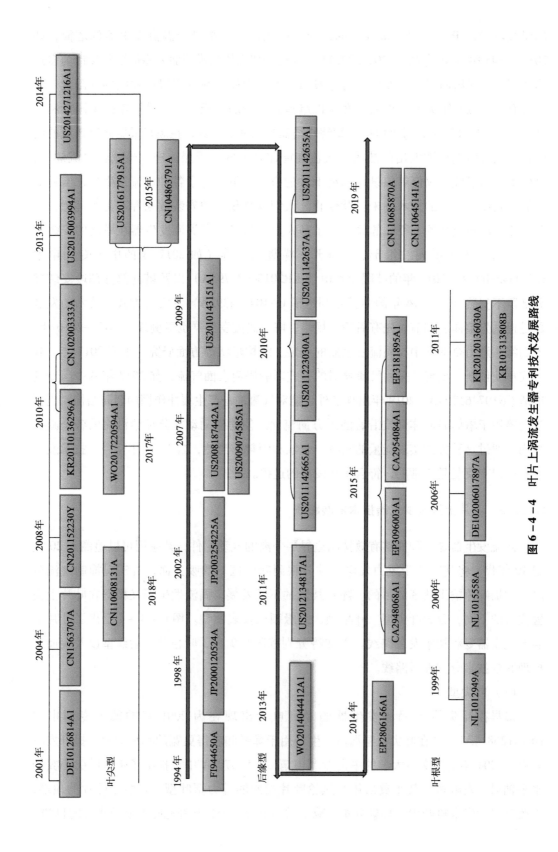

图 6 - 4 - 4　叶片上涡流发生器专利技术发展路线

小翼前缘位于叶尖叶片最大厚度后方，后缘位于叶尖叶片后缘处。小翼在外形上沿来流方向向后折，并且有一定程度的外撇，其压力面朝向风轮外侧，以分散尾涡，减小其强度。随后，2008 年内蒙古工业大学汪建文等申请的中国专利 CN201152230Y 也提出了带有叶尖小翼的水平轴风力发电机，其小翼呈现平板形近似于三角形，并且针对小翼的具体尺寸作了设计，在不对原有风力发电机结构参数进行改动的前提下，通过在风力发电机叶尖处简单安装平板形齿形小翼来改善风力发电机的综合性能。2010 年韩国专利申请 KR20110136296A 提出了一种通过在叶根处设置多个气流通孔使得空气能够进入叶片，并在叶尖部设置气流出口使得气流能够从叶尖流出，以此方式避免叶片附近的湍流形成。同年，中国科学院提出专利申请 CN102003333A。该申请提供了一种具有降噪功能的风力发电机叶片，其不仅对尾缘进行优化设计，而且还涉及叶尖，有效降低了叶尖涡引起的噪声。通过对叶尖部分划分轮廓线，不同部分的轮廓线满足一定的曲线关系，这样的几何形状的限制和优化，加上锯齿段的辅助配合，可有效地降低叶尖部分脱落涡的强度，进而有效地抑制由脱落涡引起的气动噪声。

　　2010 年之后相关技术不断迭代。2013 年的美国专利申请 US2015003994A1 提供了一种叶尖部分采用分叉的设计，两个分叉的小翼之间形成的涡流气动性能能够增加下游风力发电机涡流或者尾流的耗散速度，使得风力发电场的年发电量最大化。2014 年的美国专利申请 US2014271216A1 公开了一种水平轴风力发电机，通过在叶尖设置小翼，以及设置辅助叶片部分，进一步提升叶片发电量并且减小叶片叶尖涡。2015 年的中国专利申请 CN104863791A 提出了具有对称小翼的风力发电机叶片，并对小翼的具体现场厚度等参数作了进一步的设计。2015 年的美国专利申请 US2016177915A1 公开了一种转子叶片延伸部，其克服了由于叶片边缘劣化保护需要施加涂层或聚合物带的薄片实现，并且仅限于对于新的安装叶片进行，很少在现有转子叶片上实施的缺陷，在叶尖部加装延伸部，这样对于现有转子叶片也能够进行劣化保护，并且在延伸部上前缘后缘分别设置涡流发生器改善叶尖气流性能。2017 年 LM 的专利申请 WO2017220594A1 公开了一种带有尖端锯齿的风力涡轮机叶片，该风力涡轮机叶片包括两个或更多个沿着后缘的一部分设置的锯齿，部分从尖端朝向根端展向延伸全部叶片长度的最多 5%，其中，最靠近尖端的锯齿具有比所述部分中的至少一个其他锯齿的相应高度和/或宽度大的高度和/或宽度。其根据距离叶尖端的远近设计锯齿的大小，使得最靠近尖端的锯齿产生足够大能抵消尖端涡流的旋转的涡流，尖端涡流的能量将被更快速地耗散。2018 年的中国专利申请 CN110608131A 公开了一种被动控制的可动叶尖小翼装置，小翼可以随风速的大小调节小翼与叶片展向的夹角，当风速较低时也能够通过延长叶片来增强叶片的气动性能，风速较高时能够通过轴向弹簧旋转 90°，形成叶尖扰流器，增强叶片在极端条件下的抗载荷能力。

（2）叶根型

最早记载将涡流发生器应用于叶根区域的专利申请是1999年的荷兰专利申请NL1012949A，其在将涡流发生器设置在叶片表面的同时将其也设置在叶片的根部，但其并未认识到单独设置在叶片根部所能带来的效果。随着涡流发生器在该领域的广泛应用，人们逐渐认识到涡流发生器的安装位置是影响风力发电机叶片性能的关键因素。2000年首次出现了在叶片根部单独安装涡流发生器的专利申请NL1015558A，其中提到为了在转子叶片空气动力上升时完全展开上升力，需要使圆周速度在转子叶片尖部最大并且向着转子轮毂减小，在叶片根部设置涡流发生器可以有效将气流导向叶尖。首次出现的单独在叶根设置涡流发生器的专利申请仅仅给出了想法，但未对具体形状、叶根处的详细位置给出有数据支持的说明。这些在2006年的德国专利申请DE102006017897A中有所体现。细节、优化部分的专利申请总是建立在已有技术基础之上，这是事物发展的必然过程。但是上述专利似乎更依靠本领域技术人员的经验进行设计，并未真正地依据叶根气流流动情况进行涡流发生器的安装和设计。2011年的韩国专利申请KR20120136030A首次将叶根的气流流动情况作为设计依据，首先采用模拟的方式将叶根附近的气流流动状况展示出来，并根据状况中出现的较大气流旋涡位置处设置涡流发生器，由此可以有效改善叶根附近的气流流动情况，进而提高风力发电机的性能。叶根附近涡流发生器的研究发展与其他部位相同，也是在确定能有效改善性能的基础上开始考虑安装的问题。2011年的韩国专利KR101313808B首次出现了与风力发电机叶片表面间隔开一定距离的涡流发生器，其能在相同涡流发生器厚度的情况下改善较高范围内的气流流动情况。随后的发展则重点集中在优化叶根处的涡流发生器上，包括形状、距离前缘的相对位置、距离轮毂的相对位置及安装等。

（3）后缘型

在叶片后缘上设计涡流发生器最早出现于1994年的芬兰专利申请FI944650A，其提出将尾缘设计为锯齿状用于降低噪声。1998年的日本专利申请JP2000120524A也公开了在尾缘设置锯齿状或者梯形形状进行降噪，或者也可以设计成钝尾缘的形式，并且对钝尾缘的高度对涡流的影响作了一定的研究。

2003年的日本三菱株式会社的专利申请JP2003254225A提出了多种尾缘涡流发生器的形状，例如采用竖向的涡流发生器，或者三角形、梯形或者错位排列的圆形，并进一步提出了可以在叶片表面和后缘同时设置涡流发生器，涡流发生器的形状可以是竖状的或者八字形加锯齿形结合。该专利申请可以说开启了涡流发生器研究的热潮，之后各种形状的涡流发生器均有应用，并且安装位置等也均有涉及。2008年通用电气的美国专利申请US2008187442A1提出了在后缘设置锯齿和刚毛交替的部件用于降噪，并且尾缘插接在叶片上，能够拆卸，便于更换。

2009 年的美国专利申请 US2009074585A1 分析了多个国家或者地区组织对设置在后缘的锯齿形涡流发生器，针对不同齿高、长度、展弦比、厚度、角度等对降噪的影响进行了分析，最终设计了后缘的多个节段中每个节段的锯齿的长度在相应节段的平均弦长的为 10%～40%、每个锯齿的长宽比为 1∶1～4∶1 的锯齿形涡流发生器，首次将锯齿形状与叶片弦长联系到了一起。

2010 年的美国专利申请 US2010143151A1 公开了在叶片尾缘设置副翼，并且在副翼上设置穿孔，穿孔可以是圆柱形孔和/或切口或槽，该申请中认为：当表面孔隙率小于可透过的副翼的表面积的大约 20% 时，预期具有为提供透过性的穿过材料（例如开口或穿孔的薄片）的常规穿孔的非可透过的薄片材料会产生足够的噪声减少，以孔和/或切口的形式穿过另外的非可透过副翼的许多较小的穿孔将产生比遍布在副翼的相同百分比的表面区域上的更少的大孔更好的结果，并且沿副翼上的流的方向增加或以其他方式变化表面孔隙度和相应的副翼的透过性会提供较好的结果。美国专利申请 US2011223030A1 提出在锯齿表面设置辅助降噪部件，设置刚毛实现进一步降噪。

2011 年的美国专利申请 US2011142635A1 公开了可以拆除的涡流发生器，该涡流发生器在叶片后缘延伸，并且延伸部还包括多个仿形槽口，仿形槽口大体上沿着叶片延伸部的长度而根据需要从叶片延伸部切除。美国专利申请 US2011142637A1 公开了设置在尾缘上的锯齿状降噪装置，基板上定位设置有孔，并且锯齿之间还设有狭缝，狭缝能够对经过降噪装置的风流进行控制，从而降低噪声。孔的定位可以有利地减小将降噪装置安装至转子叶片上产生的相关应变。孔可以减小基板的表面积并且减小基板沿降噪装置长度的连续性，从而减小降噪装置内的应变，并且在使得降噪装置能够保持适当的刚度以及硬度的同时更容易地弯折。美国专利申请 US2011142665A1 针对降噪问题，提出将锯齿之间增加加强构件，使得降噪装置在整个宽度上具有可变刚度。美国专利申请 US2011142665A1 对于锯齿的具体尺寸作了进一步的限定。美国专利申请 US2012134817A1 提供了一种降噪部件在尾缘上的安装方法，主要通过黏结实现。

2013 年的专利申请 WO2014044412A1 提出通过在锯齿上设置加强筋使得锯齿状后缘的柔性和刚度可以以可控的方式变化。欧洲专利申请 EP2806156A1 针对钝后缘，在尾缘设置降噪设备，在类似于锯齿状的降噪装置上设置孔。

2015 年的加拿大专利申请 CA2948068A1 提出在转子叶片后缘的上游位置的一个或多个空气动力学装置。这些空气动力学装置将边界层的涡旋分开成若干个较小的子涡旋。因此，这些空气动力学装置起着边界层大涡旋的破坏者的作用。注意到与最初大涡旋在后缘的通过相比，较小涡旋（也被称为子涡旋）在后缘的通过产生不同的噪声。一个差异是可以归因于由在后缘处的涡旋所产生噪声的频移。通常，子涡旋具有一组更高的频率。因此，从后缘发射并散发具有更高频率的噪声。当此高频噪声在围绕转子叶片的周围空气中传播时，这些高频率噪声的衰减增加。因此，降低的噪声到达位于某个位置并且在与转子叶片相距某个距离的收听者。通过该机制，可大幅地降低由转子叶片与在转子叶片附近流动的空气流的相互作用所产生的噪声。

2016 年，欧洲专利申请 EP3096003A1 提出在锯齿之间设置多孔材料，通过在所述锯齿的两个相邻齿之间设置多孔材料降低来自相邻齿之间的压力侧和吸入侧的合并气流所产生的噪声。多孔材料的与所述锯齿的结构相比一般更精细的结构会导致发出的噪声的频率增加。包括更高频率的噪声具有以下优点：其比频率更低的噪声在环境中更迅速地被消减，因此可降低由地面上的观测者感知到的声压级。加拿大专利申请 CA2954084A1、中国专利申请 CN104948396A 均涉及锯齿具体尺寸的设计。欧洲专利申请 EP3181895A1 提出在锯齿之间设置分隔板，分隔板可以设计成各种形状，能够产生更好的降噪效果。

后期中国专利申请 CN110685870A、CN110645141A 均对锯齿形状作了进一步的改进，具体限定了形状大小等特征。

（4）表面型

最早在叶片表面上设置相关部件的专利申请是 1999 年的阿根廷专利申请 AR023721A1。称之为相关部件而非涡流发生器其主要原因是该部件的存在并非是针对气流进行设计安装的，而是从叶片疏水性方面进行考虑安装设计的，但是对本领域技术人员而言，在叶片表面的疏水性结构部件也能起到涡流发生器的相应效果，故将其考虑在内。

2000 年首次出现了在表面以扰动气流为主的涡流发生器的专利申请，即丹麦专利申请 DK200001450A。该涡流发生器仍然采用的是传统的结构形式，即将一定的部件安装在叶片表面由此引起气流的扰动。随着其他部位以及其他领域涡流发生器的发展，人们逐渐意识到通过气流冲击的方式也可以在一定程度上起到扰动气流的效果，进而实现破坏边界层，提升叶片升力。最早的此类文献出现在 2005 年的英国专利申请 GB0514338D0 中。伴随上述新形式涡流发生器结构的出现，人们也同时在突出部件涡流发生器上进行了细节的研究，如改变形状、安装位置等，以期能优化相关结构达到较好地提升升力的效果，进而增大风力发电机的输出，如 2005 年的专利申请 WO2006122547A1。通常采用小翅片类似结构的涡流发生器可以产生涡流，正反交替布置的翅片可以产生正反转涡流，可以向叶片的边界层提供更多的能量，由此增大叶片外形周围的气流离开叶片表面的风速。然而这类涡流发生器会导致叶片的气动阻力增大。2008 年的专利申请 WO2009080316A3 首次记载了以各种频率和幅度控制涡流发生器的竖直伸展以及水平摆动的频率和幅度，由此实现气流相交混合，可以实现叶片在整个翼展范围内设置。以上专利文献中所讨论的涡流发生器因为它们被部署为活动状态而被认为是"动态"的，这些元件在"静止"状态中的用处最小。针对以上技术缺陷，2011 年的美国专利申请 US2011142628A1 提出了动静结合的涡流发生器。该涡流发生器采用柔性材料组成，并可针对检测元件检测的气流状态通过控制器控制致动器驱动柔性涡流发生器状态的改变，可以有效改善各个气流状态下的扰动效果。常规的涡流发生器的技术效果之一是增加转子叶片的升力，但是升力系数的增加也可能是不利的，如当它使转子叶片的最大升力朝向高于没有涡流发生器的转子叶片时的最大升力的值增大，则在这种背景下最大升力的增加通常被视为不利。为了克服上述问题，2014 年的美国专利申请 US2016177914A1 通过在叶片表面设置主副涡流发生器且两者对称设置。随后技术的发展则更多关注了以上现有涡流发生器的安装方式以及结构尺寸等，如涉及沿叶片根至尖安装在不同位置的日本专利 JP6154050B2、涉及不同驱动方式的专利申请 WO2020120330A1。

综上可见，表面型涡流发生器的发展路线与其他安装位置有相似之处，均是先整体后细节、先静后动。

6.5　小　结

风力发电机涡流发生器技术对于风力发电机的发电功率提升以及风力发电机运转过程中的噪声降低两个方面均有较大的作用，因而受到了风力发电创新主体的青睐，在此情况下风力发电机涡流发生器技术也得到了长足的发展。

本章基于风力发电机涡流发生器技术的原理，针对专利态势状况、全球以及中国专利申请情况、全球以及中国重要申请人情况和风力发电机涡流发生器各技术分支发展趋势及发展路线，展开分析。通过分析发现，从技术起步和专利申请量来讲，国外对于涡流发生技术研究较早，技术较为成熟，尤其通用电气、西门子歌美飒、维斯塔斯等风力发电巨头，在该项技术方面占据了半壁江山；而国内对于该项技术研究本身起步较晚，并且涉足领域不多，国内代表性的风力发电企业金风科技也仅涉及塔筒和导风装置上涡流发生器技术的研究较多一些，但申请量仍然不及上文提及的风力发电巨头。从专利布局类型来看，虽然国内申请占比较高，但是国内申请一方面实用新型较多，技术含量相对较低；另一方面专利的核心度不够，申请人比较分散，除去金风科技，申请量在 1～2 件的申请人占据了绝大多数。另外，从各个技术分支的发展来看，国外技术相对成熟且成系统性，值得国内企业学习。同时，对于专利检索而言，当遇到类似技术专利申请时，可以着重检索相关申请人，为检索提供一个方向。

第7章　海上风电安装专利分析

本章从以下几个方面展开分析：①对海上风电安装技术进行整体概述，以展示海上风电安装的基本构成、工作原理、大致分类以及发展沿革；②对海上风电安装技术专利态势状况、全球海上风电安装技术专利申请情况以及中国海上风电安装技术专利情况进行梳理分析，以从宏观层面全面展示海上风电安装整体创新趋势；③对全球海上风电安装技术专利重要申请人状况以及中国海上风电安装技术专利重要申请人状况进行梳理分析，以展示海上风电安装技术领域的创新主体整体概况并通过典型创新主体的代表专利阐释其技术发展特点；④从海上风电安装技术发展迭代的角度对海上风电安装技术进行梳理，分别对基础安装、机组安装、电缆敷设、运输安装设备等技术分支的发展、演变以及迭代情况进行介绍，以全面展示海上风电安装技术发展脉络及各技术分支发展情况。

7.1　海上风电安装技术概述

本节主要对海上风电安装技术的发展历程、基本构成以及海上风电安装的技术分解进行介绍，以展示海上风电安装技术的工作原理、大致分类以及发展沿革，为后续的梳理分析作出准备。

7.1.1　海上风电安装市场简介

随着风力发电的发展，陆上风力发电已经不能满足社会发展的需求，并且陆上风力发电还具有占地面积大、噪声污染等缺点，在此情况下，海上风力发电应运而生。海上风力发电（以下简称"海上风电"）具备风能资源丰富，且不占用土地资源等优点，发展迅速。近年来在海上风电发展方面，全球海上风电装机容量稳步上升，其中，欧美等国家起步较早，并且出台了一系列扶持海上风电发展的政策，其中风力发电装机容量排名靠前的国家为英国、德国、丹麦。我国由于海域辽阔，海岸线狭长，海上风能资源十分丰富，十分适宜发展海上风电。随着我国风电产业的整体发展，我国的海上风电产业近年来也迎来了快速的发展，目前已成为欧洲之外最大的海上风电市场。

2021 年，全球风能理事会发布了《2021 全球海上风电报告》，报告中展望了 2030 年甚至到 2050 年全球海上风电装机容量预期，并且对 2030 年海上风电市场进行了展望：预计到 2030 年，全球新增海上风电装机容量达到 39.98 GW；而截至 2030 年底，全球累计海上风电装机总容量将达到 270 GW；到 2050 年，这一数字将达到 2000 GW。从上述展望来看，全球范围内由于各国均在寻求实现零碳目标，因此海上风电发展将得到国家政策的扶持，其发展速度较快，市场潜力较大。

目前海上风电安装主要由多功能海洋工程船舶和风电安装船承担。由于风电安装具有明确的要求，因此越来越多专业的风电安装船取代了传统的通用性海洋工程船。风电安装船产业已经形成全球化格局，欧洲公司负责大部分船型的设计工作，Gusto MSC 公司目前占有欧洲市场 30% 的份额，德国 SietasWreft、丹麦 Knud E. Hansen 等设计公司也具备一定的竞争力。亚洲地区船厂完成了全球下单总量 89% 的风电安装船建造。近年来，随着我国设计能力的不断提升，这种由欧洲设计、亚洲建造的模式正在逐渐被我国内循环模式所取代。针对我国特殊国情及海况的不同需求，一些设计单位开创性地提出适合我国工况、造价和功能的设计方案，例如中国铁建港航局的铁建风电 01 号风电安装船。

7.1.2　海上风电安装技术分解

对于海上风电安装技术，目前没有明确的技术分支，按照安装方式可分为分体安装和整体安装。分体安装的顺序一般是基础安装、塔筒安装、机舱轮毂安装和叶片安装。整体安装即先在陆地安装然后整机拖拽至海上进行安装，其实质上的安装工序与在陆地安装基本相同，只是需要拖船进行运输。而大型拖船的设计显然阻碍了这一组装方式的发展。目前海上风电较多的还是采用分体安装的形式。

本章基于常见的海上风电分体安装形式，按照安装部件进行以下技术分解：

从一级分支来看，海上风电安装主要分为三部分：基础安装、机组安装和电缆敷设。海上风电与陆地风电安装的极大不同体现在海上风电的基础安装和电缆敷设，而机组安装又主要包括塔筒、叶片和机舱的安装。

（1）基础安装

海上风电基础结构可以分为重力式基础结构、桩承基础结构、桶形基础结构以及浮式结构。每种基础结构类型不同，其相应地有一定的施工工艺。

常规海上风电基础安装工艺目前已经基本普遍，施工人员一般按照常规工艺进行施工。而近年来，海上风电呈现向深远海发展的趋势，因此，浮式基础成为目前业界比较关注的基础形式。浮式基础适宜水深在 50m 以上近海区域的风力发电机安装作业，其需要有足够的浮力支撑风力发电机组的重量，并且对于浮式基础，还要有效地防止和抑制倾斜、摇晃以及方向移动等。因此，浮式基础需要克服较多的技术障碍，具有较大的技术发展空间。

（2）机组安装

海上风电机组叶片、机舱、塔筒的安装，实质上与陆地相应部件安装工艺基本相同，包括吊装顺序、吊装手段等。海上风电机组安装与陆地风电机组安装的较大区别在于安装设备也就是风电安装船的使用。海上风电机组安装主要分为运输驳上风电机组组拼和海上整体吊装两个部分。风电机组组拼阶段主要为箱变单元、动力单元的预组拼，其可以在陆地上完成，而机舱轮毂预组拼可以在运输驳上预组拼。而整个吊装工序一般是：下塔筒吊装至运输驳，上部吊架系统安装，中塔筒吊装，机舱轮毂吊装，最后三支叶片依次吊装。

（3）电缆敷设

目前海底电缆的敷设方式有抛放和深埋两种方式。抛放一般是在浅海区域，施工工艺简单，但由于深度较浅，也容易发生损毁。深埋是将海缆埋置在海床土体内，避免海缆受到外部环境的影响。

为了保证敷设电缆的寿命以及信号传输的稳定性，对电缆设计制造的工艺要求较高。并且由于海洋环境的复杂性，海底电缆的敷设工艺有较高的技术要求，目前也有采用先进的埋弧焊接技术和无人潜水器进行铺设，铺设的效率和安全性得以提高。

（4）运输安装设备

海上风电机组运输安装主要依赖于安装船。与海洋工程不同，海上风电运输安装有自身的特点，如重心高、部件多、机位多，因此目前普通海洋工程船没有根据风电机组实际情况设计，其运输安装效果显然不理想。而随着风机安装的日趋专业化，衍生出了多种不同形式的风电安装船。

自1955年美国 Dean 兄弟公司设计建造的第一艘自升自航船问世开始，风电工程船发展可以分为三个阶段：第一阶段，没有专门的风电工程船，由已有的起重船和工作驳船等联合作业；第二阶段，具有自升功能的驳船或平台，但不具有自航功能；第三阶段，具有自航、自升、起重功能的专用风电工程船。目前国外专业的海上风电安装公司建造的风电安装船属于第三代风电安装船，用于风电场的安装、维护及其他海上支持作业。

国内最初的海上风电安装船舶绝大多数并非为海上风电机组的安装而特别设计的。伴随着我国海上风力发电的迅猛发展，开始出现新建或改装的专业化海上风电场工程船。未来很长一段时期内，随着海上风电产业的快速发展，预计对专业化的海上风电场工程船将有一定数量长期、稳定的需求。

7.1.3 国内外主要企业

7.1.3.1 国外主要企业

（1）维斯塔斯

作为风电龙头企业，维斯塔斯深耕风电领域 40 余年，在海上风电技术领域遥遥领先，拥有 25 年以上的海上风电作业经验。2002 年末，维斯塔斯建成了当时世界上最大的海上风电场。2004 年末，维斯塔斯和另一家风力系统制造商尼格麦康（NEGMicon）合并，新企业仍冠以"维斯塔斯"的名字，并以高达 34% 的全球市场份额成为当时全球风电行业的领航者。2021 年全球整机商排名发布，维斯塔斯以 15.2 GW 的装机容量位居第一。维斯塔斯在 2020 年 10 月末与三菱重工达成协议，收购三菱重工在双方合资企业三菱重工维斯塔斯海上风电公司中的 50% 股份。2021 年 2 月 7 日，维斯塔斯宣布推出 V236 - 15.0 MW 海上风电机组。作为其进军海上风电领域的"杀手锏"，该机组叶片长达 115.5 m，成为目前全球最长的风力发电机叶片。

（2）西门子歌美飒

西门子歌美飒在可再生能源领域的技术开发已经有多年的历史，海上风力发电机组业务长期处于世界领先地位，海上风电技术也长期处于世界领先地位。2009 年 9 月西门子推出转子直径达 120 米的 3.6 MW 新型海上风电机组。2011 年，西门子与上海电气成立两家合资公司，这一战略合作将强化双方在海上风电领域的实力，助推西门子在中国海上风电产业的发展。

（3）三菱重工

日本也一直重视海上风电产业的发展，作为日本海上风电领域的代表企业，三菱重工在海上风电方面寻求的是合作发展道路。三菱重工通过与维斯塔斯合作成立合资公司三菱重工维斯塔斯海上风电公司，该公司凭借技术优势在欧美海上风电市场上拿下多个项目，如从瑞典国营综合能源企业大瀑布电力接到了 49 架海上风力发电设备"V164 - 8.0 MW"的订单，用于大瀑布电力在丹麦规划的海上风电项目"Horns Reef 3"；在美国市场上，三菱重工 - 维斯塔斯被美国马萨诸塞州 800 MW 海上风场选中，为 Vineyard 风场提供 84 台 164 - 9.5 MW 海上风力发电机。不仅如此，近年来该公司还将业务扩展到亚太新兴市场，三菱重工还与 CIP 合作，共同开发日本北海道海上风电项目，CIP 作为一家可再生能源基础设施投资领域的全球基金管理公司，具有雄厚的资本实力，这种合作模式促进了三菱重工在海上风电领域的发展。

7.1.3.2 国内主要企业❶

2022 年，全国（不含港、澳、台地区）新增装机 11098 台，容量 4983 万 kW；其中，海上风电新增装机容量 515.7 万 kW。截至 2022 年底，累计装机超过 18 万台，容量超 3.9 亿 kW，其中，海上累计装机容量 3051 万 kW。

2022 年，中国风电市场共有 15 家开发企业有海上风电新增装机，其中，海上风电新增装机排前 5 位的开发企业占比达到 69.6%。这 5 家企业分别为国家电力投资集团有限公司（以下简称"国电投"）、中国广核集团有限公司（以下简称"中广核"）、山东能源集团有限公司、福能风力发电有限公司、华能集团。

截至 2022 年底，海上风电开发企业共 37 家，比 2021 年增加 6 家，其中累计装机容量达到 100 万 kW 以上的共 6 家，分别为中国长江三峡集团有限公司、华能集团、国电投、国家能源集团投资有限公司、中广核和粤电集团有限公司，这 6 家企业海上风电累计装机容量占全部海上风电累计装机容量的 70.1%。

7.2 海上风电安装技术专利申请分析

本节主要对海上风电安装技术专利态势状况、全球海上风电安装技术专利申请情况以及中国海上风电安装技术专利情况进行梳理分析。

7.2.1 海上风电安装技术专利申请分类号分布状况

梳理查找与海上风电安装专利技术相关的分类号，是确定海上风电安装技术专利文献范围的有效方法。首先，参考《战略性新兴产业分类与国际专利分类参照关系表（2021）（试行）》中涉及风能产业的分类号，初步根据现行 IPC 分类表，可以发现其中部分分类号与海上风电相关，其中包括 F03D 13/00 和 B63B 27/00、B63B 35/00 等。

F03D 13/00 主要与海上风电设施的安装配置相关；B63B 27/00 主要涉及海上运输或者安装相关的船只，例如敷设管道或者敷设电缆的船等，涉及海上安装设备；B63B 35/00 则涉及适合于专门用途的船舶或类似的浮动结构。

另外，由于海上风电安装技术涉及固定建筑物安装，其还可能分入 E 部。

通过以上分析，确定出与海上风电安装技术相关的全部分类号，结合相关关键词，共同构成检索本章节相关专利文献数据的基本要素。本章节采用分类号（F03D、

---

❶ 参见全球风能理事会《2022 年中国风电吊装容量统计简报》。

B63B）与中文关键词（水上、海上、离岸、风力涡轮、风能、风力发电、风电、安装、吊装、装配、组装）以及相应英文关键词相结合的方式，检索截至 2023 年 12 月公开的海上风电安装技术专利申请。

表 7 - 2 - 1 示出了海上风电安装技术专利申请分类号分布状况。经过相应的分类号和关键词检索，涉及海上风电安装技术的分类与查找的基本一致。海上风电安装的分类部集中在 F 部，占比达到 38.8%；其次是 B 部，其占比达到 27.7%；E 部占据部分申请量，占比达到 13.7%；而 A、C、D 部仅占少量申请，其申请量占总申请量的占比均不到 10%。

表 7 - 2 - 1　海上风电安装技术专利申请分类号分布状况　（单位：件）

部	数量	小类	数量	大组	数量
F	13426	F03D	9430	B63B 21/00	596
B	9562	B63B	5890	B63B 35/00	3340
E	4735	E02D	2427	E02B 17/00	837
H	2428	F03B	2338	E02D 27/00	1648
G	1944	E02B	1369	F03B 13/00	1864
A	1287	B66C	747	F03D 1/00	898
C	1098	H02J	740	F03D 11/00	1384
D	71	A01K	670	F03D 13/00	2771
		C02F	630	F03D 7/00	736
		B63H	620	F03D 9/00	2067

F 部中，F03D 小类的专利申请量最多，占比 27%；其次是 B63B，占比为 17%；而其他小类的占比则在 10% 以下。F03D 小类中又以 F03D 13/00 大组的专利申请数最多，占比 8%。而 B 部的海上风电安装技术专利申请集中在 B63B 35/00 和 B63B 21/00 中，其分别占总量的 9.6%、1.7%。可见海上风电安装的技术优势领域在 F 部中，以 F03D 中的 F03D 13/00 和 F03D 9/00 大组为重点，而 B 部也是重要的海上风电安装专利技术领域，其专利申请主要存在于 B63B 小类中，以 B63B 35/00 大组和 B63B 21/00 大组为重点。

7.2.2　全球海上风电安装技术专利申请分析

本小节主要对全球海上风电安装技术专利申请趋势、专利申请类型趋势、专利申请区域分布状况、主要申请国家或地区申请对比状况以及专利申请五局流向状况进行梳理分析，以展示全球海上风电安装技术发展趋势、各时期专利申请趋势特点以及技术主要国家或地区状况等。

7.2.2.1 全球海上风电安装技术专利申请分析

图 7 - 2 - 1 示出了全球及中国海上风电安装技术 1990 年以后的历年专利申请量变化趋势。该图将同族专利作为 1 项申请计数，以同族优先权日期计算申请年份，按年统计申请量。

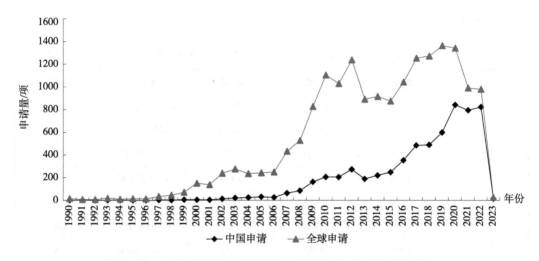

图 7 - 2 - 1　全球及中国海上风电安装技术历年专利申请量趋势

可以看出，全球海上风电安装技术的专利申请趋势可以分为以下几个阶段。

（1）2000 年以前（萌芽阶段）

2000 年以前，海上风电安装技术专利全球申请量一直处于较低水平。这一时期虽然全球海上风电相关技术已经出现，但仅限于小范围研发阶段，1990—2000 年全球仅有 8 个小型海上风电项目，装机总容量最多为 10.5 MW。这一时期，由于全球新能源仍处于探索方向阶段，对于风电产业来说，陆上风电由于建设难度低，因而一直作为风电产业发展方向的首选，反映在专利申请数量方面，虽然有零星的专利申请出现，但没有成为研究的重点。这一时期是海上风电安装技术的萌芽阶段。

（2）2001—2005 年（初步发展阶段）

2001 年以后，海上风电安装技术专利全球申请量开始出现增长，反映出全球风电企业逐渐认识到海上风电的重要性，逐渐在海上风电技术上投入研发，占领先机，并陆续进行专利申请上的布局，但并未迎来技术上的爆发，体现在专利申请数量方面，也一直处于较为缓慢增长的态势。这一时期是海上风电安装技术的初步发展阶段。

（3）2006—2023（快速发展阶段）

2006 年以后，海上风电安装技术专利全球申请量开始出现爆发式的增长，虽然中间出现了一定波动，但整体态势处于较快增长的趋势。这是因为，2006 年以后，随着风电产业的发展，陆上风电已经逐渐无法满足人们对于清洁能源的需求，海上风电迎来商业化开发阶段，到 2008 年底全球已经有 21 个海上风电项目投入运行，并在接下来的时期迎来大爆发。这种商业化的大规模普及，也带动了海上风电安装技术的创新，体现在专利申请数量方面，也呈现出爆发式增长的态势。这一时期是海上风电安装技术的快速发展阶段。

2003 年之前海上风电安装的专利申请量较少，因此表 7 - 2 - 2 对 2003 年以后全球主要国家对于海上风电安装技术的专利申请趋势进行分析。可以看出，2003—2008 年德国在海上风电专利申请量上一直占据一定比重，这得益于德国三大著名的风电企业——西门子、Repower、Enercon。美国、日本、丹麦也有一定的申请量，均是有风电巨头的贡献，例如通用电气、维斯塔斯、三菱重工等。而这个阶段，中国海上风电安装技术还处于刚刚起步的阶段，这一发展状况在 2009 年以后出现了变化，中国的专利申请量稳定增长，2010 年年申请量已经跃居首位，并在 2012 年出现了申请量的小高峰；2013 年申请量出现小幅度回落，2013 年之后呈现爆发式增长，专利申请总量占比逐年升高。而其他国家的申请量占比则减少。这使得中国在海上风电安装技术方面占据一定的地位。

表 7 - 2 - 2　海上风电安装技术各主要国家专利申请趋势　　　　（单位：件）

国别	2003 年	2004 年	2005 年	2006 年	2007 年	2008 年	2009 年
丹麦	26	23	16	34	37	39	0
德国	134	103	60	59	90	154	144
法国	23	0	0	25	33	0	36
韩国	15	19	31	38	41	71	135
美国	76	80	57	88	117	190	211
日本	39	43	27	32	70	49	118
西班牙	4	20	25	0	0	29	55
英国	28	20	28	52	29	69	72
中国	20	44	26	52	64	78	162
国别	2010 年	2011 年	2012 年	2013 年	2014 年	2015 年	2016 年
丹麦	0	52	47	53	74	24	0
德国	158	190	269	126	89	92	122

国别	2010 年	2011 年	2012 年	2013 年	2014 年	2015 年	2016 年
法国	46	75	74	31	34	40	108
韩国	140	220	234	218	205	148	129
美国	174	127	138	137	164	163	120
日本	99	162	112	121	93	49	65
西班牙	40	59	48	38	109	30	62
英国	65	93	82	48	51	67	60
中国	230	323	403	380	452	540	795
国别	2017 年	2018 年	2019 年	2020 年	2021 年	2022 年	2023 年
丹麦	0	0	57	49	59	0	0
德国	143	112	159	83	78	29	4
法国	114	45	0	0	0	0	0
韩国	166	144	134	172	258	139	19
美国	96	139	137	113	105	80	0
日本	54	57	92	64	121	104	17
西班牙	66	0	0	0	0	0	7
英国	87	68	80	130	107	74	3
中国	991	1182	1238	1663	2080	2142	2079

海上风电安装技术专利申请类型以发明为主，从 2000 年左右开始，逐渐出现实用新型申请。2010 年至今，我国海上风电安装技术得到快速发展，多个研发主体为了快速获得专利技术保护，实用新型申请量逐渐增加，近几年一直保持较高的申请量。另外，该领域还有少量外观设计申请。

7.2.2.2 全球海上风电安装技术专利申请区域分布分析

从全球海上风电安装技术专利申请区域分布来看，专利申请分布最多的 7 个国家或地区依次为中国、丹麦、美国、德国、韩国、英国、欧洲，这些国家或地区也是海上风电技术发展最为先进的地域，因此全球各大申请人在这些国家或地区的专利申请和布局也最为密集，这七个国家和地区的专利申请量已占到了全球总量的 90%。中国专利申请量排在第一位，占比为 28.3%；丹麦的专利申请量位居第二，占比为 17.7%。

海上风电安装技术领域中国专利申请量虽然较多，但这其中国外企业在中国的专利布局占了较大比例，说明全球风电企业较为看好中国海上风电市场，并纷纷在中国进行专利布局。另外排名靠前的国家多为风电产业传统优势国家，如欧洲的丹麦，其早在 20 世纪 90 年代就建设了装机规模为 2 ~ 10 MW 的海上风电场，并且在 2000 年以后在海上风电产业持续布局，2001 年建设了世界上第一个具有商业化规模的海上风电场 Middelgrunden，2003 年建设了世界上第一个大型海上风电场 Horns Rev。

7. 2. 2. 3　全球海上风电安装技术主要申请国家或地区申请对比状况分析

全球海上风电技术主要申请国家或地区集中在中国、美国、德国、法国、英国和日本。全球海上风电安装技术在 2000 年左右起步，其中德国的申请量处于领先位置，而日本、美国也有一定的申请量，此时中国的海上风电安装技术还比较落后，专利申请量较少。

中国海上风电安装技术起步较晚，基本在 2006 年以后，2006—2008 年经历了缓慢发展阶段，其申请增长趋势较为平缓；而到 2009 年以后海上风电安装专利申请量急速增长，并且 2010 年专利申请量已经居世界首位，在 2012 年达到了小高峰。从此之后，中国海上风电安装技术专利申请量一直独占鳌头，遥遥领先；而德国、英国、美国、法国、日本的申请量相对较少，年申请量基本持平，申请趋势比较平缓。

7. 2. 2. 4　全球海上风电安装技术专利申请五局流向状况分析

从五局流向可以看出，欧洲和美国是海上风电安装技术较大的市场，其专利流向量较大。美国向其他局流向专利申请数较多，其中流向 EPO 的专利申请达到了 229 件，流向 CNIPA 的专利申请达到了 151 件，流向 JPO 的专利申请达到了 126 件，流向 KIPO 的专利申请达到了 76 件。可见欧洲和中国是美国比较重视的海上风电市场。欧洲流向 USPTO 的专利申请为 187 件，流向 CNIPA 的专利申请为 152 件，流向 JPO 的专利申请为 82 件，流向 KIPO 的专利申请为 58 件。可见美国和中国是欧洲比较重视的海上风电市场。中国流向 USPTO 的专利申请为 93 件，流向 EPO 的专利申请为 49 件，流向 JPO 的专利申请为 50 件，流向 KIPO 的专利申请为 13 件。日本流向 USPTO 的专利申请为 64 件，流向 EPO 的专利申请为 82 件，流向 KIPO 的专利申请为 61 件，流向 CNIPA 的专利申请为 63 件。由此可见，海上风电安装技术专利申请流向与风电技术整体技术流向大致相同，即美国在欧洲及中国的专利布局较多，中国虽然申请量较多，但在其他局的专利布局较少。总体来说，在海上风电安装方面，欧美仍然是技术输出的主要地区，中国虽然专利申请数量较多，但技术输出情况较少，对海上风电安装的核心技术掌握较少，专利布局落后于欧美等发达国家。

7.2.3 中国海上风电安装技术专利申请分析

本小节主要对中国海上风电安装技术专利申请趋势、专利申请重要申请人进行梳理分析。

7.2.3.1 中国海上风电安装技术专利申请趋势分析

相比于全球申请趋势，中国海上风电安装技术相关技术专利申请起步较晚，2006年以前只有国外来华零星申请量，此时国内海上风电安装技术还处于空白阶段，而国外风电巨头已经开始逐渐打开中国专利技术市场。2006年以后，国外来华申请量稳步提高，大量国外申请人在中国进行海上风电安装技术专利申请，与此同时，国内申请人才逐渐提出零星申请。2008年以后，国内申请量和国外来华申请量开始同步进入快速增长期。此时国外来华申请仍然占据国内申请的半壁江山，中国海上风电安装技术发展受到一定的限制。而随着我国海上风电的进一步发展，国家对风力发电各项积极政策的出台，进一步激发了研发主体对海上风电安装技术的深入研究。随后国内申请量大幅增加，而国外来华申请量稳步变化。2009年以后，国内申请量呈现波动发展，在2013年有小幅度回落，而国外来华申请量则处于波动趋势。2013年以后，国内海上风电安装技术加速发展，其申请量逐年大幅度提升；此时国外来华申请则处于稳定发展阶段，其年申请量基本保持不变。直到2019年以后，国内申请量逐步达到高峰，而国外来华申请量则呈现下降趋势。就整体申请量而言，2021年以后申请量呈现降低态势，这与发明专利申请公开时间滞后有关，2021—2022年的大部分发明专利申请还处于未公开和未收录状态，故越接近检索截止日的年份，其统计数据受上述公开因素影响的程度越大。

在海上风电安装技术专利申请分布区域方面，中国国内申请人专利申请量排名靠前的区域大多集中在东部沿海经济发达地区，这些地区的海上风电机组安装需求较大，海上风电技术发展也比较成熟。其中最多的省份是江苏省，其次是广东省、上海市。

从来华申请人专利申请量区域分布来看，海上风电安装相关专利技术来华申请的区域主要为丹麦、德国、美国，其他地区在中国相关申请较少。其中，丹麦作为来华申请人海上风电安装相关专利技术的主要技术输入国，其占比高达65.48%，远远高于其他地域申请总和，可见丹麦创新主体对中国市场重视度非常高。美国、德国作为海上风电安装相关专利技术的主要输出国，虽然其技术申请全球占比分别为14.43%、9.15%，但其来华申请的申请量分别仅占中国申请总量的5.77%和7.01%。另外，荷兰、韩国、英国等都仅有占比不到2%的少量来华申请。

7.2.3.2　中国海上风电安装技术专利申请主要申请人排名分析

从中国国内主要申请人申请量排名来看，中国国内申请量排在前 10 位的申请人分别是华能集团、大连理工大学、明阳智能、天津大学、金风科技、上海交通大学、中交第三工程局有限公司、江苏科技大学、上海电气风电集团股份有限公司（以下简称"上海电气风电"）、中国电建集团华东勘测设计研究院。其中华能集团的申请量最大，为 159 件。排名前 10 位的申请人中，高校占据 4 位，这说明在海上风电安装技术方面较多。当然作为国内大型风电企业，金风科技、明阳智能、上海电气风电等也榜上有名。华能集团作为海上风电安装技术龙头申请人，其近年来较多关注海上浮式风力发电机的安装设计等。

从来华主要申请人申请量排名来看，中国专利申请量排在前 3 位的申请人分别是维斯塔斯、西门子、三菱重工。维斯塔斯的申请量最大，为 681 件。作为风电巨头，其对于风电技术有着敏锐的洞察力，在我国海上风电安装技术专利申请还处于基本空白的时期，其已经开始布局中国海上风电市场，在中国进行了大量海上风电安装相关的专利申请。

7.3　全球海上风电安装技术重要申请人专利申请趋势及典型专利分析

本节主要对全球海上风电安装技术专利重要申请人状况以及中国海上风电安装技术专利重要申请人状况进行梳理分析，以展示海上风电安装技术领域的创新主体整体概况并通过典型创新主体的代表专利阐释其技术发展特点。

7.3.1　全球海上风电安装技术专利主要申请人排名分析

从全球主要申请人申请量排名来看，全球申请量排在前 10 位的申请人分别是维斯塔斯、西门子、乌本、三菱重工、三星重工业株式会社、华能集团、大连理工大学、明阳智能、天津大学、金风科技。全球主要申请人中国国内申请人占了 5 个。申请人中维斯塔斯的申请量最大，为 3352 件，占前 10 位申请人总量的 70%，具有绝对优势。

7.3.2　全球重要申请人海上风电安装技术专利申请趋势及典型专利分析

图 7 - 3 - 1 示出了海上风电安装技术领域全球重要申请人的专利申请趋势。

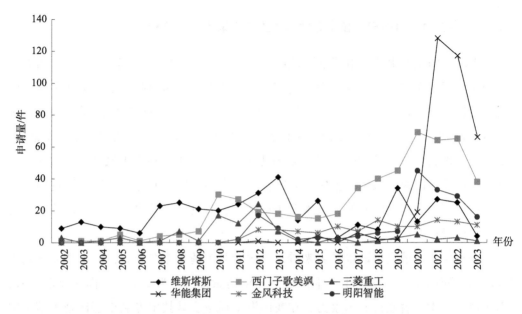

图 7 - 3 - 1　全球主要申请人海上风电安装专利申请趋势

7.3.2.1　国外重要申请人专利申请趋势及典型专利分析

（1）维斯塔斯

从全球海上风电安装技术专利申请趋势来看，2000 年以后维斯塔斯在海上风电安装技术方面持续进行专利布局，2000—2005 年处于缓慢发展的阶段，2006—2007 年迎来技术创新的爆发，呈现出快速增长的态势，随后进入平稳发展的阶段，直到 2013 年左右达到顶峰，2013 年以后虽然呈现波动的状态，但仍然保持着持续的专利布局。在海上风电安装技术方面，维斯塔斯作为该技术的领军企业，由于其技术先发优势，在海上风电安装技术初期即进行了较多的专利布局，至今一直保持着绝对的优势。这种创新的先发优势使得其在海上风电安装技术市场上也处于领先地位，并使其成为美国 2.1 GW 海上项目首选风机供应商。

从技术创新角度来看，维斯塔斯更侧重于海上风电安装的整体技术研发。例如，维斯塔斯关注到海上风机的安装受限问题，为解决以上技术问题，维斯塔斯的专利申请 WO2011083021A2 提供了一种用于架设浮式离岸风力涡轮机的方法：风力涡轮机被模块化为模块，模块包括漂浮元件、形成塔架的一个或多个塔架模块、机舱和叶片，通过处于非组装或部分组装状态的模块化风力涡轮机，将各个模块在陆地上预先安装必要的装置，然后通过船运输到现场；风力涡轮机还可以通过这样的模块化而在岸上完全组装，并且随后通过船（在船上或通过牵引）运输到现场，并且由于浮动设计，对于风力涡轮机可以布置成距陆地多远没有限制。

维斯塔斯还关注到海上风力发电机的安装维修问题。维斯塔斯的专利申请
WO2012007002A2 提供了一种用于在维修船舶与具有塔架和基座的风力涡轮机之间移动
有效载荷的系统，该系统包括：斜坡，斜坡可与风力涡轮机接合，用于在风力涡轮机
和船舶之间延伸；连接装置，连接装置布置在斜坡的远端处，用于接合塔架或基座上
的结构；用于在斜坡上移动有效载荷的传送装置。如果采用船舶作为载体，波浪、风
和水流的作用必然导致船舶移动，而利用这种结构，避免了通过起重机将有效载荷从
船舶传递到涡轮机。转移装置可以采用从动传送机表面的形式，有效载荷可以以环形
传送带的方式设置在从动传送机表面上，或者可以采用具有可以沿着斜坡驱动的表面
部分的传送机的形式，有效载荷可以支撑在该表面部分上。

（2）西门子歌美飒

从申请趋势方面来看，西门子歌美飒 2009 年以前在海上风电安装技术方面已经有
所布局，但相较于维斯塔斯来说其专利申请量不多，2009—2010 年突然迎来爆发，专
利申请量快速增长；随后进入平稳发展阶段，2017 年以后又迎来一段快速增长时期，
并将增长态势保持至今。这种增长态势与政府的政策支持有着密切的关系，根据德
国海上风电法，德国政府制定了海上风能计划：到 2030 年海上风电总装机容量将增
至 30 GW，2045 年将达到 70 GW。这种政策的扶持进一步刺激了海上风电安装技术的
发展。

从技术创新角度来看，西门子歌美飒关注到海上风机安装结构的问题。其专利
EP2811159A1 提供了一种用于在海上产生风能的设备，该设备具有多个海基风力发电
设备，海基风力发电设备具有空心结构元件，空心结构元件构成锚定在海底上的基础
结构和由基础结构支承的塔架，并且海基风力发电设备具有由多个部件组成的变电站，
部件布置在一个或多个风力涡轮机的中空结构元件中。该用于在海上产生风能的设备，
中空结构的尺寸被确定为使得能够放置变电站的部件，部件根据它们的重量、尺寸和
在每种情况下所需的操作条件被放置在中空结构中。其中变电站平台的多个相互连接
的中空结构元件一起形成变电站的部分和/或其他功能区域。

除了海上安装技术本身，西门子歌美飒还关注到海上风电安装的相关延伸技术研
发，例如海上风力发电机电缆铺设安装问题。通常，海上风力涡轮机设施中的电力电
缆的铺设通过逐段连接相邻的海上位置（即风力涡轮机和/或变电站）来执行。相邻海
上位置之间的每个部分通过在这些位置之间挖出海床并将电力电缆铺设到沟槽中而电
互连，电力电缆从海平面下降，在该海平面处由支撑船提供卷起的电力电缆的供应，
在从海平面降低电力电缆的过程中，电力电缆由于其自身重量而经历相当大的应变。
因此，常规电力电缆包括包围电力电缆的铠装层。然而，该铠装层增加了额外的重量。
铠装层还在安装在海床中时保护电力电缆。电力电缆通过采用犁耕技术或喷水技术的

挖沟车辆埋在海床中，这种铺设方法耗时较长，效率较低。为解决海上风力发电机的电缆铺设安装问题，西门子歌美飒的专利 EP3086424A1 提供了一种用于风力涡轮机装置和海床车辆的电力电缆的海上安装方法，该方法通过在若干海上位置之间（例如，在风力涡轮机基座和/或变电站之间）使用空管来安装电力线缆，其中至少一个空管安装在海床中或海床上方。在该构造中，海床车辆被拉动超过一串离岸位置中的第二离岸位置，两个空管将沿着该第二离岸位置铺设。换句话说，每当海床车辆经过海上位置时，除了要沿着其铺设两个空管的海上位置串的第一个和最后一个之外，两个空管都被铺设，因而大大提高了海上风机的电缆铺设效率。

（3）三菱重工

从申请趋势方面来看，三菱重工 2009 年以前在海上风电安装技术方面已经有所布局，但相对于维斯塔斯来说其专利申请量不多，2009—2012 年突然迎来爆发，专利申请量快速增长，2014 年以后又进入与 2009 年之前类似的缓慢平稳阶段，并将这种态势保持至今。从专利申请量及趋势上来说，三菱重工并不占有什么优势，并且除了 2009—2012 年也并未实质上具有技术上的爆发，但三菱重工走的是合作技术路线，三菱重工与风电巨头维斯塔斯成立了合资公司三菱重工维斯塔斯海上风电公司，这种强强联合的模式取得了成功，并一度在海上风电市场上斩获诸多大额订单。

从技术创新角度来看，三菱重工根据日本海域特点提出了适于日本发展的海上风电安装技术。例如三菱重工关注到海上风力发电机浮动安装问题：欧洲的海上风力发电机多为固定式的海上风车，但是日本的海域特点沿岸区域通常是水深急剧变深的，因此，欧洲的着底式的风车在这种区域使用有着较多的弊端，因此三菱重工研究了浮体式的海上风车。为解决海上风力发电机浮动安装的问题，三菱重工的专利 JP2005264865A 提供了一种风车装置，该风车装置通过由浮子的振动减小支撑柱以及支撑柱与机舱之间的连接部分的载荷而具有改善的耐久性，同时允许整个风车装置的偏航控制，以消除对支撑柱与机舱之间的连接部分的偏航控制的需要，其中叶片具有更大的直径和更高的输出，同时避免支撑柱与叶片的干涉。该风车装置能够避免由过大载荷引起的连接部的破损，风车装置的耐久性、可靠性提高。

三菱重工根据日本海域特点，除了浮动安装，还涉及海底的地基构造问题。为解决海上风力发电机浮动安装的问题，三菱重工的专利申请 JP2007092406A 提供了一种水上基础结构，该基础结构包括埋设于水底地基并承受由作为支承对象的构造体的自重产生的铅垂力的基础主体、从该基础主体朝向水底倾斜地连接的斜材以及设置于该斜材的前端部并载置于水底地基上的斜材反作用力板。该基础结构中，当暴风、地震等产生较大水平力的外力时，外力能量吸收机构能够进行能量吸收，因此能够防止斜材等基础结构体破坏。

三菱重工根据日本海域特点,针对海上风电安装,对于海底的地基构造作了进一步的改进。为解决海上风力发电机海底混凝土地基构造成本高的问题,其专利申请 JP2003206852A 提供了一种用于海上风力发电的支承装置,包括:支柱部,在该支柱部中多个钢管彼此连接以形成组件,并且发电单元安装在顶部上,作为基础结构的护套结构,该护套结构通过将桩打入海床而固定到预定位置;以及接合板,其通过将后端部固定到所述护套结构的上端部的内周表面而将所述支柱部连接到所述护套结构,以将所述支柱部的下端部装配到所述下降支柱部的尖端部。该海上风力发电用支承装置能够使发电部等的载荷分散支承。另外,通过做成口径小的钢管,能够减小波浪载荷从而减小力矩载荷,进而对力矩载荷变大的部分适当地进行充分的加强,因此,其适于整体上用小重量的钢材进行建设,进而降低材料成本。另外,伴随着减小口径而轻量化,操作变得容易,可进一步降低建设成本。支承装置的大部分由钢管构成,其组装的大半能够在工厂进行,几乎不需要水中的组装作业,能够减少大规模的海中工程,大幅降低建设成本。

7.3.2.2 国内重要申请人专利申请趋势及典型专利分析

(1)华能集团

从申请趋势方面来看,如图 7 - 3 - 1 所示,2019 年以前华能集团在海上风电安装技术方面只出现了零星的专利申请,2019 年以后才出现大幅增长的态势。以上专利申请态势说明华能集团在海上风电安装技术方面起步较晚,直到近几年才开始进行大规模的海上风电技术专利布局。造成以上趋势的原因与我国海上风电产业的发展密切相关,近些年我国逐渐重视海上风电的发展,如 2022 年华能集团总投资约 82 亿元的华能汕头勒门海上风电场项目开工,2023 年华能玉环 2 号海上风电项目获批,海上风电的商业化推进也带动了海上风电安装技术的发展。

从技术创新角度来看,为解决海上浮式风力发电机组基础不稳定性的问题,华能集团的专利申请 CN112696310A 提供了一种双风轮海上浮式风力发电机组。该风力发电机组包括前风轮、后风轮、后轮毂、前轮毂、机舱、塔筒、浮体、悬链线以及锚定装置:前风轮布置于上风向,后风轮布置于下风向,前风轮和后风轮通过轮毂与机舱两端相连,机舱、塔筒和浮体由上至下依次相连;机舱与塔筒之间的法兰盘处有偏航系统,前风轮的叶片和后风轮的叶片分别与前轮毂和后轮毂之间通过法兰盘相连,前风轮的每个叶片与前轮毂连接的法兰盘处设置有变桨系统,后风轮的每个叶片与后轮毂连接的法兰盘处设置有变桨系统,后风轮可以充分捕获前风轮剩余风能,实现风能的梯级利用。该海上浮式风力发电机组提高了机组的发电性能和结构稳定性,降低了机组成本,具有良好的经济效益和应用前景。

华能集团还关注到海上风电的联合发电技术。为解决海上风电和潮流能联合发电时的启动性差、寿命短的问题，华能集团的专利申请 CN107542626A 提供了一种海上风电和垂直轴式潮流能联合发电装置。风力发电子系统发电机为潮流能发电子系统电机提供启动电流，充分合理利用已有电能，减少辅助设备使用，降低购销及维护成本，提高潮流能发电装置启动性能，提高发电量。

（2）金风科技

金风科技作为我国风电领域的重要企业，其在海上风电安装技术领域也有着创新研发与布局。由图 7-3-1 所示的金风科技在海上风电安装技术的专利申请趋势可以看出，2011 年以来金风科技一直在海上风电安装技术方面持续进行着研发与布局，虽然总体申请量方面没有集中增长的阶段，但一直保持着平稳发展的态势。随着近年来海上风电产业的发展，金风科技在海上风电市场的份额也逐渐增长，2023 年金风科技海上风电累计装机量达到 8.9 GW。

从技术创新角度来看，为解决海上浮动风机稳定性差的问题，金风科技的专利申请 CN103818523A 提供了一种外飘式张力腿浮动风机基础、海上风力发电机及施工方法，由于浮动风机基础采用了外倾式立柱，拖航时静稳性和耐波性俱佳，克服了常规张力腿平台不能整机湿拖安装的缺点，避免了使用昂贵的大型海上安装船，降低了安装施工成本。由于立柱外倾，立柱尺寸可适当减小，仍然能保证与常规垂直立柱相同的浮力，从而减小了用钢量，由此降低了浮动风机基础的结构成本。不仅如此，由于采用外倾式立柱，有效地增大了整个浮动风机系统的横/纵荡的附加质量和附加阻尼，克服了常规张力腿平台水平运动过大的缺陷，保证风力发电机不受尾流影响增加发电量，同时也有效地增大了首摇附加质量和阻尼，减小了首摇运动幅度，保证风力发电机对风，从而提高了发电量。

对于浮动风机稳定性差的问题，金风科技的专利申请 CN104401458A 提供了另外一种解决方案，其提供了一种半潜式浮动风机基础和浮动风机，有效地增加了整个浮动基础的垂荡、横摇、纵摇和首摇的附加阻尼和附加质量，从而达到了降低整个浮动风机运动幅度的目的。

（3）明阳智能

明阳智能同样是我国风电领域的重要企业，其在海上风电安装技术领域也有着创新研发与布局。由图 7-3-1 所示的该公司在海上风电技术的专利申请趋势可以看出，2011—2019 年明阳智能一直在海上风电安装技术方面持续进行着研发与布局，虽然总体申请量方面没有集中增长的阶段，但一直保持着平稳发展的态势。2019 年后明阳智能在海上风电安装技术专利申请量呈现出较快增长的态势。随着近年来海上风电产业的发展，明阳智能在海上风电市场的份额也逐渐增长，目前已成长为我国风电行业排名第三的企业，是全球十大风力发电机制造商之一。该公司近年来制定了海外扩张策略，这更需要自主创新知识产权的保驾护航。

从技术创新角度来看，明阳智能同样关注了浮动风机的安装。对于浮动风机结构不可靠、稳定性差的问题，明阳智能的专利申请 CN108757336A 提供了一种四立柱带压载半潜式漂浮风机基础。该风机基础包括四根立柱，其中三根为边立柱，余下一根为中立柱；三根边立柱等距间隔排开围成一个等边三角形，每根边立柱均配套有一个方形舱，三根边立柱立置于各自相应的方形舱上；中立柱位于等边三角形的形心处，并配套有一个圆形舱，中立柱立置于该圆形舱上；每个方形舱与圆形舱之间分别采用变截面矩形浮筒连接；中立柱的顶部与风力发电机的塔筒连接处设置有过渡平台，过渡平台与变截面矩形浮筒之间采用斜撑传递风机整机弯矩载荷，斜撑与变截面矩形浮筒之间设置有连接桥。该风机基础采用半潜式相对 SPAR 式，减少一半以上吃水，通过海域环境条件调整结构尺寸，能适用于更广的海域，40 m 以上海域都能采用该基础结构形式。

明阳智能同样关注风力发电机的运输安装。对于风力发电机运输安装难的问题，明阳智能的专利申请 CN103693170A 提供了一种漂浮式海上风电组装平台，平台的左侧舷设有高于平台的左压载舱，平台的右侧舷设有高于平台的右压载舱，平台设有底压载舱，平台上设有运输导轨，平台上的左压载舱和右压载舱之间设有用于固定风力发电机塔筒的固定起重托架，左压载舱上部内侧设有左舷侧固定支架，右压载舱的上部内侧设有右舷侧固定支架，舷侧固定支架和右舷侧固定支架的中间设有用于固定风力发电机塔筒的固定起重支架，平台的左舱壁和右舱壁上均设有起重机。该组装平台结构尺寸大，稳定性好，与传统的海上风力发电机安装方法及安装装备相比较，极大地降低了海上施工难度，缩短了施工周期，提高了施工的灵活性，对不同的风力发电场情况可采取不同方案进行安装。

7.4 海上风电安装专利技术申请趋势以及发展路线

本节从技术发展迭代的角度对海上风电安装技术进行梳理，分别对基础安装、机组安装、电缆敷设、海上风电安装设备运输等各技术分支的发展、演变以及迭代情况进行介绍，以展示各技术分支发展情况。

7.4.1 基础安装

图 7 - 4 - 1 示出了海上风电安装技术基础安装分支发展路线。

Rule.

Rule.

Rule.

Rule.

Rule.

Rule.

Rule.

Rule.

Rule.

Rule.

Rule.

Rule.

Rule.

Rule.

Rule.

Rule.

Rule.

Rule.

Rule.

Rule.

Rule.

Rule.

Rule.

Rule.

Rule.

Rule.

Rule.

Rule.

Rule.

Rule.

Rule.

Rule.

Rule.

Rule.

Rule.

Rule.

Rule.

Rule.

Rule.

Rule.

Rule.

Rule.

Rule.

Rule.

Rule.

Rule.

Rule.

Rule.

Rule.

Rule.

Rule.

Rule.

Rule.

Rule.

Rule.

Rule.

Rule.

Rule.

Rule.

Rule.

Rule.

Rule.

Rule.

Rule.

Rule.

Rule.

Rule.

Rule.

Rule.

Rule.

Rule.

Rule.

Rule.

Rule.

Rule.

Rule.

Rule.

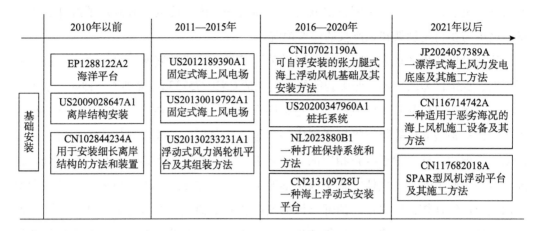

支柱，主要结构部件由混凝土制成，并具有足够的浮力以支撑风力涡轮机塔架。对于保持桩基系统的稳定，US2020347960A1 提出了一种桩托系统，桩托系统包括桩保持器和桩保持器支撑系统。桩保持器支撑系统构造成安装在船的甲板上，以可移动地支撑桩保持器，并使桩保持器沿第一方向在内侧位置和外侧位置之间移动。桩保持器在外侧位置时，位于容器轮廓的外部，用于将桩保持在安装位置的直立位置。当在第一和第二钳口处于打开位置的内侧位置时，桩保持器位于容器的轮廓内。通过桩托系统的设计，使得桩基保持在固定的位置。此外，NL2023880B1 也涉及在运输过程中桩的保持装置。

2020 年之后，各申请主体对浮式平台安装的技术研发达到了一定的高度。JP2024057389A 提出了一种漂浮式海上风力发电底座及其施工方法，其专门设计了支撑底座。CN116714742A 专门设计了一种用于恶劣海况的海上风力发电机施工设备及其方法，并且对张力腿、SPAR 型风力发电机浮动平台进行了安装施工设计。CN117682018A 针对 SPAR 式风力发电机浮动平台提出了压载结构，压载结构的内部形成有多个沿轴向方向分布的压载分腔，压载分腔用以装载外部压载物。压载结构沿径向方向的延展设置，有利于调整结构的重心和惯性矩，使得风力发电机浮动平台在保证结构重心低于浮心的前提下所需要的吃水深度大大减小，从而能够适应于沿海水深较浅水域的环境。

7.4.2　机组安装

图 7-4-2 示出了海上风电安装技术机组安装分支发展路线。

1980 年的专利申请 ES8103285A1 提出一种简单的海上风电装置，其采用轮式支架支撑水平平台，为了平衡风力，几根电缆被锚定在一个桩上；或者可以将多个转子安装在单独的结构上并相互连接，一组同心轨道或导轨可用于引导和支撑结构，也可以使用浮动支架在海水中使用或通过气球支撑结构。其采用简单的风力发电机组安装形式实现了海上风电机组的运行发电。而随着技术的发展，人们开始提出以一体式组装的形式进行安装，EP1058787B1 中的磨机顶部和转子的床和风车主要以一件形式组装在风车最终位置以外的另一位置，也即，风车进行预组装，最终由起重机等设备安装在风力发电机底座上，这种安装方式后期也得到了广泛的运用。

而在吊装过程中，需要一定的辅助设备辅助实现转动或者平衡。DE10321850A1 中的组装辅助装置包括一个折叠或倾斜的铰链，该铰链具有两个通过旋转接头连接的两个半铰链，其中之一位于下桅杆部分的上端。支撑桅杆将被竖立的风能设备以及另一个将被放置在锚固桅杆部分上的上部桅杆部分的相邻端。为了在竖立该桅杆部分时使其绕旋转接头移动，使其枢转并在两个桅杆部分的端部彼此接近时保持定义的对齐方式。CN220116099U 涉及海上风力发电机组安装用平衡梁结构,该平衡梁结构可自调整姿态,使平衡梁本身保持相对的平衡,从而对海上风力发电机组进行稳定、平衡的吊装和组装,解决了现有技术中存在的问题。

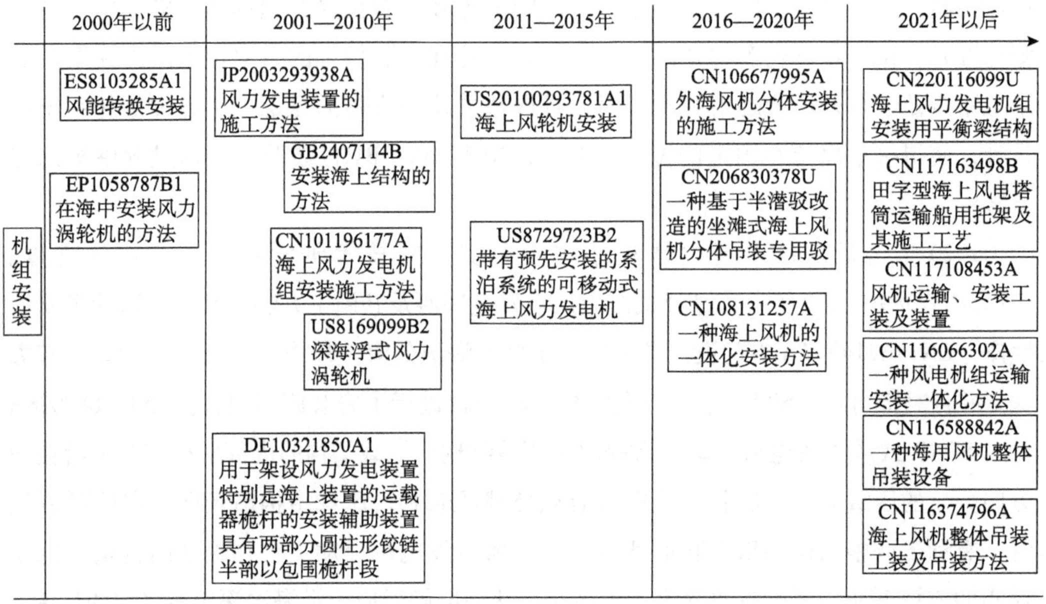

2000年以前	2001—2010年	2011—2015年	2016—2020年	2021年以后
机组安装 ES8103285A1 风能转换安装 EP1058787B1 在海中安装风力涡轮机的方法	JP2003293938A 风力发电装置的施工方法 GB2407114B 安装海上结构的方法 CN101196177A 海上风力发电机组安装施工方法 US8169099B2 深海浮式风力涡轮机 DE10321850A1 用于架设风力发电装置特别是海上装置的运载器桅杆的安装辅助装置具有两部分圆柱形铰链半部以包围桅杆段	US20100293781A1 海上风轮机安装 US8729723B2 带有预先安装的系泊系统的可移动式海上风力发电机	CN106677995A 外海风机分体安装的施工方法 CN206830378U 一种基于半潜驳改造的坐滩式海上风机分体吊装专用驳 CN108131257A 一种海上风机的一体化安装方法	CN220116099U 海上风力发电机组安装用平衡梁结构 CN117163498B 田字型海上风电塔筒运输船用托架及其施工工艺 CN117108453A 风机运输、安装工装及装置 CN116066302A 一种风电机组运输安装一体化方法 CN116588842A 一种海上用风机整体吊装设备 CN116374796A 海上风机整体吊装工装及吊装方法

图 7 - 4 - 2 海上风电安装技术机组安装分支发展路线

对于运输过程中的稳定问题,CN117108453A 涉及风机运输、安装工装及装置,提出了一体化的整机运输安装模式,省去安装船或浮吊船,仅使用运输船即可实现整机运输安装,并且减少海上作业时间,提高作业的安全性。此外,CN117163498B 也提出了一种塔筒运输船用托架,使得塔筒运输更加平稳。

对于机组安装形式,各研发主体均提出了一体式安装和分体式安装的形式。CN106677995A 涉及外海风力发电机分体安装的施工方法,通过采用自升式风电安装船和与之配合的大型运输船,自升式风电安装船上设置全回转主吊机和辅助吊机,吊装施工工艺包括风力发电机设备的预组装工序、基础段内零部件的安装工序、塔筒吊装工序、机舱吊装工序、发电机吊装工序、叶轮拼装工序和叶轮吊装工序。CN206830378U 提出了一种基于半潜驳改造的坐滩式海上风力发电机分体吊装专用驳,通过设置压载水舱,驳船能够通过调节两侧压载水舱的水量调节驳船的平衡,保证驳船坐滩的稳定性,满足海上风力发电机分体吊装的稳定性条件。而 CN108131257A 则涉及一体化安装,采用岸上预安装的形式,从而减少离岸操作时间,提高甲板利用率,提高风力发电机机组运输效率和安装效率,降低安装成本,增强安装安全性。同时,CN116066302A、CN116588842A、CN116374796A 还相应地对一体化吊装运输的方法以及设备作了进一步的改进，使得一体化吊装工艺更为完备。

7.4.3　电缆敷设

图7－4－3示出了海上风电安装技术电缆敷设分支发展路线。

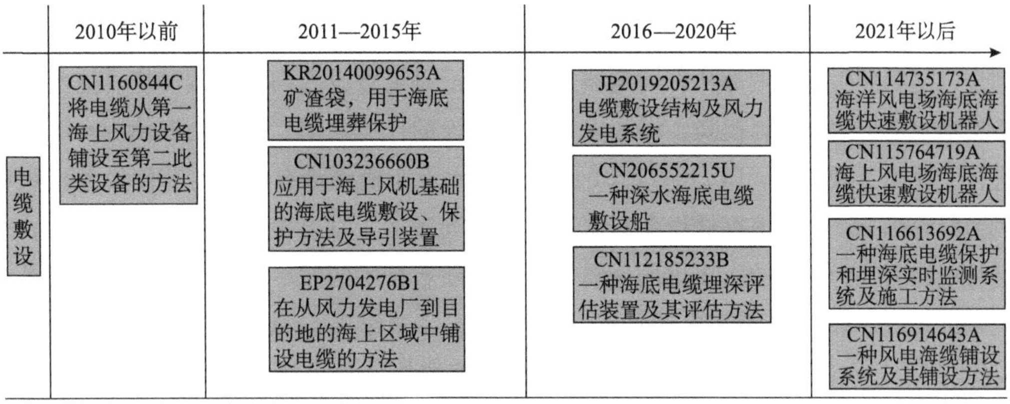
2010年以前
2011—2015年
2016—2020年
2021年以后
电缆敷设
CN1160844C 将电缆从第一海上风力设备铺设至第二此类设备的方法
KR20140099653A 矿渣袋，用于海底电缆埋葬保护
CN103236660B 应用于海上风机基础的海底电缆敷设、保护方法及导引装置
EP2704276B1 在从风力发电厂到目的地的海上区域中铺设电缆的方法
JP2019205213A 电缆敷设结构及风力发电系统
CN206552215U 一种深水海底电缆敷设船
CN112185233B 一种海底电缆埋深评估装置及其评估方法
CN114735173A 海洋风电场海底海缆快速敷设机器人
CN115764719A 海上风电场海底海缆快速敷设机器人
CN116613692A 一种海底电缆保护和埋深实时监测系统及施工方法
CN116914643A 一种风电海缆铺设系统及其铺设方法

图7－4－3　海上风电安装技术电缆敷设分支发展路线

海上风电海缆敷设一直是需要关注的问题。CN1160844C涉及将电缆从第一海上风力设备铺设至第二此类设备的方法，即将电缆放置在塔架或者地基部分，然后架设地基部分，再将电缆的自由端从第一风力设备拖至第二风力设备，同时将电缆从第一风力设备的塔柱或地基部分中释放出来。这仅仅属于浅表层的电缆敷设。

电缆由于处于海底，其使用寿命受到影响，因此敷设过程中，对电缆的保护等技术格外重要。KR20140099653A涉及矿渣袋，用于海底电缆埋藏保护，包含钢渣的渣袋由球形颗粒构成并且具有较高的比重，该渣袋被柔性地容纳在网袋中。炉渣袋相互叠置，以灵活地填充海底电缆埋入的弯曲部分，从而达到保护海底电缆的作用。而JP2019205213A涉及电缆敷设结构及风力发电系统，其提到当电缆连接至安装在浅水区域的水上设施时，该电缆敷设结构可防止电缆的悬挂部分与水底接触并且易于电缆的延伸。具体地，电缆从水底升起以漂浮在水中，并且在电缆的一部分中形成悬挂部分漂浮在水中；设置有浮动单元，从水底到水上设备的电缆中间形成两个或多个采用水下漂浮部件的悬挂部件。上述结构可以防止电缆悬挂部分与水底接触，起到保护作用。此外还有通过电缆保护笼增加暴露段海缆保护的机械强度的。例如CN116613692A中，电缆保护笼上设置与弯曲限制器外表面连接配合的限位件，以此形成可随所述弯曲限制器一同形变的活动式防护状态，还可以有效减少海缆和弯曲限制器的自由滚动状况；而且通过警示浮体警告来往船只下设海缆。CN116914643A的电缆铺设系统具有对底座进行锁固的功能，避免底座的松动，并使得电缆本体具备受力伸缩、缓冲，避免电缆本体发生扭曲的特点。

此外，对于电缆敷设设备，早期一般使用电缆敷设船只，并且采用深埋的方式，需要潜水员潜入海底进行作业，这大大影响了电缆敷设的效率。而 CN103236660B 通过在风机基础的桩腿上制作一导引装置，一电缆牵引线穿过导引装置上的导引通道，导引通道一端位于风机基础甲板上的电器置放间内，导引通道另一端伸出水面并通过管固定器固定在风机基础上；利用敷设船只或甲板拉曳设备通过电缆牵引线将海缆敷设到位，随后导引通道端部从管固定器上脱离并沿海缆敷设方向敷设入海底。这种方式不用潜水员下水作业，提高了海底电缆基础敷设的作业效率。当然也有使用水下车辆进行上述施工操作的。EP2704276B1 中，通过水下车辆将带有电缆的存储设备接收在风力涡轮机上，并且该存储设备与水下车辆一起运输，将电缆连续敷设到目的地，并且将电缆引入为此目的而提供的电缆导管中。随着技术的发展，为了保护施工人员的安全以及进一步提高海底电缆的敷设效率，海底电缆敷设机器人进入人们的视线。CN114735173A 就提出了一种海洋风电场海底海缆快速敷设机器人，该机器人功能强大，可实现开槽、敷设、掩埋的工作，可大大减少工作时间，提高工作效率和安全性，实用性更强。CN115764719A 更是提出了一种水下运维机器人，搭载高压水枪和机械手，利用高压水枪冲洗露出海缆附近的海底底泥悬浮，在水流作用下离开露出海缆的底部，形成海缆的槽沟，露出海缆在自身的重力作用下滑入槽沟中，再通过机械手推动附近的海底底泥进入沟槽中，完成对露出海缆的掩埋，进而避免露出海缆造成疲劳损伤乃至绝缘层破损等不可逆故障发生。

7.4.4　运输安装设备

对于海上风电安装而言，其与陆上风电比较大的差别还在于运输安装设备。不同于陆上运输安装，海上风电运输安装有着不确定性，受海浪等环境影响较大，目前船是必备的运输安装设备。

图 7 - 4 - 4 示出了海上风电安装技术运输安装设备分支发展路线。

早期海上风电运输采用驳船，其驳船并非专业用于运输海上风电设备。JPH0826184A 涉及农渔业工业装置联合安装自然力发电设备的发电驳船。随着海上风电安装技术的要求，需要实现转运安装的升降，随即出现了可实现升降的船舶。DK1321671T3 涉及海上风力涡轮机的驳船运输，其升降平台在平台上具有多个可垂直调节的升降腿和用于至少一台发电机的保持装置，保持装置还用于将发电机或多或少水平地从陆地侧或海边基础转移到升降平台上。

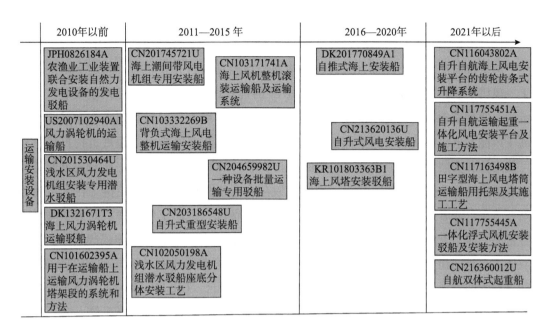

图 7 - 4 - 4　海上风电安装技术运输安装设备分支发展路线

而为了实现运输安装稳定性，对于船体的技术改进也在持续进行。US2007102940A1 涉及风力涡轮机的运输船、风轮机的移动方法以及海上风电场的风轮机，其中运输船具有用于使风力涡轮机在装载空间和卸载位置之间移动的装置；且在其卸载位置具有绞盘，绞盘具有至少三个挠性线，这些挠性线可以与风力涡轮机底座上水平间隔的提升点连接。CN101602395A 涉及用于在运输船上运输风力涡轮机塔架段的系统和方法，其在运输船上设置多个锁定部件，还包括可锁定到风力涡轮机塔架段上的支撑构件，保证塔架运输时的稳定性。CN103171741A 涉及海上风力发电机整机滚装运输船及运输系统，通过在船体上设置纵向延伸的轨道架，而风力发电机与一滑轮机车组固定在一起，滑轮机车组可沿着甲板轨道以及横梁上的轨道滑动并带动风力发电机沿着船的纵向移动。该船不仅具有装载风力发电机能力高的特点，还因其专业性强，可以减少船舶往返码头的次数，充分发挥风力发电机安装船的效率等，从而大大降低运输安装的成本。KR101803363B1 允许通过设置在驳船上的结构容易地将海上风塔竖立并安装在海上。CN117755445A 涉及一体化浮式风机安装驳船及安装方法，通过在船体上设置多个塔筒支架，能够以直立的方式用驳船运输多个浮式风力发电机，到预设安装地点直接安装，大幅提高安装效率，而且确保质量。其也能够提升运输效率，减少安装体积，尤其是克服了塔筒和风叶姿态调整时的难题，能够方便地通过调节塔筒在水中的高度位置来安装浮式基础。对于天气状况不太理想的情况，其通过调节塔筒在水中的高度位置来安装风叶。

安装船的形式也经历着一定的变化和改进。CN201745721U 提出了一种海上潮间带风电机组专用安装船。该实用新型设计了起重能力大、起吊高度高的专用海工起重机，海工起重机与船体采用焊接方式连接，使该起重船具备自升式功能，满足基础桩基施工、风机吊装施工的要求。CN203186548U 中的自升式重型安装船前后两端安装有动力机构，通过该动力机构实现对安装船的良好操纵性，甲板上设置有四条三角桩腿，提高了风能发电机组安装时的平衡性和抗风能力，而安装在甲板上的起重机构打桩机构可使运输和安装一体化，提高了船舶的作业效率。CN213620136U 进一步对自升船进行改进，通过在船体上增加瞭望台，以及在瞭望台上增加延伸平台，使得工作人员能够站在瞭望台或者延伸平台上观察吊机运输货物的情况，提高工作效率。而为了满足大容量海上风力发电机的安装需要，CN216360012U 提出了一种自航双体式起重船。自航双体式起重船稳定性好且甲板面积大，能够满足大容量海上风力发电机的安装需要。随着技术的发展，海上风电安装出现了自升自航式平台。CN116043802A 涉及自升自航海上风电安装平台的齿轮齿条式升降系统，通过设置齿轮齿条式升降系统，避免冲击力过大，进而使安装平台本体可以更加平稳地进行上下移动。CN117755451A 通过可以进行升降的自升降式螺杆以及可以展开的接触式导向板使得风力发电的组件可以被自升降式螺杆和接触式导向板进行导向和限位，提高风力发电组件的投装效率及设备安装时的效率。CN103332269B 提出了背负式海上风电整机运输安装船。DK201770849A1 提出了一种自推式的海上安装船。

另外，关于浅水区海上风电安装专用驳船也有相应的研究。CN201530464U、CN102050198A 均涉及专用于浅水区的海上风电安装或者运输驳船。CN204659982U 涉及批量运输专用驳船。

7.5 小　结

本章节对海上风电安装相关专利技术进行了分析，主要分析了行业内主要申请人海上风电安装技术申请的整体趋势，以及重点申请人重点技术、主要技术分支发展脉络等。

通过以上的分析，得出以下结论：

（1）从主要申请人技术申请排名来看，全球申请量排名前 10 位的申请人中，国外风电巨头仍然是专利申请量较大的主体，其掌握着海上风电安装的大部分核心技术。我国虽然也占据了 5 个席位，但其总申请量与国外风电巨头还存在一定的差距。有多位研发主体投入到海上风电安装的技术研发中，这对我国海上风电安装技术的发展必然会起到良好的推动作用。

（2）从全球和中国海上风电安装技术专利申请趋势以及生命周期来看，目前全球海上风电安装技术一直处于发展热潮期，虽然全球海上风电安装技术生命周期在发展过程中存在振荡期，但其整体发展趋势良好。而中国虽然海上风电技术起步发展较晚，但近年来的发展趋势迅猛，尤其是华能集团在漂浮式海上风电运输安装等领域具有一定的技术发言权。从技术发展生命周期来看，我国海上风电安装技术发展一直处于技术成长期，发展势头良好。

（3）从重点申请人的重点研发技术来看，维斯塔斯侧重海上风力发电机组整机安装，以及运行维修维护；西门子歌美飒除了整机安装之外，还关注了风力发电机组海缆的敷设问题；三菱重工则侧重于海上风力发电机组基础安装。可见国外风电巨头对于海上风电安装的重点既有相同，又有各自的侧重点，这也反映了各研发主体有意避开竞争对手专利领地的意识，而持续研发技术空白点，抢占更多的专利席位。

对于国内重要申请人而言，华能集团等关注浮式风力发电机组的安装，并且还涉及多能源联合发电的技术；金风科技关注到了张力腿浮动风力发电机基础安装。

（4）从各技术分支发展路线来看，目前对于整机安装技术，施工工艺基本成熟，主要是分体式安装和整体式安装。而不同类型的基础施工也类似。随着风电技术向深海不断发展，浮式风电基础是未来发展的方向，因此对于浮式风电基础的施工安装工艺仍有比较大的改进空间。对于电缆敷设，海底电缆敷设从早期的施工船，到水下汽车，再到水下机器人，智能化的发展使得海底电缆敷设的效率大大提高，并且减少了工作人员的工作量。未来对于机器人敷设着重在于机器人的功能更为完善，实现较多的海底施工工作。此外，对于海缆的敷设保护也是研发人员关注的热点问题。为了保证海底电缆的使用寿命，敷设保护技术是未来研发热点。对于运输安装设备，从早期非专业驳船，到自升船，再到专用风电安装船，一直持续到自升自航船，可以说风电运输安装船经历了较多的技术变革。但随着海上风电的快速发展，风电安装船仍然供不应求，其技术要求也进一步提升，因此风电安装船技术也将成为未来海上风电安装领域必争的技术领地。

第8章 风力发电制氢专利技术分析

氢能作为绿色二次能源，近年来越来越受到人们的青睐。风力发电制氢成为新型的风力发电储能技术，该技术的应用进一步缓解了"弃风弃电"现象。风力发电制氢一方面解决了风力发电的"弃风"问题，使得多余的电能得到了消纳；另一方面通过将电力转化为燃料气体，除直接作为无排放燃料直接燃烧外，还可与燃料电池进行电化学反应，并可与二氧化碳进行反应生成甲烷，进一步提高系统"脱碳"效果，为早日实现"双碳"目标提供有力的助力。因此风力发电制氢技术不仅能获得更高的风力发电利用效率，避免因风能发电能力波动而产生"弃风"问题，同时丰富的清洁能源大规模生产、储存及应用能力还将对产业链全链条提供强大助力。

本章将从以下几个方面展开分析：①对风力发电制氢技术进行整体概述，展示风力发电制氢技术的分类、技术发展；②对风力发电制氢技术专利申请态势状况、全球风力发电制氢技术专利申请情况以及中国风力发电制氢技术专利申请情况进行梳理分析，以从宏观层面全面展示全球风力发电制氢技术专利申请以及中国风力发电制氢技术专利申请整体概况；③对全球风力发电制氢技术专利重要申请人状况以及中国风力发电制氢技术专利重要申请人状况进行梳理分析，以展示风力发电制氢技术领域的创新主体整体概况并通过典型创新主体的代表专利阐释其技术发展特点；④从风力发电制氢技术发展迭代的角度对风力发电制氢技术进行梳理，分别对陆地风力发电制氢、海上风力发电制氢、风力发电制氢与其他能源结合、制氢方式等各技术分支的发展、演变等情况进行介绍，以全面展示各技术分支发展情况。

8.1 风力发电制氢技术概述

本节主要对风力发电制氢技术进行整体概述并对风力发电制氢的技术分解进行介绍，为后续的梳理分析作出准备。

8.1.1 风力发电制氢技术简介

风力发电制氢是清洁、高效的新能源利用模式，将因各种条件限制而存在并网困难情况下的风力发电量，通过微网或非并网风力发电模式在电解水制氢过程中进行应用，并对所产生的氢气进行储存、定期运输，完成从风能到氢能的转化。风力发电制氢一方面解决了风力发电的弃风问题，使得多余的电能得到了消纳；另一方面通过将电力转化为燃料气体，除直接作为无排放燃料直接燃烧外，还可与燃料电池进行电化学反应，并可与二氧化碳进行反应生成甲烷，进一步提高系统"脱碳"效果，为早日实现"双碳"目标提供有力的助力。因此风力发电制氢技术不仅能获得更高的风力发电利用效率，避免因风能发电能力波动而产生"弃风"问题，同时丰富的清洁能源大规模生产、储存及应用能力将对产业链全链条提供强大助力。

目前尚无成熟商业运行的风力发电制氢储能和燃料电池发电系统，大规模风力发电制氢储能的示范工程设计经验不足，在系统的关键性技术、效率提升和经济性方面未能取得实质性的进展。因此，从风力发电制氢技术的前瞻性研究入手，对现有的风力发电制氢专利技术进行梳理，了解其关键性技术发展，为更好地发展我国风力发电制氢产业提供新思路和新方向也将是重要工作。

8.1.2　风力发电制氢技术分解

风力发电制氢技术根据其离并网发电模式可以分为离网型风力发电制氢、并网型风力发电制氢，根据其电解槽不同可以分为碱式、质子交换膜、固态氧化物，根据储氢方式可以分为气态储氢、液态储氢、固态储氢，根据风力发电装置位置可以分为陆地和海上，根据制氢平台可以分为风力发电平台、石油平台、制氢船、专用制氢平台，根据与其他可再生能源结合发电情况可以分为太阳能、太阳能 + 波浪能、太阳能 + 潮汐能、波浪能、潮汐能、波浪能 + 潮汐能以及多种能源，根据氢运用途径的不同可以分为燃料电池、氢燃料发动机、化工原料、氢输出的氢燃料、氢冶金、热电联产。[14]

8.2　风力发电制氢技术专利申请分析

本节主要对风力发电制氢技术专利申请态势状况、全球风力发电制氢技术专利申请情况以及中国风力发电制氢技术专利申请情况进行梳理分析。

8.2.1　风力发电制氢技术专利申请分类号分布状况

梳理查找与风力发电制氢技术相关的分类号，是确定风力发电制氢技术专利文献范围的有效方法。通过对风力发电制氢专利申请文献中的国际专利分类号进行梳理统计，按照一定的顺序（部、大类、小类、大组）进行分析，可以得知风力发电制氢技术主要集中的部类以及其所占比重，从而了解各类技术的研发投入程度及其专利保护情况，有助于判断技术密集区域和空白区域。

首先，参考《战略性新兴产业分类与国际专利分类参照关系表（2021）（试行）》中涉及风能产业的分类号，初步根据现行 IPC 分类表，发现制氢的分类号 C25B 1/02。C25B 1/02 是指产生氢的化学方法，其从制氢方法角度进行了分类，例如通过电解水产生氢气。而风力发电制氢显然应该给出风力发电领域的分类号 F03D、F04B 17/02 以及关于电能存储的分类号 H02P 的分类。

本章采取分类号 + 关键词的检索策略。分类号采用 F03D、H02P 101/15、F04B 17/02、C25B 1/02，关键词采用"风力发电""风力发电""风能""风力机""风力涡轮""制氢""产氢""氢""wind generat +""wind turbine""wind energy""hydrogen"，共获得 1529 篇专利申请文件，进行人工去噪，最终获得 1336 篇专利申请文件。

从表 8 - 2 - 1 中可以看出，风力发电制氢类专利文献分类比较分散，但整体而言其集中在 H、F、C 三个部，分别涉及"电学""机械""化学；冶金"三个领域。其中，H 部申请量为 419 件，占专利申请总量的 31.4%；F 部申请量为 378 件，占专利申请总量的 28.3%；C 部的申请量为 362 件，占专利申请总量的 27.1%；B 部申请量为 104 件，占申请总量的 7.8%；其余 G 部、A 部、E 部各有少量申请，分别是 41 件、16 件、12 件。因此，风力发电制氢技术高度集中在 H 部、F 部、C 部，三个部的专利申请量占专利申请总量的比例高达 86.8%。

表 8 - 2 - 1　风力发电制氢专利申请分类号分布状况　　　　（单位：件）

部	数量	小类	数量	大组	数量
H	419	H02J	300	H02J3	215
F	378	C25B	244	C25B1	175
C	362	F03D	220	F03D9	167
B	104	H01M	58	H01M8	53
G	41	B63B	51	C25B9	47
A	16	H02S	30	B63B350	46
E	12	C01B	28	H02J15	31
		F03B	27	H02J7	31
		F03G	25	H02S10	29
		C02F	24	F03B13	25

　　下文继续分析风力发电制氢技术专利申请分类的小类分布。小类分布基本与大类呈现相似的特点，其集中性比较明显，风力发电制氢技术专利申请基本上分布在H02J、C25B、F03D 小类下。其中 H02J 小类下的专利申请量为 300 件，涉及供电或配电的电路装置或系统或者电能存储系统，其申请量领先于其他小类；排名第二位的小类是 C25B，该小类下专利申请量为 244 件；紧接着是 F03D，其下的专利申请量为 220 件。其余小类下有少量申请，H01M 下的专利申请量为 58 件，B63B 下的专利申请量为 51 件，H02S 下的专利申请量为 30 件，C01B 下的专利申请量为 28 件，F03B 下的专利申请量为 27 件，F03G 下的专利申请量为 25 件，C02F 下的专利申请量为 24 件。

　　从风力发电制氢专利申请分布的大组可以看出，风力发电制氢专利申请集中在H02J 3/00、C25B 1/00、F03D 9/00 大组下，三个大组下的专利申请量占专利申请总量的 41.7%。其中大部分专利申请给出了 H02J 3/00 的大组分类，实质上风力发电制氢技术更多地与电的转换相关，因此 H02J 3/00 大组下的专利申请较多也是容易理解的，专利申请量为 215 件，占专利申请总量的 16.1%；C25B 1/00 下的专利申请量为 175件，占专利申请总量的 13.1%；F03D 9/00 下的专利申请量为 167 件，占专利申请总量的 12.5%；H01M 8/00 下的专利申请量为 53 件，占专利申请总量的 4%；C25B 9/00下的专利申请量为 47 件，占专利申请总量的 3.5%；B63B 35/00 下的专利申请量为46 件，占专利申请总量的 3.5%；H02J 15/00 下的专利申请量为 31 件，占专利申请总量的 2.3%；H02J 7/00 下的专利申请量为 31 件，占专利申请总量的 2.3%；H02S10/00 下的专利申请量为 29 件，占专利申请总量的 2.2%；F03B 13/00 下的专利申请量为 25 件，占专利申请总量的 1.9%。从上述大组分布可以看出，风力发电制氢技术专利申请集中在电路设计、电解制氢的方式、电解槽构件、风力发电及相应的制氢平台以及下游端运用，例如燃料电池等方面，这与目前风力发电制氢技术的集中点比较吻合。

8.2.2　全球风力发电制氢技术专利申请分析

　　本小节主要对全球风力发电制氢技术专利申请趋势、专利申请类型趋势、各时期专利申请状况、主要申请国家或地区申请对比状况以及专利申请五局流向状况进行梳理分析，以展示全球风力发电制氢技术发展趋势、各时期专利申请趋势特点以及主要国家或地区状况等。

8.2.2.1　全球风力发电制氢技术专利申请趋势分析

　　图 8-2-1 示出了风力发电制氢技术全球专利申请趋势。可以看出，全球风力发

电制氢技术专利申请主要分为四个阶段。

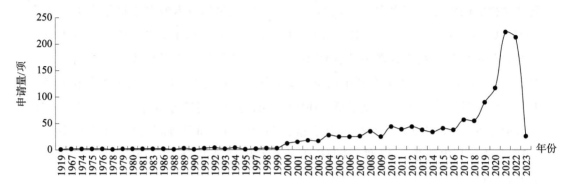

图 8 - 2 - 1　全球风力发电制氢技术专利申请趋势

（1）萌芽阶段（1919—1999 年）

在该阶段内，风电制氢技术刚刚萌芽，全球风电制氢专利申请总量为 48 件。其中，日本申请量最多，为 10 件；其次分别是美国和法国，均为 8 件；德国 7 件，英国 6 件。而这个阶段中国专利申请量仅有 1 件。

（2）缓慢增长阶段（2000—2010 年）

这一阶段，全球风电制氢技术呈现缓慢增长趋势，全球申请总量为 271 件，各个国家对风电制氢技术进行了研发，美国申请量占该阶段全球专利申请量的 22%，中国的专利申请量占 22%。其次申请量较高的是日本、德国和韩国。该阶段全球风电制氢技术呈现分散性特点，各国开始抢占风电制氢技术领地。

（3）稳定发展阶段（2011—2016 年）

在这一阶段，全球风电制氢技术专利申请量呈现稳定增长，全球申请总量为 292 件。该阶段中国专利申请量占到全球专利申请量的 57%，而美国的专利申请量仅占 9.3%。该阶段，中国风电制氢技术的发展已颇具规模，风电制氢技术已经呈现分化的趋势。

（4）蓬勃发展阶段（2017 年以后）

在该阶段内，全球风电制氢专利申请量迅速增长，全球专利申请量达到了 725 件，中国专利申请量遥遥领先，达到了 535 件，呈现爆发式的增长。

总体上全球风力发电制氢技术发明专利申请类型以发明为主，实用新型专利申请仅占据一小部分。从时间上来看，在发展初期基本以发明专利申请为主，仅在 2006 年之后出现了实用新型专利申请，且 2016 年之前实用新型申请量较少，近年来实用新型才占据一定的比例。

总体来说，由于风力发电制氢技术起步较晚，并且其技术专业性要求较高，比如电解水制氢技术、氢气储运技术、氢气运用等均存在该领域内需要解决或者提优的问题，因此该领域中发明专利申请量较高。由于实用新型专利申请有着授权周期短、门槛相对低的优势，因此中国申请人也常常申请实用新型专利，以期更快地获得专利权。

8.2.2.2　全球风力发电制氢技术各时期专利申请状况分析

为展示各时期各主要国家风力发电制氢技术发展状况，以下对风力发电制氢技术缓慢增长阶段以及蓬勃发展阶段的专利申请进行对比分析。

（1）缓慢增长阶段的专利申请

从表 8-2-2 可以看出，2000 年之后，全球风力发电制氢技术进入了缓慢增长时期，全球风力发电制氢技术主要集中在日本、德国、中国、韩国、美国。专利申请总量基本呈现增长趋势。从总体趋势来看，日本在 2004 年之前申请量排名靠前，其中 2002 年、2004 年其年申请量分别达到了 8 件和 7 件；而在 2004 年，美国申请量首次超过日本，申请量达到 11 件，也是该阶段专利申请量的顶峰。美国在风力发电制氢专利技术方面一直保持着较高的专利申请量。日本在 2004 年之后申请量有所下降，2006 年、2007 年分别又有 4 件申请，而 2008 年、2010 年日本风力发电制氢专利申请量均仅有 1 件，2009 年申请量则为 0 件。德国在风力发电制氢方面一直保持着一定的热度，每年均有一定量的专利申请。

表 8-2-2　风力发电制氢技术缓慢增长阶段主要国家专利申请情况　　（单位：件）

国别	2000 年	2001 年	2002 年	2003 年	2004 年	2005 年	2006 年	2007 年	2008 年	2009 年	2010 年
德国	3	1	2	3	1	2	2	3	4	3	5
美国	1	3	2	6	11	11	7	2	12	9	6
日本	5	6	8	6	7	3	4	4	1	0	1
中国	2	1	2	2	1	5	4	4	14	9	22
英国	0	1	1	1	0	1	0	1	0	0	0
法国	0	0	1	0	1	0	1	0	0	0	1
韩国	1	1	0	0	2	0	1	2	4	6	5

中国在 2000—2004 年有零星申请，2005 年之后中国大力发展风力发电制氢，其专利申请量稳步增长，2010 年中国风力发电制氢专利申请量占据全球首位，年申请量达到 22 件。在这一时期，风力发电制氢技术布局已经悄然发生了改变，已经由日本、美国、德国占据主要申请大国局面变为中国逐渐成为风力发电制氢专利申请的大国，这反映出中国逐步占据了风力发电制氢专利技术高地。虽然中国已经占据大部分专利申

请量，但其他各国依然保持一定研究热度，这也是全球实现低碳目标呈现的结果。除了研究新能源的发达或者发展中大国，其他国家对于风力发电制氢的研究较少，其仅仅占据少量专利申请，例如加拿大、澳大利亚、俄罗斯、印度、西班牙等。

（2）蓬勃发展阶段的专利申请

从表8-2-3可以看出，在风力发电制氢蓬勃发展阶段，专利申请各国布局更清晰化。2018年、2019年各国对于风力发电制氢专利申请还处于分庭抗礼阶段，中国、日本、韩国、德国、美国等国家均有相应的专利申请量，并且申请量差别不大。但2020—2022年，其申请布局发生了较大的变化，中国完全占据了绝对的主导地位，年申请量分别达到了95件、149件和183件，中国在风力发电制氢方面的研究已经处于领先地位。这与中国大力发展新能源以及提出了实现"碳中和""碳达峰"的目标密切相关。此外，2023年申请量较低是因为部分专利申请还未公开。

表8-2-3　风力发电制氢技术蓬勃发展阶段主要国家专利申请情况　（单位：件）

国别	2017 年	2018 年	2019 年	2020 年	2021 年	2022 年	2023 年
德国	2	3	3	5	6	0	0
美国	3	2	0	5	8	0	0
日本	2	6	0	4	3	1	0
中国	44	33	67	95	149	183	25
韩国	0	5	10	4	23	1	0

从蓬勃发展阶段全球风力发电制氢技术专利申请主要国家分布可以看出，中国近年来成为风力发电制氢的主要国家，有多个企业和高校对风力发电制氢进行了技术研究，并进行了专利布局。中国在风力发电制氢方面的专利申请量遥遥领先，且随着时间继续呈现逐步增长的态势。德国、美国、日本虽然在此阶段对该方面还有所关注，且呈现震荡，在近两年更是出现申请量为0的现象。韩国在该方面的申请量还在显示上升趋势。

8.2.2.3　全球风力发电制氢技术主要申请国家或地区申请对比状况分析

在全球风力发电制氢技术专利申请国家或地区分布上，中国专利申请的数量远远多于其他国家或地区，位居首位。其次是美国、日本、德国、韩国，而其他国家或地区专利申请量相对较少。2022年11月，中国工程院院士谢和平团队成功开发出海水直接电解制氢技术，并于2023年5月进行了海试。这项技术是风力发电海水制氢的一大突破，也足以证明中国在风力发电制氢领域的核心地位。

图 8 – 2 – 2 示出了全球风力发电制氢技术主要申请国家或地区申请趋势。由该图可以看出，排名前 7 位的国家分别是德国、美国、日本、中国、澳大利亚、韩国和加拿大。总体来看，2000 年之前各国家的申请量较少，这与全球风力发电制氢技术的初期状况相符，这一阶段各个国家对风力发电制氢技术基本处于探索阶段，申请量均在 2 件以下。2000 年之后，随着风力发电技术不断发展，如何更好地实现风力发电储能成为业界关注的问题，氢能的广泛利用推动了风力发电制氢技术的发展。日本在这一时期的专利申请量出现增长，2002 年 9 件，2004 年 7 件，2004 年之后日本风力发电制氢专利申请量出现下滑。与此同时，美国进入风力发电制氢专利申请的爆发期，其年申请量达到 11 件，并且持续了一段时间，美国的专利申请量保持平稳，处于稳定发展期。此时德国、英国和法国申请量均较低。2008 年之后，德国专利申请量超越日本，2008—2011 年呈现震荡发展趋势，直到 2012 年，其申请量达到了顶峰，年申请量为 14 件。美国 2000 年后的申请量一直保持较为平稳的发展，但2014 年后呈现出某种程度的下跌，2020 年后其申请量慢慢恢复。日本虽然处于震荡发展的状态，但其对风力发电制氢技术一直处于关注状态，保持一定的热度。英国、法国的申请量一直较低。而美国近年来在经过申请量持续走低的情况后，逐渐呈现缓慢复苏的状态。

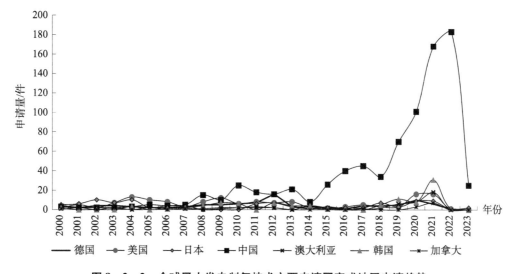

图 8 – 2 – 2　全球风力发电制氢技术主要申请国家或地区申请趋势

8.2.2.4　全球风力发电制氢技术专利申请五局流向状况分析

通过梳理分析风力发电制氢技术全球专利五局专利流向即可以大致得出风力发电制氢技术全球创新的技术布局及分布情况。

就五局专利申请流向总量分析可知，数量最多的是 CNIPA（766 件），其次是 USPTO（114 件）、JPO（91 件）和 KIPO（81）件，而 EPO（33 件）最少。这种流向总量反映出全球风力发电制氢技术专利保护的布局情况，也反映出该领域创新主体对相应国家或地区的市场重视程度，全球创新主体认为中国、美国和日本是目前全球最主要的风力发电制氢技术市场。整体而言，风力发电制氢技术目前还处于技术发展初期，因此各国对于风力发电制氢市场的设定基本还集中在本国，对于全球市场还未呈现积极布局的情况，因此全球分布在其他局的专利文献总数量较少（26 件）。

从具体流向来看，CNIPA 方面，流向 CNIPA 的风力发电制氢专利申请主要来自美国（5 件），其次是日本（1 件），而欧洲和韩国均未在中国进行专利申请；与流向 CNIPA 的专利申请量相比，中国流向其他局的专利申请较多，数量最多的是 USPTO（4 件），其次是 EPO（3 件）和 JPO（2 件），在 KIPO 未进行专利申请。可见中国对风力发电制氢技术方面的重视程度，已经提前对国际市场进行了布局，占据着有利的地位。JPO 方面，流向 JPO 的风力发电制氢专利申请主要来自中国（2 件），而美国、欧洲和韩国均未在日本进行专利申请；与流向 JPO 的专利申请量相比，日本流向其他局的专利申请明显较多，分别是 USPTO（4 件）、EPO（4 件）和 CNIPA（1 件），在 KIPO 未进行专利申请。可见日本作为岛屿国家，一直以来也在发展着风力发电制氢技术，其也比较注重海外的专利布局。USPTO 方面，流向 USPTO 的风力发电制氢专利申请主要来自中国（5 件）和日本（4 件），而欧洲和韩国均未在美国进行专利申请；与流向 USPTO 的专利申请量相比，美国流向其他局的专利申请也不多，数量最多的是 CNIPA（5 件），其次是 EPO（1 件），在 KIPO 和 JPO 均未进行专利申请。可见美国比较重视中国市场，且美国和中国之间互相都是对方的主要风力发电制氢市场，两个国家在对方国家都作了相应的专利布局。EPO 方面，流向 EPO 的风力发电制氢专利申请主要来日本（4 件）和中国（3 件），韩国（1 件）和美国（1 件）数量较少；与流向 EPO 的专利申请量相比，欧洲流向其他局的专利申请量明显较少，其仅在 USPTO（1 件）作了专利布局。可见欧洲风力发电制氢市场是日本和中国比较看重的市场，但欧洲在风力发电制氢技术方面的创新不足，因此技术输出较少。KIPO 方面，中国、美国、欧洲和日本均无流向 KIPO 的风力发电制氢专利申请，而韩国也仅仅在 EPO（1 件）作了专利布局。可见，韩国风力发电制氢市场较小，并不受其他国家或地区的重视，而韩国自身在其他国家或地区对风力发电制氢技术布局也还处于初级阶段。

总体来说，目前中国和美国是全球较大的风力发电制氢市场，而且二者均在多个国家或地区进行了专利布局，中国稍稍占据优势。相对于其他国家或地区，日本和欧洲由于有着丰富的风能资源，并且能源需求量较大，因此未来可能会加大对风力发电制氢技术的专利布局。韩国风力发电制氢市场较小，创新布局比较薄弱。

8.2.3　中国风力发电制氢技术专利申请分析

本小节主要对中国风力发电制氢技术专利申请趋势和专利申请类型趋势进行梳理分析，以展示中国风力发电制氢技术发展趋势和专利申请类型发展趋势。

8.2.3.1　中国风力发电制氢技术专利申请趋势分析

相较于全球风力发电制氢技术的发展，中国风力发电制氢技术起步较晚，2000 年之前风力发电制氢技术处于空白；2000 年之后才出现零星申请，2000—2009 年其年申请量均不超过 10 件，申请量较少；2010—2018 年处于起步阶段，其申请量处于 10～50件，此时期风力发电制氢技术也相对简单，一般仅仅提到采用风力发电电解水制氢气，没有较深的技术研究；2019—2022 年，风力发电制氢技术经历了飞速发展阶段，其申请量在 2022 年达到了顶峰，年申请量达到 182 件。图 8－2－3 为中国风力发电制氢技术专利申请发展趋势。

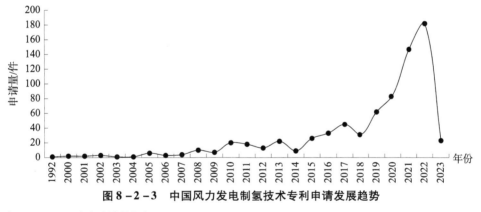

图 8－2－3　中国风力发电制氢技术专利申请发展趋势

注：1993—1999 年年申请量均为 0。

8.2.3.2　中国风力发电制氢技术专利申请类型趋势分析

从中国风力发电制氢技术专利申请类型趋势来看，2005 年以来中国的专利申请数量逐年攀升，风力发电制氢技术专利申请基本呈现发明和实用新型并存的态势，发明专利数量和实用新型数量一直保持着一定比例的同步增长，虽然总体上专利申请类型以发明为主，但发明总量并没有与实用新型总量拉开较大的差距。这一方面说明中国企业更倾向于在申请发明的同时，多采用实用新型这种短平快的专利申请策略对技术进行保护上的补充；另一方面也反映了虽然目前中国在风力发电制氢技术领域专利申请量处于领先地位，但同时也存在着创新水平不高、专利申请质量不高的缺陷。

8.3 风力发电制氢技术专利重要申请人分析

本节主要对全球风力发电制氢技术专利重要申请人状况以及中国风力发电制氢技术专利重要申请人状况进行梳理分析，以展示风力发电制氢技术领域的创新主体整体概况并通过典型创新主体的代表专利阐释其技术发展特点。

8.3.1 全球风力发电制氢技术专利重要申请人分析

本小节主要对全球风力发电制氢技术专利重要申请人整体排名情况、代表申请人的具体申请趋势情况以及代表专利情况进行分析，以展示全球风力发电制氢技术领域重要申请人的创新实力概况及技术创新特点。

8.3.1.1 全球风力发电制氢技术专利重要申请人整体状况

从全球风力发电制氢技术专利重要申请人排名来看，我国在风力发电制氢领域的专利申请量遥遥领先，风力发电制氢技术专利申请量排名前 10 位的全球主要申请人中，中国申请人占 8 位，其中企业为 5 位，高校 2 位，个人 1 位。而其他国家仅有德国的西门子歌美飒和日本的三菱重工挤入全球申请量排名前 10 位。

8.3.1.2 全球风力发电制氢技术专利代表申请人具体状况

根据全球风力发电制氢技术专利重要申请人梳理分析，选取华能集团、西门子歌美飒、西安热工研究院有限公司（以下简称"西安热工院"）、西安交通大学、三菱重工作为全球风电制氢技术专利的代表申请人。以下通过对上述代表申请人的申请趋势以及代表专利进行分析，展示它们在该技术领域的创新特点。图 8 - 3 - 1 示出了全球重要申请人风力发电制氢关键技术各分支申请量分布。

为避免重复，本小节仅具体介绍国外重要申请人的具体状况，国内重要申请人具体状况将在 8.3.2.2 节中介绍。

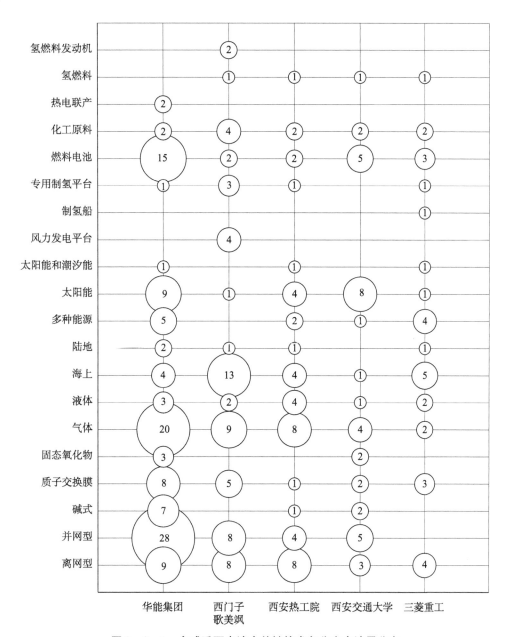

图 8 - 3 - 1　全球重要申请人关键技术各分支申请量分布

注：图中数字表示申请量，单位为件。

（1）西门子

2000 年之前属于西门子歌美飒风力发电制氢技术专利申请的试探阶段，2001 年、2002 年出现了申请中断的情况，2003—2018 年属于专利申请的初时繁荣阶段，虽然数量不多，但是可以看出其在持续性的进行投入和研发。2019 年以后属于专利申请的大幅增长阶段，尤其是 2021 年，2021 年的年申请量达到了 13 件，西门子歌美飒对于风力发电制氢的研究达到了一定的高度。2022 年后的数据有所下降可能是由于未公开等原因。

西门子歌美飒早期申请起步于陆地风力发电制氢，基本是常规的气体或者液体储氢。2006 年申请的 WO2006097494A1 涉及海上风力发电制氢，并且氢气储运采用液化的方式，近海设施的液化氢最终可以通过船舶进一步实现运输。2009 年申请的 DE102009035440A1 涉及产生氢气和氧气的方法和装置，采用风力发电多余的能量进行电解产生氢气，形成 PEM 燃料电池进行使用。2014 年申请的 WO2015192876A1 涉及用于向能量网供应来自间歇性可再生能源的能量的系统和方法。2019 年申请的 EP3722462A1 涉及用于存储电能的装置和方法，具体涉及可再生能源的电能被引导到可再生能源中，也就是其将氢气转化呈稳定状态的液体烃进行储运。同年申请的 EP3760860A1 提出将电解产生的氢气储存在风力涡轮机的基础结构或者塔架中，并且风力涡轮机还包括在中空部分内的生物反应器，用于接收生物质并产生源自生物质的沼气。2020 年申请的 EP3889323A1 通过风力涡轮机的每个电枢绕组向电解组件提供交流电，转换器单元控制器根据发电机的功率来调节电解单元的 AC – DC 功率转换器。2021 年申请的 EP4123169A1 也提出将电解制氢单元设置在塔架内部。

2021 年，西门子歌美飒对风力发电制氢的研究更为深入。EP4123054A1 提出风力发电制氢平台，但该平台依附在风力发电机组上，利用风力发电平台进行电解制氢。EP4180656A1、EP4183898A1 提供了专门的风力发电制氢平台。

西门子歌美飒关注了陆上风力发电制氢和海上风力发电制氢技术，对于氢气的储运也进行了深入的研究和专利布局。西门子歌美飒近年来更关注风力发电制氢的地点，例如可以设置在塔架内部（EP3760860A1、EP4123169A1），或者采用风力发电原有平台附接在风力发电机组上（EP4123054A1），又或者提供专门的风力发电制氢平台等技术。

整体而言，西门子歌美飒在风力发电制氢技术方面的研究首先集中在海上风力发电制氢上，并且技术侧重点集中在储氢方式和氢运用上，其申请量分别为 11 件和 9 件。其次制氢平台也是其研究方向之一，申请量为 7 件，涉及采用风力发电平台和制氢专用平台。

西门子歌美飒在离并网方式上并没有特别青睐，其也没有对电解制氢的方式进行特别的研究，而是将研究重点放在储氢方式以及氢运用上。在风电设备的地域选择上也更倾向于海上，并研究了两种海上制氢平台：一种是在原有风电平台上进行整合，另一种则是设置专门的制氢平台。

（2）三菱重工

三菱重工自 2000 年开始出现与制氢有关的研究，并于 2001 年出现申请的峰值，随后进入相关申请的缓慢发展阶段。三菱重工 2001 年申请量为 4 件，但近些年并未出现较多的申请，每年只有 1 件申请，总体申请量不多。2000 年，三菱重工第一件风力发电制氢专利申请 JP2002070720A 提出一种海上风力发电制氢装置，氢用于氢燃料电池。2004 年，三菱重工已经关注到海上多种能源的综合利用，JP2005330515A 是结合了多种能源的海上风力发电专利申请，能够使用自然能源以自完结的方式进行氢的供给。此后三菱重工的海上风力发电制氢基本上结合了多种能源进行制氢。2001 年，三菱重工也关注到了专用的制氢地点，JP2003072675A 提出采用制氢船的形式解决风力发电制氢占用风力发电平台的现状。

三菱重工更倾向于采用离网的方式进行制氢，也认识到单一能源所具有的缺陷，进而将风力发电与太阳能、潮汐能以及其他各种能源组合进行制氢。在地域上也倾向于海上。其与西门子不同的是在平台上采用制氢船的方式，便于运输。其在氢运用上也涉及多个方面。

8.3.2　中国风力发电制氢技术专利重要申请人分析

本小节主要对中国风力发电制氢技术专利重要申请人整体排名情况、专利申请人类别情况以及重要申请人专利情况进行分析，以展示中国风力发电制氢技术领域重要申请人概况及技术创新特点。

8.3.2.1　中国风力发电制氢技术专利申请重要申请人排名情况

本小节主要对中国风力发电制氢技术专利重要申请人进行分析，对其排名情况以及中国风力发电制氢技术专利申请人具体情况进行梳理分析。

风力发电制氢专利技术在中国专利申请中，企业专利申请量为 428 件，约占申请总量的 56.7%；高校专利申请量为 147 件，约占申请总量的 19.4%；个人专利申请量为 100 件，约占申请总量的 13.2%；联合申请量为 40 件，约占申请总量的 5.3%；科研单位专利申请量为 38 件，约占申请总量的 5.1%；其他专利申请量为 3 件，约占申请总量的 0.3%。因此，企业和高校在风力发电制氢技术领域专利申请量占比较大，企业涉及风力发电"弃风"问题，因此研究风力发电制氢技术较多，而高校基本处于研发阶段。

8.3.2.2　中国风力发电制氢技术专利申请重要申请人具体情况

根据中国风力发电制氢技术专利重要申请人梳理分析，国内有多家企业和高校对风力发电制氢有相关研究。下面以华能集团、西安热工院、西安交通大学等为代表申请人进行展示，阐述其在该技术领域的创新特点。

（1）华能集团

华能集团从 2011 年开始致力于制氢研究，一直保持着研究热情，使其申请量出现逐年增长态势。从 2011 年起步，2011—2018 年处于缓慢发展时期，其申请量为 1~2 件，2019—2022 年一直保持持续研究，2020 年申请量有所回落，2021 年、2022 年申请量达到 9 件。

2011 年，华能集团申请了关于制氢的专利，CN102185327A 提出了一种基于可逆燃料电池的大容量电力储能装置。2015 年申请的 CN104845691A 提出了一种风光互补发电热解催化生物质合成天然气的方法及其装置，通过风光互补进行制氢，而氢气作为通过催化使生物质和有机垃圾气化所得到的气体转化为合成天然气作为能源供应，有效地解决了太阳能、风能稳定性差、储存难，生物质气化燃气中可燃气体浓度低、可燃气品质不易控制等技术问题。同年申请的 CN105154907A 提出了一种基于固体氧化物电解质的电解水制氧系统与方法，提高了电解水制氧系统的寿命，并能利用风能/太阳能等可再生能源产生的电能。此外，2016 年申请的 CN205791782U、CN105871057A 涉及利用氢能制造氢燃料电池进行氢能利用。2017 年申请的 CN106817067A 涉及采用氢能实现多功能互补的热点联产系统。2018 年申请的 CN108315357A 涉及利用可再生能源和生物质耦合制取可燃性气体的方法及系统。2021 年申请的 CN212627177U 提出了海上风力发电能源基地制氢储能系统，华能集团此时进军海上风力发电的研发。2023 年申请的 CN115875204A 提出了采用电解海水制氢的方式。

华能集团在电能利用上更倾向于以整个电力网络为参考，采用制氢方式消纳电网峰值的电能。对于储氢方式也是倾向于无须增压等后处理的气体储存方式。在能源的组合上也是涉及多种能源，这与该公司的研发方向相一致。对于氢运用而言，燃料电池属于采用少投入、少设备则可以达到削峰填谷效果的技术，因此广受各申请人的青睐。

华能集团对风力发电制氢技术的研究着重在并网风力发电制氢机组，离网风力发电制氢方向仅有 9 件专利申请。对于电解制氢，不同于西门子歌美飒和三菱重工，华能集团多方位研究，电解制氢方式包括碱式、固态氧化物和质子交换膜，基本包括常见的电解制氢方式，其中固态氧化物电解制氢方式有 3 件专利申请，这是国外重要申请人并未涉及的。

（2）西安热工院

从申请趋势来看，西安热工院对于风力发电制氢技术的研究起步较晚，2019 年才出现申请，但在 2021 年申请量激增，达到 10 件。2022 年研究放缓，2022 年数据量有所减少可能是有部分申请尚未公开的原因。

2019 年西安热工院申请了一件专利申请 CN110565108A，该申请涉及一种风光水联合制氢系统及制氢方法，提出了三种发电系统联合运用的方式。2020 年开始涉及海上风力发电制氢技术研究，CN110684987A 涉及近海风力发电水下制氢恒压储氢装置及运行方法。2021 年西安热工院还提出了海上风光能耦合制氢系统专利申请 CN113088992A。此外，西安热工院还关注氢能的储存，其通过将氢合成氨（CN114000977A）、合成甲醇（CN216198647U）等方式进行长期储存，实现稳定储存和运用。2022 年申请的 CN114060216A 提出一种基于合成氨的压缩气体储能和化学储能方法及系统，该方法及系统能够将风能转化为气压势能，并最终转化为化学能存储于储能物质中。CN114703493A 提出一种新能源制氢与二氧化碳捕集耦合应用的系统及方法，该系统及方法能够制备绿氢，同时解决传统二氧化碳捕集技术能耗大及成本高的问题。

西安热工院侧重于多能源耦合发电制氢，并且对于氢能储运有深入的研究，通过将氢气合成氨或甲醇储存提高了储存的稳定性。

西安热工院对于制氢的电力来源离网、并网均有涉及，其并未对电解制氢方式进行进一步的研究，但是储氢方式上相对外国申请人有所改进的是其考虑了气体储存的泄漏问题，进而将氢气转化为氨进行储存。其在能源组合上与其他申请人相同，多是与太阳能进行组合；在氢运用方面，主要涉及燃料电池、化工原料和作为燃料的使用。

（3）西安交通大学

2019 年西安交通大学首次申请风力发电制氢专利，CN110348709A 涉及基于氢能与储能设备的多能源系统的运行优化方法和装置。2021 年申请的 CN113124448A 提出一种基于燃料电池系统的农村热电联供系统及其运行方法，通过提供一种热电联供系统，其通过综合利用北方的各种可再生能源，在减少农村污染排放的同时提升农村能源的整体利用效率。2022 年申请的 CN113922371A 提出了一种基于超导技术的超长距离氢电混合输送集成系统，其通过超导技术实现了制氢储能、液氢高密度传输、零电阻超导输电等功能，解决了可再生能源的大规模开发、输送与储能问题。2022 年西安交通大学开始涉足海上风力发电制氢技术的研发，CN114819489A 提出了一种面向海上风力发电制氢系统的可行性评估方法。CN114876739A 涉及海上风力发电场、石油平台及制氢平台互联运行系统及方法，实现海上风力发电及油气资源的高效、环保开发。CN115750215A 涉及一种核基多能互补综合能源系统及其运行方法，提供了多种能源互补利用，提高供能的经济性。CN116260187A 提出一种基于超导技术的海上风力发电与氢电联合输送系统，降低了海上超导风力发电机冷却系统的投资成本。

西安交通大学对于风力发电制氢技术的研发侧重于理论分析，例如海上风力发电制氢可行性研究、系统优化运行方法等，同时也提出了多能源互补，解决风光不稳定出力的问题。此外，西安交通大学还结合了超导技术，为海上风力发电制氢快速发展进一步扫除障碍。

与西安热工院相似，西安交通大学针对制氢的研究相较于其他申请人较晚，其始于 2019 年。虽然起步较晚，但近几年一直保持较高的研究热度。

从图 8-3-1 中可以看出西安交通大学专利申请涉及的关键技术分布。整体而言，西安交通大学的风力发电制氢技术涉及各个技术分支，制氢、储氢以及氢运用方面均有涉及。其中在离网并网风力发电制氢技术方面，其侧重于并网型风力发电制氢技术。对于电解制氢方式而言，三种方式均有涉及，并且固态氧化物、质子交换膜、碱式三个方向均等，申请量都为 2 件。就储氢方式而言，其采用气体和液体储氢，其中气体储氢为主要方式。与其他能源组合方面，西安交通大学侧重于与太阳能组合；在氢运用方面，则侧重于燃料电池、化工原料和氢燃料。

8.3.3 全球重要申请人专利申请横向对比

从图 8-3-1 中可以看出全球重要申请人专利申请量横向对比。从申请人角度整体来看，华能集团对于风力发电制氢的技术领域布局较为全面，除了制氢平台仅有 1 件涉及专用制氢平台，基本上其他技术分支均有相关专利布局。除了华能集团，西安热工院在风力发电制氢方面也进行了全方位布局。三菱重工虽然也进行了较全面的布局，但是其专利申请量还是相对较少。另外，西安交通大学在制氢平台方面的研究处于空白。可以看出，国内申请人在风力发电制氢领域的各技术分支处于具有比较重要的地位，有一定的话语权，掌握了一定的核心技术。

从技术角度整体来看，目前对于离网风力发电制氢和并网风力发电制氢各重要申请人均有研究。而对于制氢方式，国内外重要申请人比较关注质子交换膜制氢方式。从储运角度来看，目前氢气储运仍然是以气体储运为主要方式，液体储运方面仅有一小部分申请量，而固体氧化物制氢方式仅有华能集团专利申请 3 件，西安交通大学专利申请 2 件，该种制氢方式目前涉及较少。就风力发电制氢地点而言，可以看出海上风力发电制氢是各申请人关注的热点，其中西门子歌美飒在海上风力发电制氢方面的申请量达到了 13 件，处于领先地位。对于制氢平台这个技术方向，目前各个申请人的研究较少，西门子歌美飒仍然是利用原有的风力发电平台进行制氢，这种操作方式可以降低成本，但也会带来一定的问题，比如安全性较低、操作不便等。因此，研发专用的制氢平台是未来的趋势，在这个方向上，华能集团、西门子歌美飒、西安热工院、三菱重工均有相应的研究。对于风力发电制氢的下游，目前氢利用绝大部分还是用氢燃料电池。当然作为化工原料也是氢利用的一个方向，各个申请人均有相关申请。

8.4 风力发电制氢专利技术申请趋势以及发展路线

本节从技术发展迭代的角度对风力发电制氢技术进行梳理，分别对不同技术分支的发展、演变以及迭代情况进行介绍，以展示各技术分支发展情况。

8.4.1 离并网风力发电制氢

风力发电制氢系统主要由风力发电机组、电解水装置、燃料电池、电网等组成。根据风力发电来源的不同，风力发电制氢技术分为并网型风力发电制氢和离网型风力发电制氢，其技术发展路线如图 8－4－1 所示。

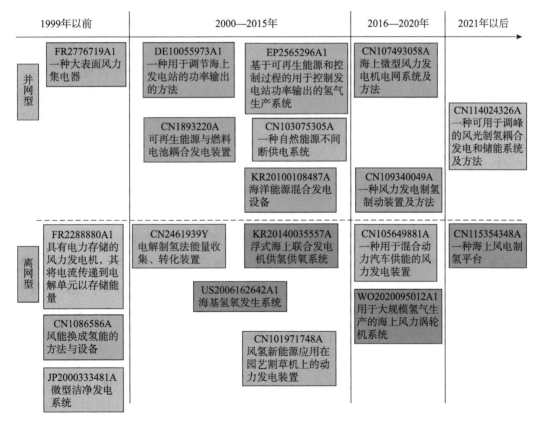

图 8－4－1 离并网风力发电制氢技术发展路线

（1）并网型风力发电制氢

并网型风力发电制氢，是指将风力发电机组接入电网，从电网取电的制氢方式，比如从风场的 35kV 或 220kV 电网侧取电，进行电解水制氢。其主要应用于大规模风电场的弃风消纳和储能。

早期人们对于并网型风电制氢的研究仅仅是在对风力发电研究的基础上，提及向电网供电。如1998年法国人Adam Claude Louis在FR2776719A1中提出了利用大型风力涡轮机收集风能，使交流发电机运行，向电网供电，再进行整流并通过电解池以形成氢气和氧气。随着海上风力资源的开发，人们在近岸浅海处建设了海上风电场。2000年，瑞士公司ABB Research Ltd在DE10055973A1中提出了通过近海海上发电站发电，通过电解产生气态的氧气和氢气，压缩氢气，并储存在储存单元中，再将储存的氢气和氧气转化为电能；2009年，韩国人Park Seong Soo在KR20100108487A中提出了海上发电设备利用风能、波浪能、潮流能、太阳能等进行发电，供给园区电力。在对充分利用海洋资源进行探索的同时，人们在陆地风力发电中也对其他可再生能源并入进行了研究，如并入光伏发电。2010年，欧洲人Barbachano Javier Perez在EP2565296A1中提出了基于可再生能源和控制过程的用于控制发电站功率输出的氢气生产系统，在并网风力发电系统下，嵌套配置的电解单元可以应用于氢气生产。

由于风能具有波动性，因此风力发电的不稳定风险较大，存在一定量的"弃风"现象，而太阳能和潮汐能发电也存在类似的缺陷，其发电功率与用电负荷无法同步响应，国内企业对于充分利用与节约能源进行了多方探索。如2005年上海神力科技有限公司在CN1893220A中提出了风能、太阳能、潮汐能发电系统直接向用户或电网供电，同时将过量充足的电力通过电解水制成氢气储备；CN107493058A、CN109340049A、CN114024326A均提出了利用风力发电机组产生的多余电能进行电解制氢。随着科技的发展和进步，家庭和企业的耗电量也与日俱增，如何利用自然能源就近为用户不间断供电则成为人们亟待解决的问题，2012年，张建洲在CN103075305A中提出了一种自然能源不间断供电系统，在支撑层的各个拐角分别竖直安装一个或多个垂直风力发电机，各垂直风力发电机的电能输出端同时与氢气发生器和用电单元连接，太阳能发电装置利用太阳能产生电能，为用户的用电单元供电，同时将产生的电能传输至氢气发生器，电解氢气发生器中的水或者燃料液，产生氢气和氧气。

（2）离网型风力发电制氢

离网型风力发电制氢，是指将单台或多台风力发电机所产生的电能，不经过电网直接提供给电解水制氢设备进行制氢。其主要应用于分布式制氢或局部应用于燃料电池发电功能。

相比于并网型风力发电制氢，对离网型风力发电制氢的研究则进行得更早些。最早进行离网型风力发电制氢研究的是法国人Montenay Rene，其在1974年申请的专利FR2288880A1中提出了风力发电机向电解单元供电，电解单元产生氢气，氢气压缩并且储存在罐中，通过管道输送出去以燃烧。1999年，日本人NST KK在JP2000333481A中提出了一种微型洁净发电系统，整流装置将来自风力发电装置的交流电力转换为直流电力，利用直流电力电解水，氢储存部的氢气在需要时被送至燃料电池。随着陆上风力发电技术的醇熟，基于海上风电具有风速更大、静风期更短、节约土地资源且免于考虑噪声等污染的优点，各国对于海上风电进行了多方探索。如美国人 Morse Arthur 在 US2006162642A1 中提出了一种海基氢氧发生系统，风力涡轮机和波浪发电机都位于海上的船舶上，发电机产生的电力用作电解的电源，电解产生氢气和氧气；韩国 Univ Ulsan Found for Ind Coop 在 KR20140035557A 中提出了浮式海上联合发电机供氢供氧系统，通过接收从风力发电机产生的电力对通过脱盐单元脱盐的水进行电解；英国 Environmental Resources Man Ltd 在 WO2020095012A1 中提出了用于大规模氢气生产的海上风力涡轮机系统，提升泵、脱盐单元和电解单元由风力涡轮发电机供电，并且被配置成分别泵送、脱盐和电解分离海水，由电解单元产生的氢气被提供到输出管，用于输送到可以部署在海底上的歧管或管道。

国内对离网型风力发电制氢的研究始于 1992 年，最初也仅仅是为了把自然界的风能换成便于储存、控制和流动利用的新能源。如中国发明人刘书亭在 CN1086586A 中提出了将风能换成氢能的方法与设备，制出的氢气进入贮氢胆贮存；李靖宇在 CN2461939Y 中提出了一种电解制氢法能量收集、转化装置，将风能发电装置、人力发电装置、太阳能发电装置连接到电解池中，电解池的阴极上配有氢气收集装置。随着技术的发展，人们对于防治大气污染、水污染、土壤污染等提出了更高的要求，为保护城乡美好生态环境，无锡同春新能源科技有限公司在 CN101971748A 中提出了风氢新能源应用在园艺割草机上的动力装置，西安博昱新能源有限公司在 CN105649881A 中提出了一种用于混合动力汽车供能的风力发电装置。我国拥有丰富的海上风能资源，利用海上可再生能源制氢，可以充分利用资源，缓解能源紧缺问题。随着陆上风力发电技术的醇熟，人们对海上风力发电制氢进行了探索。青岛中石大新能源科技有限公司在 CN115354348A 中提出了一种海上风电制氢平台，利用海上的风力资源进行风力发电，并将其电力应用于甲板上的海水预处理、制氢和生活用电。

8.4.2　电解制氢

目前风力发电领域中涉及的制氢方式基本为电解制氢，而按照电解槽不同，可以将电解制氢分为三种，分别是碱式、质子交换膜、固态氧化物。其技术发展路线如图 8 - 4 - 2 所示。

1999年以前	2000—2010年	2011—2018年	2019—2021年	2022年以后
碱式 DE19528681A1 用于存储和利用太阳能、风能或水能的方法和装置	US2008047502A1 氢氧混合循环电解发电系统 CN109295472A 采用独立的波动性能源进行制氢的方法和系统	EP3064614A4 碱性水电解用阳极	CN110273163A 一种可再生能源直接电解含尿素废水制氢的系统及方法 CN110098425A 电解海水制氢装置中的阳极以泡沫镍或泡沫铜为基底 CN215856359U 一种独立式风力发电电解水制氢海上加氢站 CN216864343U 一种模块化水电解制氢系统 CN110205643B CN114156512A	CN115200025A 一种利用可再生能源焚烧生活垃圾的系统及方法 CN115637447A 一种可再生能源耦合梯级制氢系统及制氢方法 CN115874207A 硼化钛作为碱水电解的催化剂
质子交换膜	US9011651B2 电解水的装置和方法	CN106817067A 一种基于燃料电池的多能互补热电联产系统和工作方法		CN114481176A 基于电解合成甲醇的海上风电储能系统 CN114909871A 海上离网型超导风电制备液氢 CN116219464A 基于一体化质子交换膜电解槽及费托合成的制氨厂尾气合成再利用装置
固态氧化物	JP2005027361A 风力发电水电解制氢系统	CN104271807A 水的电解和二氧化碳氢化为甲烷的用于能量转换和产生 CN105154907A 基于固体氧化物电解质的电解水制氧	CN114024333A 利用风电、光伏与固态氧化物电解制氢联合运行系统	

图 8－4－2　电解制氢技术发展路线

（1）碱式电解制氢

碱式电解制氢是电解制氢领域中应用最为广泛的，其技术相对成熟。DE19528681A1中通过碱式氢氧化物分解获得碱元素和水进而制氢。而到了 2007 年，随着技术的发展，技术人员意识到由于碱性溶液中存在电阻，大约10%～40%的输入能量将被吸收到所产生的水和气体中。溶液中积聚热量，可能需要将其清除，技术人员意识到碱液降温的重要性。因此，US2008047502A1 通过采用热交换器的形式，空气吹过热交换器的形式除去多余的热量；而到 2018 年，有申请人提出了碱液的温度因为风力发电机出功不够而温度降低到某一温度之下将减少产氢量，甚至不能产氢，因此又需要确保碱液的温度不会过低，因此 CN109295472A 采用稳定的输出功率即可确保碱液的温度能够在正常温度下工作，CN216864343U 增设碱液加热系统，CN115200025A 采用余热锅炉产生的整体加热碱性电解水系统的电解液，对高温烟气的余热进行了回收利用。不需要额外的热源，降低了整体系统的能耗；同时，为了解决碱性电解槽冷启动时间长、耐风光波动性差等问题，CN115637447A 采用收集电解制氢单元和氢气纯化单元生产过程中产生的热量对碱液加热等方式确保碱液的温度不会过低而影响产氢量。

而碱式电解制氢中，常常采用催化剂。EP3064614A4 通过采用原样的镍或涂覆有活性阴极的镍基板作为催化剂，可以承受碱性水电解。CN110098425A 的电解海水制氢装置中的阳极以泡沫镍或泡沫铜为基底。CN114156512A 的碱性电解槽中的催化剂为过渡金属氮氧化物，CN115874207A 因为硼化钛作为碱水电解的催化剂，提高了电流流动效率，从而提高了碱水电解效率。技术人员对不同催化剂的探索，进一步提高碱水电解的效率。

此外，CN110273163A 选用含尿素废水作为电解质进行电解制氢，相比于常规的碱性电解水制氢，电解槽所需电压更低，大大降低了制氢能耗。并且随着技术的发展，技术人员不断综合各个电解制氢的优缺点，CN215856359U 提出了耦合 PEM 和 AEL 电解槽技术，取长补短，既能快速响应制氢，又能使制氢量高，设备经济性好。

（2）质子交换膜

对于质子交换膜电解制氢方式，其技术发展集中在提高制氢纯度以及使用寿命上。对于制氢纯度而言，US9011651B2 通过质子传导膜和/或填充有旨在传导聚合物或凝胶的孔防止大量流体流过组件，从而增加电解允许电流的水平并改善了氢气和氧气流的纯度；CN106817067A 采用 PEM 电解技术将氢气和氧气隔开，避免串气，产物气体纯度高；CN114481176A 将质子交换膜设置在铂基合金阴极与氧化铱阳极之间，保持质子的高传导性，并且防止气体渗透性。

在降低成本提高使用寿命方面，CN110205643B 中质子交换膜形成的腔室和导管限制气体的运动，并通过导孔将电解出的气体通过导管引导出电解槽，降低了电解能耗；CN114909871A 通过设置阳极和阴极催化层，并且质子交换膜采用全氟磺酸膜的方式提高电解效率延长电解水制氢组件的使用寿命。

此外，CN116219464A 还设计了一体化质子交换膜电解槽及费托合成的制氨厂尾气合成再利用装置，使得其装置更为简便和易于控制。

（3）固态氧化物

固态氧化物制氢方式的研究重点主要集中在不同的氧化物上：JP2005027361A 提出

通过改善固体聚合物膜和电极催化剂的性能来提高水电解效率，并且响应于风能输出的波动，使水电解氢的产生最大化；CN104271807A、CN105154907A 通过采用氧化锆等作为固态氧化物电解质以达到更好的电解制氢效果；CN114024333A 中固态氧化物电解池阴极材料采用 Ni/YSZ 多孔金属陶瓷，电解池阳极材料主要是钙钛矿氧化物材料，中间的电解质采用 YSZ 氧离子导体。

8.4.3 储氢方式

（1）气态储氢

图 8-4-3 示出了风力发电制氢领域储氢技术发展路线。

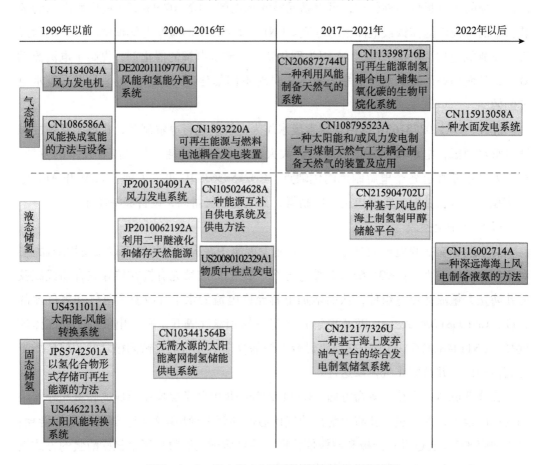

图 8-4-3 风力发电制氢领域储氢技术发展路线

早期也是最为成熟的储氢技术是采用气态储氢，一般采用高压气瓶的方式，例如 US4184084A、CN1086586A。但随着技术的发展，由于高压气瓶成本较高，且危险系数较高，气态的储氢方式逐步演化为首先通过将氢转化为甲烷，然后进行存储运输，需要用的时候直接与天然气等混合输出的方式（例如 CN108795523A），还可以将甲烷存储在燃气发电厂中转化为电能（例如 DE202011109776U1）。而为了进一步增加储运的安全性，CN115913058A 提出还可以配置甲烷制甲醇装置，利用甲烷生产甲醇，甲醇可以直接通过管道输送出去。

　　并且为了提高甲烷的生产效率，CN113398716B 提出了在原有生物甲烷化装置的基础上增加预处理室预先处理好的初始反应液已使得氢气溶解至饱和状态；根据能量守恒定律和化学平衡原理，反应开始时直接将氢气通入微生物电解池的阴极室，可以在一定程度上抑制间接电子传递途径中氢离子转化成氢气过程而直接与二氧化碳进行合成作用，并同时促进直接电子传递途径合成过程，实现生物甲烷化系统的能量损耗减小，并提高甲烷的生产效率。

　　而进一步地，制氢的同时还能够实现吸收更多的二氧化碳，为实现"碳中和"助力。例如 CN206872744U 利用二氧化碳收集装置收集温室气体二氧化碳，进一步在甲烷化反应装置通过氢气与二氧化碳的化学反应生成燃料甲烷和副产物水蒸气，实现了将风能转化为清洁的化学能，同时避免了二氧化碳造成的大气污染和温室效应。

　　（2）液态储氢

　　早期的液态储氢方式是将氢气冷却到 −253℃ 实现液化，其存储能量密度较大。但由于液化成本较高，且液化氢气过程中会产生 30% ~40% 的氢能，这些能量将损失掉，并且同时存在蒸发损失，因此技术人员开始寻求一种成本更低且损耗较小的储运方式。JP2001304091A 提出了将氢气与碳氧化物反应生成甲醇存储；JP2010062192A 提出从大量存储和易于处理的角度来看，制成化学氢化物并进行液化是最实用和最佳的方法。合成和储存甲醇或 DME（二甲醚），通过将其转化为甲醇液化的方式进行储运的技术不断成熟。CN105024628A、CN215904702U 将氢转化成甲醇，可以采用甲醇重整制氢，或者甲醇直接使用。

　　除了将氢转化为甲醇存储之外，还出现了将氢合成氨进行存储的技术。US20080102329A1 中将氢通过诸如哈伯 − 博施法（Haber − Bosch Process）的工艺转化为氨。此工艺从空气中吸收氮气，并将其与氢气结合生成氨，然后将氨用作内燃机驱动的发电机燃料。CN116002714A 中对合成氨采用氮膨胀液化工艺经氨液化单元液化后，即得到液态氨，储存在储存单元，有效地解决了深远海海上风电储存和运输的问题。

　　（3）固态储氢

　　固态储氢主要是通过物理或者化学的方式使得氢气与储氢材料结合。例如，US4311011A 提出采用包括钛和铁的合金或镁和镍的合金的氢化物的气体吸收介质实现储氢。US4462213A 中的气体吸收介质为包括钛和铁的合金或镁和镍的合金的氢化物。CN103441564B 提出，在高压时，氢气与储氢合金形成氢化物，氢气分子固化吸附到合金材料中，并放出热量；在低压时，氢化物吸收环境热量并分解出氢气，氢气的分解与固化吸附随压力与温度自动进行。

此外，JPS5742501A 使脱水的氢与稀土元素－Ni－Co合金反应以形成其氢化物并储存氢化物。在此基础上，CN212177326U 提出的储氢装置为稀土合金氢化物，储氢合金在较低的压力（1×10^6 Pa）下具有较高的储氢能力，可以达到 100 kg/m³ 以上；同时针对合金经过频繁吸放氢后会粉末化的问题，在储氢合金中掺杂不同浓度的铝，延长储氢合金的使用寿命，经过试验，掺杂 6% 重量份铝的储氢稀土合金为最适宜的浓度，其工作寿命会延长到 2 倍以上，且其他工作参数并没有变坏。CN212177326U 制取的氢气在常温从常压下收集，然后以束缚状态保存在固体稀土合金装置中。

8.4.4 海上或陆地风力发电制氢

风电制氢按照其制氢地点可以分为海上风力发电制氢技术和陆地风力发电制氢技术。其技术发展路线如图 8－4－4 所示。

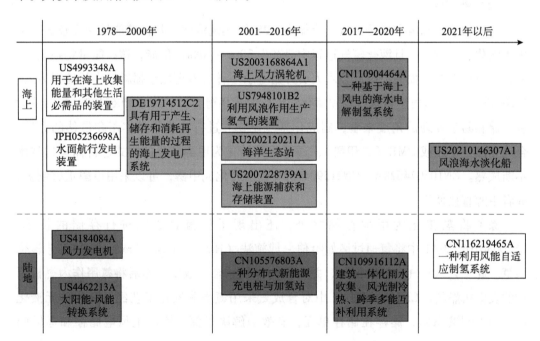

图 8－4－4　海上或陆地风力发电制氢技术发展路线

（1）海上风力发电制氢

近年来随着风电技术的发展，风力发电制氢逐渐向海上甚至深海发展，而海上风力发电制氢技术越来越成为业内人员研究的热点。

早期海上风力发电制氢一般是在风力发电船上进行，风力发电装置设置在船上，制氢过程也在船上进行，相关专利例如 US4993348A、JPH05236698A。1997 年 DE19714512C2 提出了一种具有多个用于能量再生产形式的能量转换器的漂浮或锚固在海床支撑结构上，风力发电装置设置在漂浮或者锚固在海床支撑机构上，其实质也就是风力发电装置的漂浮式平台或者固定式平台，风电制氢装置存在于漂浮式风电基础上；RU2002120211A 则公开了一种海上风电场制氢装置。由于海上风电制氢的特殊性，其制氢的平台从船发展到了风电基础或者风力发电装置平台，相关专利例如 US7948101B2。

在降低制氢能耗方面，CN110904464A 通过采用真空沸腾式海水蒸发器，降低了海水蒸发的耗能，同时利用固体氧化物电解池的高温尾气用作蒸发器的热源，进一步降低蒸发能耗。其将逆水汽变化过程中的副产物水冷凝回收储存，提供给燃料电池作为电解反应物产氢，降低了系统对水的需求与储水系统的复杂度，从而增加了系统整体效率。

海上除了丰富的风能资源，还有波浪能、潮汐能等能源，因此，与其他能源结合进行发电制氢的技术逐渐出现，相关专利例如 US2021146307A1、US2007228739A1。

（2）陆地风力发电制氢

对于陆地风电制氢而言，其一般集中在离网型的风力发电装置中。例如 CN109916112A 提出了一种建筑一体化雨水收集、风光制冷热、跨季多能互补利用系统，该系统可以收集光能和风能，首先用来制热、制冷并储存，当风能超出热泵所需时，链接同轴发电机和水泵，进行发电和制备纯净水，然后供给房屋内用电消耗，多余的电加光伏电可电解水产生氢气储入地下氢气室作为燃料电池发电和厨房燃料使用；当风小、风停但光照强烈时，则光伏电将根据预先设定的参数，去开动电动机带压缩机制冷制热或电解水制氢，为房屋提供清洁能源，而且可以利用自然的冷热加上人工机械排放的所谓"废冷""废热"等能量在夏季蓄热、冬季蓄冷，供反季节跨季节降温、供暖使用，节约资源，提高能源利用率。此外陆地风电制氢除了利用风能之外，风能和太阳能结合进行发电，实现风光互补等也是常见的技术，例如 US4462213A。

此外，CN116219465A 可以根据实际风能转换电能的多少，自适应地调节电解腔内电解组件的数量，对电解槽体内的溶液进行有效的电解，从而有效解决在风能发电制氢时出现的微风时段以及"弃风"时段风力无法进行有效制氢的问题，同时提高制氢效率。

8.4.5 与其他可再生能源结合制氢

随着能源危机的加剧和环保意识的普及，新能源作为一种对传统能源替代性强、环境污染小的能源类型，受到越来越多人的关注。以制氢能源来源为切入口，可以将分析对象大概分为基础技术期、技术发展期和技术稳定期。在基础技术期，US4462213A 记载了以风力发电作为制氢的电力来源，未提及其他相关技术。在技术发展期，人们开始关注其他能源的并入和制备氢的利用。1967 年申请的 FR1545244A 中记载了以风力发电机作为补充能源联合电厂采用电解制氢进行能量存储的技术，并在用电高峰时以燃料电池的形式放出电能。1974 年申请的 FR2288880A1 记载了以氢作为燃料的形式进行能量释放。1976 年申请的 DE2650866A1 出现了太阳能、风能耦合制氢的能源利用方式，但是其未提及氢的运用。1980 年申请的 JPS5742501A 首次将太阳能电池、风力发电站和波浪发电站产生的电力合并并调平，然后提供给固体电解质电解器以实现纯水的电解，从而形成高压氢。1986 年申请的 US4776171A 记载了用氢气制备成可用作驱动内燃机的燃料甲醇（化工原料）。1989 年申请的 JPH03189372A 首次将太阳能、风能和波浪能产生的电力合并用于制氢。1993 年申请的 JPH0777053A 记载了以风能为基础将制备的氢作为燃料用于发电。1994 年申请的 US5512787A 首次实现多种能源的组合制氢。随后进入了技术稳定期，在该期间各种能源以及能源的组合技术进行技术更新深化，各申请人不断优化制氢能源的稳定性以及氢的产出率。同时在该阶段也研究出氢的综合利用方式，如 2005 年申请的 US7254944B1，产出的氢在用于产生电能进行填谷的基础上，也进一步回收了相应的热能，实现热电联产。与其他能源结合的风力发电制氢技术发展路线参见图 8 - 4 - 5。

8.4.6 制氢平台

海上平台是指高出海面且具有水平台面的一种桁架构筑物，供进行生产作业或其他活动用。对于海上风力发电制氢而言，随着技术的发展，人们将风力发电制氢与现有平台相融合。常见平台包括风力发电平台、石油平台、制氢船、制氢专用平台以及其他。"其他"中包括海上发电厂、海上化工厂等，由于数量限制故将其归为一类。在专利申请最初阶段（1988 年之前），人们仅仅是单纯地在风力发电中提及制氢，并未考虑储存、运输、加压等工序，进而并不涉及平台的相关研究，如 US4776171A。1989 年首次出现了关于制氢平台的相关专利申请，如 US4993348A，该专利申请涉及在海上航行的具有庇护所的船只上进行制氢，其中该庇护所用于个人生活等；1994 年申请的

DE4400136A1 在船上具有可互换的 LH$_2$ 或 MCH 罐，用于运输和储存所产生的氢。该阶段开始考虑氢的储存、运输手段。1997 年申请的 DE19714512C2 着眼于已有海上电厂进行制氢。2001 年申请的 JP2003072675A 提出了专门考虑氢储存运输的船只，也就是制氢船开始出现在人们的视野中。2003 年申请的 US2003168864A1 开始关注储存的氢的运用，该申请中氢可以作为燃料使用。2006 年申请的 KR20060051985A 将氢用于燃料电池为船只提供动力。2007 年申请的 DE102007019027A1 将氢用于与二氧化碳作用生成作为燃料的甲醇。自 2011 年开始平台研发进入蓬勃发展阶段，无论是平台结构还是能源输入以及氢的运用都进入了深入研发阶段，该阶段的代表专利有 US9353033B2、CN205895496U、US2015144500A1、LU500725B1。海上风力发电制氢平台技术发展路线参见图 8－4－6。

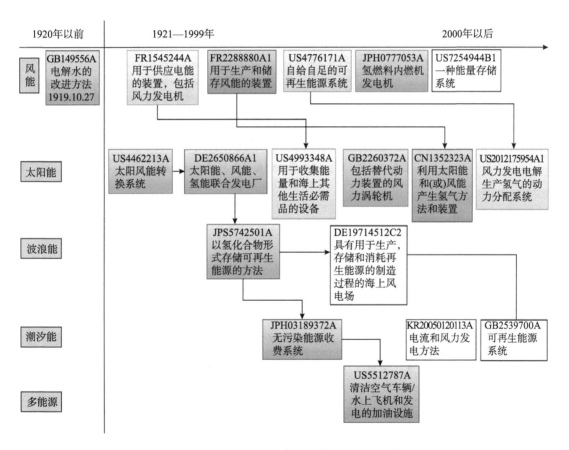

图 8－4－5　与其他能源结合的风力发电制氢技术发展路线

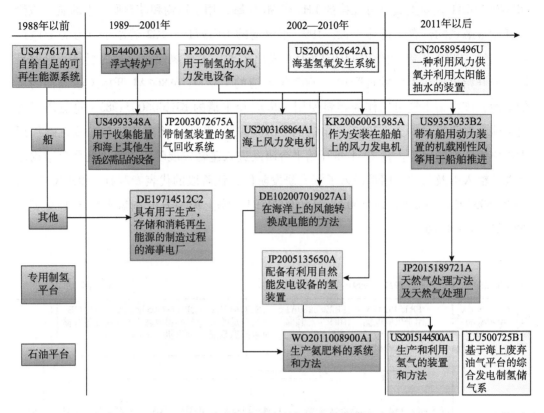

图 8 – 4 – 6 海上风力发电制氢平台技术发展路线

8.4.7 氢运用

"牵一发而动全身"，从前端制氢关键技术，到终端应用场景，各行业都在打通产业链条、掌握关键技术、降低运营成本、探索商业应用模式等诸多课题上进行努力。而了解氢能终端利用场景，完善电解水制氢技术则是重中之重。在 1985 年之前已经出现了将氢能应用于各个场景的技术，如 US3484617A 提出将电解产生的氢气用于燃料电池，FR2346573A1 提出将电解产生的氢气作为燃料，GB2053966A 提出将产生的氢气和氧气用作燃气轮机或火箭发动机的燃料。但是上述相关申请仅仅是理论上的提及，并不涉及实际应用技术。自 1986 年开始，技术人员逐渐关注到影响氢运用的前端、中间环节的相关技术。如为了避免运输氢气产生的泄漏，1986 年申请的 US4776171A 将氢气用于生成可用作驱动内燃机燃料的甲醇。为了提高制氢能力，克服风能单一能源的缺陷而引入其他能源，如引入太阳能的 JP2889668B2、GB2260372A、DE202011109776U1 以及引入多种能源的 US5512787A、US2005165511A1、CN202615703U、CN1244527C、CN102713280A。防止电解介质的影响，2004 年申请的 US2006207178A1 涉及扩展电解介质。风资源对风能影响较大，2011 年申请的 CN102732904A 涉及扩展风资源。

随着技术的发展，出现了制氢技术的新应用、新发展，如 2022 年申请的 CN218778763U，其将氢气作为还原剂从氧化物矿石中获取单质金属或非金属，是一种创新的金属/非金属绿色提取技术。海上风力发电制氢氢运用技术发展路线参见图 8 - 4 - 7。

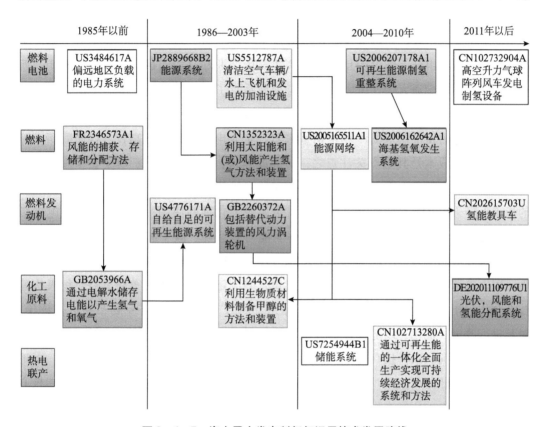

图 8 - 4 - 7　海上风力发电制氢氢运用技术发展路线

8.5　小　结

本章从风力发电制氢的专利申请现状、技术发展路线、重要申请人三个角度出发，对风力发电制氢关键技术领域的专利申请情况进行分析，得出以下几点结论：在专利申请现状方面，早期国外专利申请量相对于我国占有一定的优势。我国自 2000 年开始专利申请量呈现增长的趋势，在稳定发展期反超其他国家，并在蓬勃发展期呈现爆发式的增长，这与国家大力扶持新能源产业密不可分。在关键技术方面，制氢的能量来源是前端，制氢方法以及存储运输为中端，氢运用为终端。对于能量来源主要涉及风能、风能与太阳能的耦合、风能与波浪能耦合、风能与潮汐能耦合以及多种能源形式的组合。对于制氢方法以及存储运输的专利申请主要在于电解水制氢以及气体储存，气体储存泄漏等问题的出现激发了液体储存的市场，关于固体储存的专利申请较少。对于终端氢运用的专利申请主要涉及燃料电池，其由于与电解为逆向而备受青睐；另外，氢作为燃料的使用，关于热电联产以及氢合金的专利申请量较少，后期还出现了氢气作为还原剂的使用。在重要申请人方面，国外的重要申请人主要是西门子歌美飒和三菱重工，西门子歌美飒在氢运用关键技术方面的研究较为全面，三菱重工则更侧重于前端的能源组合。国内的重要申请人主要由企业和高校组成，其中华能集团、西安热工院、西安交通大学在风力发电制氢领域贡献了重要力量，且国内申请人在储氢方式上的研究要优于国外申请人。

从国内风力发电制氢的专利申请量来看，企业申请占比远超高校、科研院所。对于企业而言，成本是其重点关注点之一。为此建议：从电催化剂、质子交换膜、电极板等关键材料与部件入手，通过产能提升和技术进步来压降成本，进而支持综合成本的稳步下降；提高催化活性，有效降低贵金属等催化剂的使用；研发高效传导电极结构，提升运行电流密度；此外还应该发挥氢能对碳达峰、碳中和目标的支撑作用，深挖氢能跨界应用潜力，因地制宜引导多元应用。在风力发电制氢关键技术的研发过程中，国内申请人亟待提高海外专利布局意识，并制定相应的研发布局策略，积极构建校企合作，指导企业建立知识产权管理体系。同时，需要对已有专利布局进行评价，对其进行改进、优化，以适应市场经济的发展需求。氢能产业是战略性新兴产业和未来重点发展方向。以科技自立自强为引领，紧扣科技革命和产业变革发展趋势，无论是企业、高校还是研究院所，应积极加强创新体系建设，加快氢能前、中、终端核心技术和关键材料的研发进程，进行产业升级壮大，实现产业链良性循环和创新发展。

参考文献

［1］金风科技股份有限公司. 风力发电机的发展史［EB/OL］.（2018 – 07 – 22）［2024 – 06 – 26］. https：//wenku. so. com/d/41c94ee2986df49b0165f904fb05c8fa.

［2］郭光星. 八大事件，带你回顾风电的前半生［EB/OL］.（2020 – 08 – 19）［2024 – 06 – 26］. https：//www. 163. com/dy/article/FKCP2CR70512RSR9. html.

［3］张保淑. "好风"成电力"绿能"惠人间：中国风电实现跨越式发展：改革开放40周年科技系列报道之能源篇②［R］. 人民日报海外版，2018 – 06 – 16（8）.

［4］华尔街见闻. 中国风电的破茧时刻［EB/OL］.（2021 – 11 – 24）［2024 – 06 – 26］. https：//new. qq. com/rain/a/20211124A05LWU00.

［5］王晓暄. 新能源概述：风能与太阳能［M］. 西安：西安电子科技大学出版社，2015.

［6］周锦，席静. 新能源技术［M］. 2版. 北京：中国石化出版社，2020.

［7］任小勇. 新能源概论［M］. 北京：中国水利水电出版社，2016.

［8］黄群武，王一平，鲁林平，等. 风能及其利用［M］. 天津：天津大学出版社，2015.

［9］姚兴佳，宋俊，等. 风力发电机组原理与应用［M］. 4版. 北京：机械工业出版社，2020.

［10］李春，叶舟，高伟，等. 现代大型风力机设计原理［M］. 上海：上海科学技术出版社，2013.

［11］郑玉巧，张岩，魏泰. 风力发电机叶片结构设计与动力学［M］. 武汉：华中科技大学出版社，2022.

［12］The Global Wind Energy Council. Gloabal wind report 2022［R/OL］.［2024 – 06 – 26］. https：//gwec. net/global – wind – report – 2022/.

［13］赵银凤. 风力发电机变桨距专利技术综述［J］. 科技与企业，2015（16）：226.

［14］王登峰. 风电制氢经济性及发展前景探索［J］. 低碳世界，2022，12（7）：70 – 72.